国家社会科学基金项目"民族地区资源开发利益共享机制研究"（10BMZ046）结项成果

国家社科基金丛书
GUOJIA SHEKE JIJIN CONGSHU

自然资源开发利益共享机制研究

Study on benefit sharing mechanism of
natural resources exploitation

陈祖海　著

人 民 出 版 社

责任编辑：吴焰东

封面设计：石笑梦

版式设计：胡欣欣

图书在版编目（CIP）数据

自然资源开发利益共享机制研究/陈祖海 著. —北京：人民出版社，2022.4

ISBN 978－7－01－024600－0

Ⅰ.①自…　Ⅱ.①陈…　Ⅲ.①自然资源-资源开发-资源共享-研究-中国　Ⅳ.①X37

中国版本图书馆 CIP 数据核字（2022）第 036602 号

自然资源开发利益共享机制研究

ZIRAN ZIYUAN KAIFA LIYI GONGXIANG JIZHI YANJIU

陈祖海　著

人民出版社 出版发行

（100706　北京市东城区隆福寺街 99 号）

北京汇林印务有限公司印刷　新华书店经销

2022 年 4 月第 1 版　2022 年 4 月北京第 1 次印刷

开本：710 毫米×1000 毫米 1/16　印张：17.25

字数：230 千字

ISBN 978－7－01－024600－0　定价：70.00 元

邮购地址 100706　北京市东城区隆福寺街 99 号

人民东方图书销售中心　电话（010）65250042　65289539

目　　录

导　论

一、资源开发战略与资源开发利益
　　共享的意义

　　党的十九大报告强调"必须坚定不移贯彻创新、协调、绿色、开放、共享的发展理念"。[①] 改革开放以来,我国经济社会发展迅速,取得巨大成绩,2019年国内生产总值达到 99 万亿元,稳居世界第二位,对世界经济增长贡献率达30%左右,人均国内生产总值首次突破 1 万美元。与此同时,还存在着发展不平衡不充分的矛盾,表现在发展质量和效益不高、资源环境压力增大、区域发展不协调等方面。因此,坚持新发展理念,处理好人与自然的关系,推进经济高质量发展,实施区域协调发展战略,促进革命老区、民族地区、边疆地区加快发展,共享改革开放成果,推动共同利益和整体利益协调,实现个体与整体的共赢,是实现"两个一百年"奋斗目标的具体要求和战略举措。

　　随着经济快速增长,我国自然资源开发力度不断加强。在资源开发过程中,资源的利益分配引起广泛关注。资源富有与贫困同时存在,呈现"富饶的贫困"现象。在统筹区域协调发展、全面建设小康社会的大背景下,建立资源

---

　　① 习近平:《决胜全面建成小康社会　夺取新时代中国特色社会主义伟大胜利——在中国共产党第十九次全国代表大会上的报告》,人民出版社 2017 年版,第 21 页。

开发利益共享机制,切实贯彻新发展理念,推进共建共享共治,实现国家、当地政府、企业、所在地居民四方共赢,是实现全面小康、构建和谐社会亟须解决的重大课题,对于推进国家治理体系和治理能力现代化具有重要的学术价值和现实意义。

本书中的"资源开发"是指自然资源开发,包括水电资源、能源资源(煤、石油、天然气)、矿产资源、森林资源等。资源开发利益共享思想的形成有着深刻的现实背景和理论基础。共享是伴随着一些分担、协作,所有成员共同参与的活动,同时强调资源共享关系是一种群体行为,资源共享本质上是利益共享。①

二、自然资源含义与特点

(一)水资源

1.水资源的定义

关于水资源的定义,学术界尚无公认定论。《英国大百科全书》将其定义为"全部自然界任何形态的水,包括气态水、液态水和固态水";《中国大百科全书》"大气科学、海洋科学"卷中的定义是"地球表层可供人类利用的水,包括水量(水质)、水域和水能资源,一般每年可更新的水量资源"。为了对水资源内涵有较全面深刻的认识,1991 年《水科学进展》编辑部组织国内专家对"水资源"内涵和定义进行了一次笔谈,他们的主要观点是:

从自然资源的角度出发,刘昌明把水资源定义为与人类生产和生活有关的天然水源。从利用价值的角度出发,陈梦熊认为一切有利用价值的、各种不

---

① 赵一伟等:《少数民族地区资源开发中的利益共享机制研究——以云南兰坪矿产资源为例》,《云南地理环境研究》2007 年第 6 期。

同来源和形式的水均属于水资源的范畴。黄万里学者将人类可利用的水资源分为农业用水、工业用水和生活用水,并指出河槽水流是工农业用剩的水量,不应包含在内。从来源补给的角度出发,张家诚认为降水是大陆上一切水分的来源,但降水只是一种潜在的水资源,只有可被利用的那一部分才是真正的水资源。曲耀光给出水量的计算公式,他认为水资源是指可供国民经济利用的淡水资源,来源于大气降水,其数量为扣除降水量蒸发的总降水量。贺伟程也赞同水资源的补给来源为大气降水这一观点,并指出水资源主要是与人类社会用水密切相关而又能不断更新的淡水,包括地表水、地下水和土壤水。对于水资源的来源有专家持不同观点,施德鸿提出不能把降水、天然水或地表水称为水资源,犹如不能把海水、洪水、气态水当作水资源一样,只能把具有稳定径流量、可供利用的相应数量的水定义为水资源。陈家琦对水资源的内涵提出更高的要求,他认为水资源作为人类社会存在并发展的重要自然资源之一,应当可以按照社会的需要提供或有可能提供的水量、有可靠的来源,而且可以通过自然界水文循环不断得到更新或补偿,可以由人工加以控制、水质能够适应人类用水的要求。

姜文来(1998)和沈大军(1999)对以上不同水资源定义进行总结,概括为水资源是自然资源和环境资源,是在一定经济技术条件下可供人类利用、赋存于地球陆地的淡水水体。[①]

2.水资源的特性

循环性和有限性。自然界中的水,在太阳辐射影响下,不断地进行循环,经蒸发成为水汽进入大气圈,随着空气的运行,在适当的气候条件下,以降雨、雪、冰雹的形式回到地面,汇入海洋,并部分地渗入地下,这就构成了自然界的水循环。因此,水资源是再生资源,在合理开发利用条件下可以做到永续利用。

---

① 姜文来:《水资源价值论》,科学出版社 1998 年版,第 5—77 页。沈大军等:《水价理论与实践》,科学出版社 1999 年版,第 36—38 页。

水资源具有有限性:第一,水资源总量基本是恒定的,无论人们开发与否,变化幅度总是很小;第二,在某一局部地区,水资源的存量是有限的,当水资源的开发使用量持续大于水的补给量时,水资源就会逐渐枯竭,因而水资源具有耗竭性资源的特性。

多功能性。水资源对人类社会生产和生活具有多方面的使用功能。水是能量交换和物质交换的介质和载体。清洁的水可用于灌溉、工业和居民生活;带有一定势能的水可以发电;江河湖泊的水可以用于水产养殖、航运;等等。

随机性和流动性。随机性指水资源的演变受时间、空间变化影响很大,表现为年、月、季节的不确定性。水资源流动性是指在重力作用下,水总是从高到低、自上而下流动,最终汇入海洋。

商品的公共性和非公共性。所谓公共物品是指同时符合下列两个特征的物品:(1)消费的非排他性。对于私人物品来说,购买者支付了价格就取得了该产品的所有权并可轻易地排斥他人消费这种物品,即排他性;公共物品则不然,无论一个人是否支付了该物品的价格,都能安然享用这种物品。(2)消费的非竞争性。即一个人对这种产品的消费不会减少可供给别人消费的量。

水的多功能性反映水既具有公共性,又具有非公共性。例如,水库的水对于防洪、水土保持、旅游、航运水环境等活动来讲,具有公共物品的特性;对于瓶装纯净水又具有高度的排他性;对于发电、供水、灌溉等活动来讲,既有公共性,又具有非公共性。这些特性给水资源开发利用中的政府管理与市场运行带来极大困难。

3. 与水资源有关的概念

自然资源与资源产品。在自然资源经济学中,已被开发的资源应该被称为资源产品,未被开发的资源则应该被称为自然资源。然而,在实际生活中,往往很难在自然资源与资源产品之间划出一条泾渭分明的界限。举例来说,人们常常把伐木和采煤看作是对自然资源的开发,因而将原木和坑口原煤列入资源产品,而将天然林中未被砍伐的立木和地下未被开采的煤炭储量列入自然资源。但是,这些资源被开采之前就需要管理和保护,对已探明的自然资源的管理和保护属于开发自然资源的活动。因此,管理和保护的存在使立木和地下煤炭储量无法成为纯粹的未经开发的自然资源。在这种情况下,自然资源与资源产品之间的界限往往是人为界定的。资源定价包括自然资源定价和资源产品定价,二者是紧密相连的(中国环境与发展委员会,1997)。[①]

随着水资源日益短缺,无论是天然水资源还是已开发利用的水资源都被赋予了人类劳动。水资源以水流形式存在,水流与资源产品的主要形式的自来水在物质形态上变化不大。因此,鉴于人们的习惯认识,在进行一般性论述时,除了某些必须对自然资源和资源产品进行区分的场合外,笔者统一将它们称为"水资源"。

(二)矿产资源

1.矿产资源的定义

矿产资源是由存在于地壳中的矿物组成的可利用的物质。根据物质形态,矿产资源可分为气态矿产(如天然气)、液态矿产(如石油)、固态矿产(如煤矿、铁矿)三大类。根据是否可以循环利用的特性,矿产资源又分为可回收矿产和不可回收矿产。可回收的主要指金属类资源;不可回收的主要指煤炭、石油、天然气等能源资源。

2.矿产资源特性

(1)矿产资源是不可再生资源,总存量是固定的,用一点少一点,是经过

---

① 中国环境与发展委员会:《中国自然资源定价研究》,科学出版社1997年版,第20—107页。

漫长的自然演变形成的,在一定时期内不可再生。

(2)资源开采依赖开采成本。先开富矿、后开贫矿,越到后来越难开采。也就是说,边际开采成本会越来越高。经济学家还提出了使用者成本概念,使用者成本是指利用不可再生资源而放弃未来使用的机会成本。随着矿产资源的开采,边际使用者成本值随时间上升,这一上升反映由于资源稀缺性增加,当前消费的机会成本上升。对某种数量有限的非再生资源,有可能存在一种丰富的、固定开采成本的可再生资源作为替代品。先使用成本较低的非再生资源,随着其总边际成本不断提高,资源使用最终转向可再生资源。比如煤炭、石油、天然气、太阳能、风电等这些能源如何利用?既然太阳能是"取之不尽、用之不竭"的理想能源,为什么现在还要用污染又容易耗竭的煤炭石油呢?显然,太阳能由于技术、开发条件等方面的约束,生产成本相对较高,因此,能源资源的利用取决于资源的生产成本,能源的开采消费会由煤和石油转向太阳能、风能。

(3)矿产资源开采和消费具有很强的外部性。比如,采矿破坏地表土壤、污染周边环境;煤炭消耗会产生大量二氧化碳和粉尘;温室气体的大量排放造成全球变暖;大量二氧化硫的排放,是酸雨形成的主要原因,2003年全国二氧化硫排放量达到2220万吨。如果不考虑外部环境成本,那么资源价格将不能反映矿产资源开发的全部成本,使得资源加速开采。如果考虑环境成本,则使资源价格上升。一方面,减少资源需求量,降低资源的消耗率;另一方面,减少开采,减缓资源开采速率,将加快可再生资源的转换期。

(4)新资源发现和新技术应用影响现有资源的利用率。如页岩气的发现,则会延缓现有资源的利用,降低资源利用的总成本。页岩气是从页岩层中开采出来的一种非常重要的非常规天然气资源。技术进步降低资源开采的边际成本,使现有资源在经济有效的前提下被人类利用更长的时间,采用节约能源的技术,提高能源使用效率,降低温室气体排放。

（三）森林资源

森林是地球上主要的陆地生态系统之一,不仅能提供木材、纤维、燃料、药材等多种产品,而且为人类提供重要的生态功能服务。森林资源也是一种可再生资源,在一定条件下具有自我更新、自我繁殖的特征。但森林资源的生长周期很长,一般需要25年才能成林,有的会更长。如果不能有效保护和利用森林资源,如过度砍伐等,则导致生态系统失衡、生物多样性减少、造成水土流失。生态服务功能价值核算和生态产品价值实现是当前研究的热点和难点。关于生态服务价值和生态产品价值实现的主要观点列举如下:

1. 穆拉辛格(Munasingle,1996)认为,生态资源的全部经济价值(TEV)分为两部分:使用价值(UV)和非使用价值(NUV)。使用价值又分为直接使用价值(DUV)、间接使用价值(IUV)和选择价值(OV)。上述观点可表示为[1]:

$$TEV = UV + NUV = (DUV + IUV + OV) + NUV \qquad (0.1)$$

2. 科斯坦萨等人(Costanza,1997)对全球生态系统服务功能的价值进行了划分和评估,他将生态系统服务归纳为17类4个层次,即生态系统的内涵:生态系统的生产(包括生态系统的产品及生物多样性的维持等);生态系统的基本功能(包括传粉、传播种子、生物防治、土壤形成等);生态系统的环境效益(包括改良减缓干旱和洪涝灾害、调节气候、净化空气、废物处理等);生态系统的娱乐价值(休闲、娱乐、文化、艺术素养、生态美学等)。评估得到了一个重要结果:全球16种生物群系的生态系统服务功能类型的总经济价值为16万亿—54万亿美元,平均为33万亿美元。33万亿美元是全球 GNP 的1.8倍。[2] 这一结果引起国际社会的普遍关注和广泛讨论,推动了生态系统服务

---

[1]　Mohan Munasinghe and Jeffret Mcneely,*Key Concepts and Terminology of Sustainable Development*,*Defining and Measuring Sustainability*,The Biogeophysical Foundation,1996,pp.19~56.

[2]　Costanza R.,d′Arge R.,Rudoif de Groot et al.,"The Value of the World's Ecosystem Services and Natural Capital",*Nature*,1997,No.387.

价值的研究。

3. 欧阳志云(1999)对生态系统服务价值做了系统性研究,将生态系统服务功能归纳为八个方面:有机物的生产与生态系统产品;生物多样性的产生与维持;调节气候;减轻洪涝与干旱灾害;土壤的生态服务功能;传粉与种子的扩散;有害生物的控制;环境净化。[①] 2017 年,欧阳志云和靳乐山等完成了生态系统生产总值(GEP)和生态资产核算研究。生态系统生产总值是指生态系统为人类福祉和经济社会可持续发展提供的最终产品和服务价值的总和,包括生态系统产品价值、生态调节服务价值和生态文化价值。生态系统产品价值包括农业产品、林业产品、畜牧业产品、渔业产品、水资源、生态能源等价值;生态调节服务价值包括水源涵养、防风固沙、土壤保持、洪水调蓄、固碳释氧、大气净化、水质净化、气候调节、病虫害控制等价值;生态文化服务价值包括自然景观游憩价值。该生态资产核算体系由产品提供、调节功能、文化功能的 17 个指标构成,一般以一年为核算单元。同时,研究团队也给出了具体的核算方法,比如产品提供功能主要指人类从生态系统获取的各种产品,需要在市场上进行交易。因此,可以运用市场价值法对生态系统提供的产品进行价值评估;水源涵养价值主要表现在蓄水保水的经济价值,可以利用水价估算水源涵养的价值或者以水利设施建设的成本估算;对于景观文化价值,可以用旅行费用法估算人们通过休闲旅游活动体验生态系统与自然景观的美学价值,并获得精神愉悦享受的非物质价值。利用 GEP 和生态资产核算体系,计算青海省、贵州黔东南州、云南省峨山县和屏边县的生态生产总值,其中 2015 年青海省生态系统生产总值为 17148.27 亿元,同时 2000—2015 年的年度比较显示,4个案例地区的 GEP 总值均有增加趋势。[②] 总体来看,关于生态系统生产总值

① 欧阳志云、王如松、赵景拄:《生态系统服务功能及其生态经济价值评价》,《应用生态学报》1999 年第 5 期。

② 欧阳志云等:《面向生态补偿的生态系统生产总值(GEP)和生态资产核算》,科学出版社 2017 年版,第 105—196 页。

（GEP）和生态资产核算的研究方法与案例应用更具有操作性。

4.戴星翼等（2005）将我国生态系统的功能分为三大类型——调节服务、文化服务、支持服务。① 调节服务包括：（1）调节大气成分和气候，地球所持有的大气成分和气候条件是地球生态系统的产物。（2）调节水循环。（3）水质净化、有毒物质降解和废弃物处理。（4）控制疾病。（5）有害生物的控制，有害生物可以通过自然天敌得到有效控制。（6）控制自然灾害。文化服务包括：（1）文化多样性和特有性。文化体系的差异很大部分是由于当地独特的生态系统所造成的。（2）教育。文化差异会在很大程度上影响当地的教育体系。（3）知识体系。人类的知识首先来自于对自然的观察。（4）美学价值和灵感。自然的美景为艺术家提供了无穷的灵感，也给每一个普通人带来赏心悦目的享受。（5）文化传承价值。文化的传承需要当地生态系统的维持。（6）休闲娱乐价值。支持服务包括：（1）初级生产力。绿色植物产生的初级生产力是维持整个地球生命的基础。（2）氧气产生。地球所独特的高含氧量的大气是因为绿色植物光合作用不断释放氧气而产生的。（3）土壤形成和保持。（4）传粉。大多数植物都需要昆虫传粉才能完成生物物种的繁衍。（5）营养元素循环。生态系统对自然中碳氮等营养元素及其循环的调节起着重要作用。

戴星翼等将生态服务价值分为四类：（1）通过市场直接实现的生态服务价值，如生态系统直接提供给人们的食物、原材料、装饰品等。（2）通过市场间接实现的生态服务价值，如景观价值和自然保护区对周边的作用。（3）价值过大无法为经济系统所包容的生态服务价值。如大气调节、营养循环、土壤形成，他们的价值是难以估量的，即使能估算出它的价值也无法在现行的经济系统中得以实现。（4）独立于生态系统之外的生态文化价值的实现。

---

① 戴星翼等：《生态服务的价值实现》，科学出版社2005年版，第32—35页。

5. 王金南院士等（2018）开展了中国经济生态生产总值核算研究（GEEP）。[①] GEEP 是在经济系统生产总值的基础上，扣减人类经济生产活动产生的生态环境成本，加上自然生态系统提供的生态福祉，尝试把"绿水青山"和"金山银山"纳入一个框架体系下。GEEP 是流量概念，核算时间为一年。据《中国经济生态生产总值核算研究报告 2015》显示，2015 年中国 GEEP 为 122. 78 万亿元，GDP 为 72. 3 万亿元，GEEP 是当年 GDP 的 1. 7 倍，其中，生态破坏成本为 0. 63 万亿元，污染损失成本为 2 万亿元，生态系统生态调节服务为 53. 1 万亿元。31 个省（区、市）GEEP 排名和 GDP 排名相比，内蒙古、黑龙江、云南、青海、西藏等省份 GEEP 排名比 GDP 排名上升 10 位以上，北京、上海、天津、河北、河南等省份 GEEP 排名比 GDP 排名下降 10 位以上。当然，研究团队也认为 GEEP 是一个相对复杂的核算体系，但因核算方法、关键参数、核算范围、指标体系、核算内容等不同，不同学者核算的生态系统服务功能结果差距很大。我国 20 世纪 90 年代开始生态系统服务功能核算，取得了一些成果，但仍然需要在关键参数、核算范围、指标体系等方面进行规范，以便实现核算方法标准化。

6. 石敏俊（2020）阐述了生态产品价值实现的理论内涵和经济学机制，认为生态产品价值实现需要将自然资本、人造资本、人力资本三种要素有机结合。[②] 在现实世界中，纯天然、原生态的自然资本并不能实现消费者福利的改善，自然资本需要与基础设施的改善等人造资本结合才能实现其价值，通过人造资本和人力资本投入，提升生态产品价值，实现生态价值的转化。比如原生态的绿色产品需要进行标准认证、质量检验，并经过流通渠道，才能送达消费者手中，需要宣传和市场营销，以及必要的加工、简易处理，才能形成品牌；由

---

① 王金南、马国霞、於方等：《2015 年中国经济—生态生产总值核算研究》，《中国人口·资源与环境》2018 年第 2 期。

② 石敏俊：《生态产品价值实现的理论内涵和经济学机制》，《光明日报》2020 年 8 月 25 日。

于生态产品或生态系统服务具有不可分割性和规模门槛,需要加强生态产品经营的整体规划和统筹协调;生态产品价值取决于生态产品质量,而不是数量,需要改善生态产品质量,做到以质取胜等,其研究结果为"绿水青山"转化为"金山银山"提供了理论支撑。

三、利益共享的内涵

(一)利益概念

从词义上看,中国《辞源》和《现代汉语词典》,都将利益解释为"好处"或"益处",与"弊"或"害"相对立;①《中国大百科全书·哲学卷》将利益解释为"人们通过社会关系表现出来的不同需要"。②

从法律的角度看,法律作为一个国家及社会制度性的规范,将利益界定为"法律利益"、合法"权益"或法定"权利"。③ 其中,法律利益包括经济利益、政治利益、精神利益等。在现代社会中,法律是人们利益诉求及利益实现的基本条件与制度保证。从国家的性质上看,法律是统治阶级进行利益确认、界定、衡量和分配的有力工具。正如马克思所言,"私人利益本身已经是社会所决定的利益,而且只有在社会所创造的条件下并使用社会所提供的手段,才能达到"。④ "法的利益只有当它是利益的法时才能说话"。⑤

从经济学的角度看,利益经常是指经济利益,该利益基本等同于价值化的

---

① 《辞源》,商务印书馆 1988 年版,第 88 页。《现代汉语词典》,商务印书馆 1990 年版,第 697 页。

② 《中国大百科全书·哲学卷》,中国大百科全书出版社 1987 年版,第 483 页。

③ 孙国华:《中华法学大辞典·法理学卷》,中国检察出版社 1997 年版,第 112 页。

④ 《马克思恩格斯全集》第 46 卷上册,人民出版社 1979 年版,第 102—103 页。

⑤ 《马克思恩格斯全集》第 1 卷,人民出版社 1995 年版,第 287 页。

物质利益。客观地讲,人类社会是由各种阶级、阶层构成的,各种阶级、阶层物质利益的内容是非常庞杂的;其物质利益关系同样是非常复杂的,既存在统一、协调的关系,也存在完全矛盾、对立的关系。从经济与社会发展的角度看,利益是人们追求的基本目标之一,是人类经济与社会发展的重要驱动力。"人们为之奋斗的一切,都同他们的利益有关"。①"天下熙熙,皆为利来;天下攘攘,皆为利往"。②"利益是我们每个人看作是对自己的幸福所不可或缺的东西"。③

基于本书的研究目的及内容,将利益概念表述为:利益是人们在现有社会关系或环境中能体现基本社会地位及其状态的一个本质内容,它是满足人们特定需要的好处或者权利,并构成人们行动的基本动机。

(二)利益的特点

现实生活中的利益概念,并不是一个抽象的概念,它一定是非常具体的、明确的。尽管利益及其关系非常复杂,但利益本身是可以界定的、可以表述的;利益关系直接体现社会生产关系的实质,而任何复杂的社会关系都以生产关系作为根源,因此,利益关系经常是一切社会关系最本质的内容。为了进一步理解利益概念的内涵,这里需要描述一下利益的特点:

1. 利益的特定性

利益的特定性是指任何利益总是针对特定的利益主体和利益客体而言的,如果没有特定的利益主体、利益客体,利益本身就不存在。其中,利益的主体是利益的追求者,表现为社会的各个阶级、阶层,能具体到微观的个人、家庭、企业等;利益的客体是利益主体追求的对象,表现为利益主体在各种

---

① 《马克思恩格斯全集》第1卷,人民出版社1995年版,第187页。
② 司马迁:《史记》,岳麓书社2001年版,第733页。
③ 霍尔巴赫:《自然的体系》,商务印书馆1999年版,第260页。

场合特定的需要、好处、权利等。利益主体对利益客体积极追求,经常是自觉的、能动的、有计划的,因而形成各种复杂的利益关系或利益博弈结构。显然,利益主体与利益客体总是成对出现的,两者共同组成完整的利益内涵。

2. 利益的客观性

利益的客观性是指任何利益及其关系总是依托于一定的社会关系、生产关系,而社会关系、生产关系本身是客观存在着的,它们不是抽象的、观念上的东西,而是非常具体的、实实在在的东西,并具有内在的规律性。利益产生及存在的基础是物质生产,物质生产是人类社会存在的客观基础,满足利益需要的各种资源、要素都是客观的。利益的客观性说明利益作为主体的需要或权利,它本身不是凭空存在的,它不能脱离所依托的社会关系、生产关系。利益主体在主观上受利益激励,但利益内容本身不是一种主观的存在而是客观的存在。

3. 利益的相对性

利益的相对性是指任何利益的划分、归属与实现是相对的。利益的划分、归属总是指向特定的利益主体并形成相对的利益关系,利益主体共同构建相对的利益结构,各种利益会随着利益主体范围的变化而出现差别、交叉、重叠或再分配。任何利益的实现都需要具备一定的条件,这些条件总是相对的、可变的,比如法律、契约、道德、政策等,不同的条件会制约着利益的实现程度及其可能性。这里,相对于法律而言,就会有合法利益和非法利益;相对于契约、道德、政策等,其理相同。显然,没有相对成熟的现实条件,利益就必然不是真实的利益。

4. 利益的动态性

利益的动态性是指任何利益都是动态的、开放的、多层次的、不断发展的，利益主体、利益边界、利益的内容体系等始终是社会活动的中心与主题，它们随社会的变化而不断地丰富和发展。社会的发展、人类利用和控制资源的范围延展、社会价值理念及价值诉求的变化等，必然会出现新的利益形态。仅从经济学的角度看，资源的稀缺性与需求的无限性是一个永恒的主题，但在不同社会、不同历史时期的具体表现不同，资源利用的范围、社会需求的结构、利益主体的结构等不断发展变化，就必然会出现各种新的利益形态，进而影响现有利益格局。

5. 利益的矛盾统一性

利益的矛盾统一性是指任何利益及其关系并非是完全孤立的，诸多利益可能在竞争中互相排斥，也可能在合作中实现共赢。在现实生活中，经常存在个人与社会、局部与整体、内部与外部的利益差别及矛盾，存在不同所有制、不同地区、不同民族、不同国家之间的利益差别及矛盾，存在经济系统与生态系统、人类需求无限性与资源有限性等的利益差别及矛盾。如果利益差别及矛盾激化、尖锐化，就会引起连锁反应，出现一系列的社会矛盾；但利益差别及矛盾本身是可以转化的，在特定情形下会向利益统一方向发展，比如阶级、阶层身份的变化或结构的变化，社会矛盾解决方式与利益协调手段的变化，社会条件的变化等，可以促成利益边界的融合或更多的交叉、同化，实现利益协调、利益和谐。利益共享机制就是一种追求多赢格局的利益博弈均衡，有利于促进利益协调、利益和谐。

（三）利益共享的内涵

本书着重研究自然资源开发地区的利益及其利益关系，通过构建利益共享机制来实现利益协调、利益和谐,特别关注经济利益、社会利益与生态利益。

1. 经济利益

经济利益是现代生产、生活中最具有基础性特征的利益范畴,它是一切经济活动的核心与主题。由于一个国家或地区的经济活动同稀缺资源及要素的价值密切相关,而人类社会一切经济活动的基础或根源是物质生产活动,因此,经济利益经常统称为物质利益。经济利益是社会生产活动的根本动力,社会各种利益主体(含群体或个人)围绕各自的经济利益实现展开角逐、竞争、合作或对抗,形成极为复杂的经济利益关系或利益博弈格局。社会主义国家追求经济利益协调、利益和谐,这是社会各种利益主体实现利益动态均衡的过程及其理想状态。

本书讨论的经济利益是能够价值化的、可以衡量的物质利益,包括直接利益与间接利益。其中,直接利益主要包括赔偿、补偿、劳务性收入、共享、捐赠等利益内容;间接利益主要包括价格、公共产品、政府支持等利益内容。

表 0-1　经济利益主要内容

经济利益		基本含义
直接利益	赔偿	在自然资源开发中对社区资源和居民利益损失进行赔偿
	补偿	在自然资源开发中对社区和社区居民可持续发展机会损失进行补偿
	劳务性收入	社区居民参与自然资源开发取得的劳务性收入
	共享	社区与社区居民共享资源开发收益
	捐赠	资源开发企业对社区的资金或实物捐赠
间接利益	价格	自然资源开发后当地物价上升,社区居民通过出售农副产品受益
	公共产品	矿产资源开发企业建设的公共产品与当地居民共享
	政府支持	当地政府从自然资源开发中取得的收益,部分用于社区发展(拨款或补贴)

2. 社会利益

社会利益经常是针对个人利益而言的一个概念。个人利益强调的是居民个人及其家庭的基于个性化需要的利益;而社会利益则强调在个人利益之外、被社会普遍认同的利益,可以按照层次分为群体利益、地区利益、国家利益、民族利益等。当社会利益与个人利益实现高度统一时,个人利益的累加或者交集就是社会利益、共同利益;但是,当社会利益与个人利益发生矛盾冲突时,社会利益经常是完全有别于个人利益的公共利益。如果发生利益冲突,就必然有利益的取舍问题,一个社会"尽可能保护所有利益而尽可能少地损害利益全体,或者说尽可能少地损害整体利益体系的完整"。①

本书讨论的社会利益主要包括自然资源开发地区的整个地区利益或较小范围的社区利益,比如政府税费、移民搬迁安置、就业人员素质、社会保险补助、社区教育医疗卫生及文化事业发展等。从利益统一的角度看,地区利益、社区利益涵盖了居民个人及家庭的利益。

表 0-2　社会利益主要内容

社会利益	基本含义
政府税费	当地政府得到来自资源开发企业的税费,进一步提高公共产品供给能力
移民搬迁安置	对因资源开发企业开发用地、消耗资源而搬迁的当地居民,进行妥善安置
就业人员素质	因资源开发企业吸纳就业而提高劳动技能,改善基本素质
社会保险补助	对资源开发社区居民的社会保险进行政府补助,政府承担部分责任
社区教育医疗卫生及文化事业发展	当地政府提供支持,改善社区社会各项发展事业

---

① 罗斯科·庞德:《法理学》(第3卷),法律出版社2005年版,第251页。

3.生态利益

生态利益是自然环境生态系统的影响及其有用性在社会价值层面的反映,人类的生存与发展需要自然环境生态系统的支撑,在长期的生产、生活中与自然环境生态系统存在交相与共的利害关系,因而必然产生可持续发展、绿色发展、人与自然和谐共处的利益诉求。党的十九大报告指出:"坚持人与自然和谐共生"是新时代建设中国特色社会主义的基本方略之一,中国要"实行最严格的生态环境保护制度,形成绿色发展方式和生活方式,坚定走生产发展、生活富裕、生态良好的文明发展道路,建设美丽中国,为人民创造良好生产生活环境,为全球生态安全作出贡献"。

就实践操作层面而言,生态利益关系一个国家及地区的生存权、发展权,是具有非物质性的、长期性的环境利益,是我国建设生态文明的必然要求。本书讨论的生态利益是可持续发展利益、绿色发展利益,比如矿产资源可持续开发利用、水资源保护、低碳发展、生产及生活垃圾无害化处理、生态环境综合整治等。

表 0-3　生态利益主要内容

生态利益	基本含义
矿产资源可持续开发利用	严格按照矿产资源开采规划进行生产与协调,防止粗放滥采、低效率使用资源
水资源保护	因资源开发企业开发影响地表水、地下水的水质、水位,进行治理与保护
低碳发展	实施节能减排,积极应对气候变化,发展低碳经济
生产及生活垃圾无害化处理	主要对固体垃圾、有害物质等进行无害化处理,发展循环经济
生态环境综合整治	对资源开发地区地质塌陷、空气污染、噪音等综合治理,坚持绿色发展

四、研究思路与主要观点

（一）研究思路

本书主要沿"问题提出→现有政策梳理与评价→利益共享的理论与方法分析→机制创新设计→典型资源模式分析总结"的研究思路,力争有针对性地解决实际问题,实现研究目的。

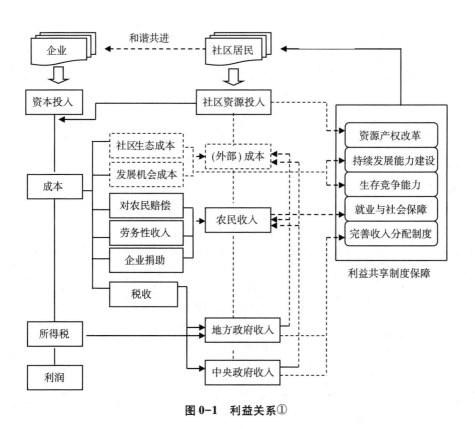

图 0-1 利益关系①

————————

① 世界银行、国家民族事务委员会项目课题组:《中国少数民族地区自然资源开发社区受益机制研究》,中央民族大学出版社 2009 年版,第 18 页。

（二）主要观点

1.视角新,符合国家重大战略发展的理论需求,具有鲜明的时代特色

以"自然资源开发利益共享机制研究"为题,契合新发展理念要求,选题新颖,特色明显。

本书贯彻新发展理念,围绕自然资源开发中利益共享问题,分析了自然资源开发现状及其影响,指出我国资源禀赋与人口经济分布不均衡、资源富集区呈现资源富集与贫困并存等现实困境,探讨了资源开发的价值链与分配关系。以"锰矿资源、清江水电资源、自然保护区、南水北调"等资源开发为例,阐述了资源税费改革,资源产权制度改革、生态补偿机制、对口协作等利益共享的政策措施。总之,通过建立资源开发利益共享机制,推进共建共享共治,达到生态利益、经济利益、社会利益的均衡,实现国家、当地政府、企业、所在地居民四方共赢,对于推进国家治理体系和治理能力现代化具有重要的学术价值和现实意义。

2.理论上有一定突破,以价值链为切入点,揭示了利益分配主体的不对称性

通过价值链分析,聚焦利益分配主体:中央政府、地方政府、企业、当地居民,探讨资源开发利益分配关系,厘清资源开发利益冲突实质,解决关键问题。

资源开发利益分配存在的主要问题是价值链中利益分配主体的不对称性。一是中央政府与地方政府在税收分配上的不对称性。从现有调研情况看,地方政府在税费分享比例上相对少,诉求比较多。二是当地居民与政府、企业在分配上的不对称性。在资源开发过程中,如何推进共享共建共治、实现国家、当地政府、企业、所在地居民四方共赢,既是热点问题,也是难点问题。

三是当地居民与开采企业在资源所有权、资源开发信息、谈判能力、污染监控等方面存在不对称性。

影响当地居民受益的主要因素有三：一是自然资源产权与土地所有权分离，影响当地居民无法获得合理利益补偿。尽管在《矿产资源法》中规定对可以由民族自治地方开发的矿产资源，能够"优先合理开发利用"。但这些规定也是为了"民族自治地方的自治机关"，并没有明确为当地居民。应该说，当地居民与自然资源之间存在着紧密的依赖关系，资源开发扰动其生存空间、生产水平、生活方式，但对这种扰动以及如何获得资源开发收益等缺乏法律保障。二是由于分散经营并经常囿于资本、技术和管理能力等方面限制，农村居民很少具备开采条件，在同等条件下无法与大企业竞争资源开采项目，即使可以优先开采，但也缺乏开采的能力。三是就业能力有限，存在结构性失业。课题组就湖北清江隔河岩水电工程移民调研发现，除了当地农民18人招工就业外，其他都成为失地农民。新疆库车情况也是如此，库车县技术工人的整体素质较低，远不能满足石油企业先进工艺生产的需求，加之部分少数民族农民工汉语培训不过关，不能实现就业。

3. 生态补偿是协调生态利益的重要手段

生态补偿通过对参与生态建设的主体所付出的成本与收益之间的偏差进行经济补偿，以弥补其收入损失；或对经济活动主体对生态造成的破坏给予修复或进行的赔偿，以达到维持和改善生态服务目的。生态补偿是明确界定生态保护者与生态受益者之间权利义务，使生态服务外部效应内在化的一种制度安排。生态补偿也是社会资本和财富的再分配过程，资源输入地和受益群体将部分财富和收益补偿给资源输出地，这将改善资源所在地生产生活条件，缩小地区差距，促进社会公平。生态补偿领域主要集中在森林、草原、流域、矿产资源、自然保护区和重要生态功能区等。本书通过聚焦不同主体之间的利益共享与生态补偿机制问题，以广西大新县锰矿资源、湖北长阳县清江水电资源、星斗山国家级自然保护区社区发展,以及南水北调工程为案例,探讨资源开发中的生态补偿机制,其成果对进一步推进市场化补偿机制具有借鉴意义。

鉴于自然资源种类繁多,且不同资源的开发模式及利益共享具有不同的特点与要求。本书特别针对矿产资源、水电资源、自然保护区、南水北调四种典型的资源开发利用特点,探讨不同形态的自然资源不同主体之间的利益共享模式,视角新颖、数据翔实,共享途径挖掘充分,分析具有针对性,具有较高的理论价值和应用价值。同时分析材料来自第一手调研,凝结了作者大量的长期跟踪研究工作,不仅有文献收集、数据整理,还有大量实践案例,具有较高的实践参考价值。

4. 对口协作是我国促进区域协调与资源利益共享的重大创举

对口协作既是我国推动区域协调发展的创举,又是促进资源利益共享的手段。南水北调对口协作,贯彻新发展理念,围绕"助扶贫、保水质、强民生、促转型"四大目标,实现资源共享、互利共赢、共同发展。南水北调中线工程是解决我国水资源不均衡和推进我国可持续发展重大战略决策,主要为京、津、冀、豫省(市)供应城市生活和工业用水,兼顾部分地区农业及其他用水,以缓解华北地区水资源严重短缺的问题。作为核心水源区的十堰市,地处秦巴山区的贫困地区,既承担着水源保护的重任,又面临着经济发展的压力。为推动水源地可持续发展,2014年北京市东城区与十堰市郧阳区开展对口协作。两地政府通过构建南北共建、共享共治、互利双赢的区域协作发展机制,激发区域协调发展新动能,动态优化调整对口协作结构,扎实推进多领域多形式合作,取得显著经济和社会效益。几年来,水源区生态环境持续改善,社会文明和谐,地方经济持续发展。南水北调对口协作为世界水资源跨区持续利用、跨区利益共享提供了"中国方案"。总结对口协作方式和协作机制,为促进资源利益共享提供理论支撑和经验借鉴。

当然,尽管课题研究周期跨度比较长,本想精益求精、尽可能考虑周全,但仍然有不尽如人意的地方。由于有些数据不易获得,故引用部分专家的研究结果予以说明,主要原因是相关数据太敏感,很多调研单位答复是要请示领导后才能提供,或以其他借口婉拒。这些使对策建议在时效性上打了折扣。

第一章 资源利用开发概况

一、经济高速增长与资源环境压力

改革开放以来,我国经济社会发展迅速,取得巨大成绩,经济持续39年以平均9.5%的速度快速增长。1978年,国内生产总值为3645.2亿元,党的十一届三中全会的召开,为经济增长注入强劲动力,生产力得到发展,国内生产总值迅速增长。2009年中国经济规模超过日本,成为世界第二大经济体。2013年,中国贸易总额超过美国,成为世界第一大贸易国。2019年国内生产总值达到99万亿元,稳居世界第二位,对世界经济增长贡献率达30%左右,人均国内生产总值首次突破1万美元。纵观宏观数据,我国经济呈现政府主导的外贸拉动型增长模式。在经济增长同时,进出口贸易也同步增长,进出口贸易总额从1978年的206.4亿美元增加到2018年的46224.2亿美元。与此同时,经济增长与能源的消耗息息相关。随着经济的快速发展对能源的消耗和依赖越来越高,经济发展的背后更多的是以能源大量消耗和环境的恶化为代价的。能源消耗由1978年的57144万吨标准煤增加到2018年的464000万吨标准煤;废水排放由2000年的194.2亿吨增加到2017年的699.7亿吨;二氧化硫排放由2000年的1995.1万吨增加到2006年的2588.8万吨,达到峰值后,逐渐减少到2017年的875.4万吨。

近年来,我国大力推进生态文明建设,生态环境明显改善,污染排放有所下降,但资源能源的刚性需求,仍面临较大的压力。

表1-1　我国经济发展与资源环境情况

时间	GDP（亿元）	进出口贸易（亿美元）	能源消耗（万吨标准煤）	废水排放（亿吨）	二氧化硫排放（万吨）
1978	3645.2	206.4	57144	——	——
1992	26923.4	1655.3	109170	——	——
2000	99214.6	4742.9	145531	194.2	1995.1
2002	120332.7	6207.7	159431	207.7	1926.6
2005	183217.4	14219.1	235997	243.1	2549.4
2006	216314.4	17604.0	258676	240.2	2588.8
2009	340902.8	22075.4	306647	234.4	2214.4
2010	401202.0	29740.0	324939	237.5	2185.1
2011	473104.0	36418.6	348002	659.2	2217.9
2013	588018.8	41589.9	416913	695.4	2043.9
2014	636138.7	43015.3	425806	716.2	1974.4
2015	685505.8	39530.3	429905	735.3	1859.1
2016	743585.5	36855.5	435819	711.1	1102.8
2017	820754.3	41071.6	448529	699.7	875.4
2018	900309.5	46224.2	464000	——	——

注:工业废水总量:2011年环境保护部对统计制度中的指标体系、调查方法及相关技术规定等进行了修订,统计范围扩展为工业源、农业源、城镇生活源、机动车、集中式污染治理设施5个部分。

二、自然资源开发利用情况

（一）能源与矿产资源

1. 储量概况

我国的主要能源与矿产资源储量十分丰富,但资源分布不均。2016年,主要能源如石油、天然气、煤炭的总储量分别为289242.2万吨、49278.22亿立方米、2492.27亿吨(见表1-2)。其中,石油主要集中在西部、东部和东北地区,分别占全国51%、22%、26%;天然气资源呈西多东少的分布格局,西部地区的储量为45558.34亿立方米,占全国总量的92%;煤炭资源主要集中在中部(1097.32亿吨)、西部(1155.44亿吨)地区,分别占全国的44%、46%,总体呈现北多南少、西多东少的分布特征,以山西、内蒙古、陕西等省的基础储量最为丰富,总储量为1589.39亿吨,占全国的64%。我国的矿产资源也呈现种类多、储量多、分布不平衡的特点。其中,黑色金属矿产中铁矿的储量分布较为均匀,锰矿、铬矿、钒矿、原生钛铁矿主要集中在我国西部地区,占全国的86%、99%、94%、91%;有色金属矿产、非金属矿产除菱镁矿外,分布在中部、西部地区的矿产总储量占全国80%以上,其中磷矿、硫铁矿、铝土矿为我国储量排名前三有色金属和非金属矿产,分别为32.42亿吨、127808.99万吨、100955.33万吨。

表1-2　2016年全国主要能源、矿产资源基础储量

能源与矿产种类	东部		中部		西部		东北		全国
	储存量	占比(%)	储存量	占比(%)	储存量	占比(%)	储存量	占比(%)	储存量
石油(万吨)	62536.7	22	5851.4	2	146336.1	51	74518	26	289242.2
天然气(亿立方米)	996.12	2	535.64	1	45558.34	92	2188.12	4	49278.22
煤炭(亿吨)	140.79	6	1097.32	44	1155.44	46	98.72	4	2492.27
铁矿(亿吨)	44.68	22	34.52	17	65.69	33	56.32	28	201.21
锰矿(万吨)	195.08	1	2593.14	8	26834.36	86	1411	5	31033.58
铬矿(万吨)	4.64	1	0	0	402.54	99	0	0	407.18
钒矿(万吨)	14.55	2	46.68	5	890.54	94	0	0	951.77
原生钛铁矿(万吨)	1112.76	5	1053.69	5	20898.65	91	0	0	23065.1
硫铁矿(万吨)	17838.75	14	34967.84	27	72965.26	57	2037.14	2	127808.99
铅矿(万吨)	190.8	11	175.27	10	1409.35	78	33.2	2	1808.62

续表

能源与矿产种类	东部		中部		西部		东北		全国
	储存量	占比（%）	储存量	占比（%）	储存量	占比（%）	储存量	占比（%）	储存量
高岭土（万吨）	14799.08	21	5838.16	8	48063.49	69	584.32	1	69285.05
磷矿（亿吨）	1.98	6	11.29	35	18.34	57	0.81	2	32.42
锌矿（万吨）	442.49	10	220.61	5	3685.31	83	90.7	2	4439.11
铝土矿（万吨）	186.91	0	29345.57	29	71422.85	71	0	0	100955.33
菱镁矿（万吨）	15632.32	16	0	0	236.39	0	84902.81	84	100771.52
铜矿（万吨）	112.57	4	890.64	34	1456.68	56	161.09	6	2620.98

资料来源：根据《中国统计年鉴2017》《中国能源统计年鉴2017》整理，中国统计出版社2017年版。

2. 资源开发利用情况

我国要走绿色、可持续的发展道路，正在进行能源结构转型，将以煤为主能源的格局转换为以石油、天然气等清洁能源为主的能源格局。

石油是关系到国家安全的重要战略资源。2015年以前，我国的石油总产量稳定增长，2015—2017年石油产量逐年下降。2017年1—2月，中国原油日均产量较2016年12月下降1.5%，至391万桶/日，较上一年同期下降8%。国内石油的开采成本高、油价低，石油开采企业入不敷出。石油的外贸依存度突破70%，主要的进口来源是中东地区、非洲地区。国内的石油资源主要分布在东部、西部、东北地区，2017年各地区产量为7504.5万吨、6422.3万吨、4885.4万吨，分别占全国的39%、34%、26%。

表1-3 全国原油产量情况

年份	东部		中部		西部		东北		全国
	产量（万吨）	占比（%）	产量（万吨）	占比（%）	产量（万吨）	占比（%）	产量（万吨）	占比（%）	产量（万吨）
1995	4896.6	33	687	5	1924.2	13	7496.9	50	15004.7

续表

| 年份 | 东部 | | 中部 | | 西部 | | 东北 | | 全国 |
	产量（万吨）	占比（%）	产量（万吨）	占比（%）	产量（万吨）	占比（%）	产量（万吨）	占比（%）	产量（万吨）
2000	5558.9	34	637.3	4	3009.5	19	7056.3	43	16262
2005	6720.1	37	585.3	3	4502.4	25	6327.6	35	18135.4
2010	8219.1	40	584.4	3	5840.7	29	5657.2	28	20301.4
2011	7857	39	564.5	3	6120.7	30	5745.4	28	20287.6
2012	7885.1	38	555.5	3	6495.3	31	5811.9	28	20747.8
2013	7889.6	38	556.6	3	6840.1	33	5705.7	27	20992
2014	7865.9	37	549.5	3	7041.6	33	5685.8	27	21142.8
2015	8484.8	40	483.1	2	6946.5	32	5541.2	26	21455.6
2016	7872.8	39	373.8	2	6438	32	5284	26	19968.6
2017	7504.5	39	338.4	2	6422.3	34	4885.4	26	19150.6

资料来源：根据《中国能源统计年鉴2017》整理，中国统计出版社2017年版。

我国是煤炭大国，储量居于世界前列。煤炭资源在国民经济中占有重要地位。1993年，煤炭确立了以市场价格形成为主的市场价格机制；2007年，取消双轨制定价策略，完全由市场调控。2000—2014年，我国煤炭产量翻了近四倍，由最初的88009.96万吨增长到387392万吨，出现煤炭行业产能过剩的情况。在供给侧改革的指导下，我国煤炭产量呈现逐年收缩的态势。但2017年，西部地区产量仍高达205159.99万吨，占全国的58%，其中内蒙古、陕西是产煤大省，产量分别为90597.26万吨、57102.48万吨。

表1-4　全国原煤产量情况

| 年份 | 东部 | | 中部 | | 西部 | | 东北 | | 全国 |
	产量（万吨）	占比（%）	产量（万吨）	占比（%）	产量（万吨）	占比（%）	产量（万吨）	占比（%）	产量（万吨）
1991	17596	16	47466	44	27373	25	16308	15	108743
1995	22904.19	17	59485.21	44	37475.39	28	16208.35	12	136073.14

续表

年份	东部		中部		西部		东北		全国
	产量(万吨)	占比(%)	产量(万吨)	占比(%)	产量(万吨)	占比(%)	产量(万吨)	占比(%)	产量(万吨)
2000	17463.52	20	35552.8	40	23927.68	27	11065.96	13	88009.96
2002	23512.19	21	44013.36	40	31019.33	28	12748.6	11	111293.48
2003	25902.34	20	51790.83	39	40398.89	30	14577.52	11	132669.58
2007	28372.65	11	101872.39	40	102584.01	41	19768.38	8	252597.43
2008	27270.47	10	107986.48	39	124725.12	45	20235.33	7	280217.4
2014	26095.87	7	129437.86	33	216697.7	56	15160.57	4	387392
2015	25617.18	7	130369.24	35	204729.86	55	13937.88	4	374654.16
2016	22371.41	7	112163.9	33	194780.9	57	11744.2	3	341060.41
2017	21842.63	6	113888.82	32	205159.99	58	11464.74	3	352356.18

资料来源:根据《中国能源统计年鉴2017》整理,中国统计出版社2017年版。

天然气属于清洁能源。我国的天然气总体产量较低,但逐年稳定增长,从2000年的504.15亿立方米增长到2017年的2896.47亿立方米。我国的西部地区是天然气主要产区,也是西气东输工程的源头所在。陕西、四川、新疆三大西部省份产量最高,分别为419.4亿立方米、356.39亿立方米、307.04亿立方米,三省共占全国的37.4%,而中部、东部、东北地区的产量仅占全国的2%、5%、2%。我国也是天然气进口大国,2017年天然气外贸依存度高达39%。天然气等其他新能源将成为我国能源未来绿色、环保、可持续发展的重心。

表1-5 全国天然气产量情况

年份	东部		中部		西部		东北		全国
	产量(亿立方米)	占比(%)	产量(亿立方米)	占比(%)	产量(亿立方米)	占比(%)	产量(亿立方米)	占比(%)	产量(亿立方米)
1995	25.13	8	12.61	4	92.87	30	48.86	16	310.08
2000	58.6	12	17	3	156.58	31	39.79	8	504.15
2005	78.08	8	21.98	2	351.59	37	41.55	4	944.85

续表

| 年份 | 东部 | | 中部 | | 西部 | | 东北 | | 全国 |
	产量（亿立方米）	占比（%）	产量（亿立方米）	占比（%）	产量（亿立方米）	占比（%）	产量（亿立方米）	占比（%）	产量（亿立方米）
2010	119.33	6	8.72	0	768.73	42	51.7	3	1845.26
2011	124.6	6	7.28	0	841.81	42	53.2	3	2000.58
2012	126.9	6	6.7	0	874.83	42	63.1	3	2079.96
2013	127.29	5	33.13	1	980.94	42	67.22	3	2349.94
2014	144.25	6	38.35	2	1053.2	42	65.78	3	2537.38
2015	153.12	6	48.97	2	1081.26	41	62.72	2	2629.42
2016	137.34	5	51.44	2	1116.55	42	63.33	2	2673.99
2017	149.57	5	53.82	2	1212.73	42	64.23	2	2896.47

资料来源：根据《中国能源统计年鉴 2017》整理，中国统计出版社 2017 年版。

我国的矿产种类众多，主要分为黑色金属、有色金属、非金属矿产等。铁矿是我国总产量最丰富的矿产资源，其分布较均匀，2019 年东部、中部、西部、东北地区铁矿产量分别为 36923.10 万吨、12079.97 万吨、22073.27 万吨、13359.30 万吨，占全国的 44%、14%、26%、16%；磷矿石主要的生产地区是在我国的中部和西部，2019 年产量分别为 3941.20 万吨、5295.96 万吨，共占全国磷矿石产量的 99%；十种有色金属的开采主要是在我国的东、中、西部地区，2019 年东北地区产量为 143.15 万吨，仅占全国的 2%。

表 1-6 全国其他矿产产量情况

年 份		2014	2015	2016	2017	2018	2019
铁矿石产量（万吨）	东部	65485.3	59846.9	59568.4	66084.1441	31117.9743	36923.0905
	中部	21922.9	20193.8	18925.2	15404.3347	11137.3256	12079.969
	西部	42151	38071.6	37610.9	27157.3069	20143.0064	22073.2656
	东北	21864.8	20016.6	11984.8	14291.5495	13939.1159	13359.2949
	全国	151424	138128.9	128089.3	122937.3352	76337.4222	84435.62

续表

年 份		2014	2015	2016	2017	2018	2019
磷矿石 (万吨)	东部	72.42	80.87	75.7	59.7197	50.5645	75.0809
	中部	4853.49	5727.29	5413.19	3668.6256	3506.5927	3941.2048
	西部	7109.11	8384.21	8943.05	8573.606	6054.7456	5295.96
	东北	8.86	11.5	7.88	11.2863	20.651	20.1118
	全国	12043.88	14203.87	14439.82	12313.2376	9632.5538	9332.3575
十种有色 金属(万 吨)	东部	599.5	1100.64	1138.46	1050.7851	1237.3585	1222.7946
	中部	1360.45	1295.64	1357.55	1353.6678	1208.7304	1208.4832
	西部	2389.31	2601.71	2694.2	2861.8769	3120.6929	3267.1655
	东北	67.71	91.94	92.95	111.481	121.1608	143.1461
	全国	4416.97	5089.93	5283.16	5377.8108	5687.9426	5841.5894

资料来源:根据《中国能源统计年鉴2017》整理,中国统计出版社2017年版。

(二)森林资源

森林是自然生态系统的有机质,是最大的生产者和蓄积者,是"生物资源库"和"绿色蓄水库"。目前,我国人均占有的森林面积仅是世界人均量的1/8,西北的青海、宁夏、新疆森林覆盖率十分低,荒漠化、干旱严重。森林分布主要集中在青藏高原、云贵高原、四川盆地过渡地带以及东北地区的大、小兴安岭和长白山一带。其中,西部地区的生态资源以其独特的自然地域单元、地理位置、地势结构和气候特征等形成独特的生态环境价值,对全国有着很高的生态效益、对人类生存及国家安全有着十分重要的意义和生态价值。西部地区林地面积、森林面积、森林蓄积量来看,分别占全国的58.25%、60.29%、57.51%,均超过全国总量的一半以上。

表 1-7 全国森林资源概况

地 区	林地面积 （万公顷）	森林面积 （万公顷）	人工林 （万公顷）	活立木总蓄积量 （万立方米）	森林蓄积量 （万立方米）
东部	4319.6	3576.59	2121.99	220362.9	196438.7
中部	4970.9	3929.99	1713.95	210773.4	183718.5
西部	18983.57	13291.57	3383.82	1083117	1009913
东北	4094.48	3347.16	734.52	336256.4	315749
全国	32591.12	22044.62	8003.1	1900713	1756023
西部占全国比重(%)	58.25	60.29	42.28	56.98	57.51

注:1. 本表为第九次全国森林资源清查(2014—2018 年)资料。

2. 全国总计数包括中国台湾省和中国香港、中国澳门特别行政区数据。

资料来源:根据《中国统计年鉴 2018》整理,中国统计出版社 2018 年版。

（三）草地资源

我国草地主要分布在内蒙古、新疆、西藏、青海、甘肃、四川六大牧区,广西、贵州、云南也有大面积的草山、草坡,从草地面积来看,主要省(区)草地总面积、累计种草保留面积分别为 292769.5 千公顷、12605.7 千公顷,分别占全国的 74.5%、66.2%。草原是我国面积最大的陆地生态系统,牧区是主要江河的发源地和水源涵养区,生态地位十分重要。牧区矿藏、水能、风能、太阳能等资源富集,旅游资源丰富,是我国战略资源的重要接续地。草原牧区多分布在边疆地区和少数民族地区,承担着维护民族团结和边疆稳定的重要任务。因此,加强草地资源利用和管理在我国经济建设和民族团结中具有重要的战略地位。

表 1-8 主要省（区）草原建设利用情况　　单位:千公顷

地区	草原 总面积	累计种草 保留面积	当年新增 种草面积	草原鼠害		草原虫害	
				危害面积	治理面积	危害面积	治理面积
内蒙古	78804.5	3683.5	1788.2	3934.0	1137.3	4904.0	1650.0
四川	20380.4	2875.3	610.6	2716.0	384.0	794.7	238.7
西藏	82051.9	216.2	28.0	3000	2006	187.3	66.7

续表

地区	草原 总面积	累计种草 保留面积	当年新增 种草面积	草原鼠害		草原虫害	
				危害面积	治理面积	危害面积	治理面积
甘肃	17904.2	2559.6	705.9	3440.7	551.3	1226.0	300.0
青海	36369.7	1425.6	303.9	8226.0	856.7	1092.0	203.3
新疆	57258.8	1845.5	595.8	5052.7	1455.3	3017.3	1114.0
总计	292769.5	12605.7	4032.4	26369.4	6390.6	11221.3	3572.7
全国	392832.7	19036	6119.1	28446	7464.7	12960	4382
占全国 比重(%)	74.5	66.2	65.9	92.7	85.6	86.6	81.5

资料来源:根据《中国统计年鉴2018》整理,中国统计出版社2018年版。

(四)水资源

我国水资源总量大,但分布不均匀,南多北少,由于西南、西北诸省间的地理位置、自然条件,尤其是降水条件的差异很大,所以区域内水资源的形成条件和分布有着明显的地域差异。西南地区多年平均降雨量为1000—2000毫米以上,水资源和水能资源十分丰富,区内气候温和多雨,河川径流丰富,西藏、广西、云南水资源量总量比较高,分别为4415.7亿立方米、2057.3亿立方米、1706.7亿立方米。特别是水能资源很丰富,发源于青藏高原地区的长江、黄河、澜沧江、怒江、雅鲁藏布江以及发源于云贵高原的珠江,水能蕴藏量巨大。据中国统计年鉴显示,民族自治地方水力资源蕴藏量为4.46亿千瓦,占全国66%;但西北地区表现出严重的水资源紧缺,宁夏人均水资源只有175.3立方米,低于全国的平均水平。新疆水资源表现为严重的不均匀,呈现绿洲经济。

表1-9　2013年部分省(区)水资源情况

地区	水资源总量 (亿立方米)	其　　中			人均水资源量 (立方米/人)
		地表水 资源量	地下水 资源量	地表水与地下 水资源重复量	
内蒙古	959.8	813.5	249.3	103.0	3848.6
广西	2057.3	2056.3	478.1	477.1	4376.8

续表

地区	水资源总量 （亿立方米）	其　中			人均水资源量 （立方米/人）
		地表水 资源量	地下水 资源量	地表水与地下 水资源重复量	
贵州	759.4	759.4	235.6	235.6	2174.2
云南	1706.7	1706.7	573.3	573.3	3652.2
西藏	4415.7	4415.7	991.7	991.7	142530.6
青海	645.6	629.5	290.8	274.7	11216.6
宁夏	11.4	9.5	22.1	20.2	175.3
新疆	956.0	905.6	560.2	509.8	4251.9
全国	27957.9	26839.5	8081.1	6962.7	2059.7
占全国 比重（%）	41.18	42.09	42.09	45.75	—

资料来源：根据《中国统计年鉴2014》整理，中国统计出版社2014年版。

三、资源开发的现实困境

（一）资源禀赋与人口经济配置分布不匹配

由于各地区的自然地理条件、历史因素、发展基础等方面存在较大的空间差异，带来了资源开发利用与人口、经济发展不均衡的矛盾。比如，水资源南多北少，可供开发的水能资源多集中分布在西南地区，各类能源和矿产资源主要集中分布在中西部地区，林地多集中在东北、东南的边远山区，草地多分布在内陆高原、边疆地区，而经济体量大和人口稠密区却聚集在东部沿海地区，这种地区间资源禀赋和获得利用社会经济资源的空间差异，导致区域之间发展不均衡不充分，特别是"老少边穷"地区与东部沿海地区之间的发展存在一定差距。而资源富集区也面临资源富有与经济贫困并存，呈现"富饶的贫困"现象。

（二）贫困与资源环境紧密相联

摆脱贫困和维持良好的环境两者在短期内也许存在冲突,但这往往是人们选择摆脱贫困的方式或保护环境的方式造成的。摆脱贫困与生态保护之间并没有必然的矛盾,长期来看,发展经济消除贫困与维持良好的生态环境之间是一种相互促进的关系。人们在摆脱贫困后,在最基本的需求满足后,就会有更高层次的需求,其中就包括对健康的生态环境的需求,随着人们环境需求和环境意识的提高,人们主动参与生态环境的保护和建设中的热情也会得到提高。同时,良好的环境可以给人们提供更多新的发展机会。对于环境制约型贫困地区来讲,建立经济与生态环境的良性循环是反贫困的根本途径(陈祖海,2008)。① 近年来,为了实现反贫困和生态环境可持续性的目标,国家实施了一系列的生态保护政策,包括退耕还林、退耕(牧)还草、退耕还湖、封山育林等政策,有力促进了生态环境改善。根据第九次全国森林资源清查(2014—2018 年)结果显示,全国森林面积达到 2.2 亿公顷,森林覆盖率为 22.96%,比 2000 年提高 6.41%。

资源开发与环境保护也不矛盾,二者之间相互影响,相互促进,共同推动人类社会的进步。资源开发利用是经济社会发展的基础,环境保护有利于资源可持续利用。"既要金山银山,也要绿水青山",资源开发必须始终坚持新发展理念,坚持"生态优先,绿色发展",在资源开发中必须注重生态环境保护。

（三）自然资源优势难以转化为经济优势

资源富集区也是我国重要的生态功能区,拥有较多自然保护区。加强重点生态功能区生态文明建设,保护生态环境,是一项事关国家生态安全、人民生活环境的长期战略工程。西部地区是我国的"生态屏障",是长江黄河的源

---

① 陈祖海:《西部生态补偿机制研究》,民族出版社 2008 年版,第 22—23 页。

头。以西部八省(区)为例,自然保护区面积占全国比例接近70%。从时间上看,2009—2013年八省(区)自然保护区面积在不断减少,占全国比重也在不断下降,这意味着在经济增长的过程中,自然保护区面临减少的问题。

表 1-10　自然保护区面积　　　　　　单位:万公顷

年份	2009	2010	2011	2012	2013
内蒙古	1383.2	1382.4	1380.5	1368.9	1368.9
广西	142.9	145.1	145.3	145.3	145.6
贵州	95.3	95.2	95.2	95.2	88.1
云南	284.1	298.8	297.8	285.4	285.7
西藏	4140.3	4150.3	4136.9	4136.9	4136.9
青海	2182.2	2182.2	2182.2	2182.2	2176.5
宁夏	50.7	50.7	53.6	53.6	53.3
新疆	2149.4	2149.4	2149.4	2149.4	1948.3
全国	14894.3	14944.1	14971.1	14978.7	14631
占全国比重(%)	70.01	69.95	69.74	69.54	69.74

资料来源:根据《中国环境统计年鉴2010—2014》计算整理,中国统计出版社。

根据《全国主体功能区规划》整理可知,25个国家重点生态功能区中,八省(区)占了17个,占全国比例68%;在国家级自然保护区、国家森林公园、国家地质公园中,八省(区)分别占全国比例为28.84%、17.89%、18.84%,其中,内蒙古是拥有较多生态保护区的省份,拥有5个重点生态功能区、23个自然保护区、29个国家森林公园。

拥有数量如此丰富的生态保护区,是区位特征、生态价值以及主体功能划分的要求所决定的。从区域分工角度来看,重要生态功能区是限制开发区和禁止开发区,在主体功能区的构架下,重点生态功能区更多的是承担生态保护功能,与生态保护功能相矛盾的经济活动将会受到限制,由此将付出巨大的发展成本。一是生态建设的成本,生态建设是一项系统工程,工程投入大,持续时间长,将承担与其经济发展水平不相适应的巨大成本。二是承担发展的机会成本。重点功能区生态功能区域定位,将制约地方社区经济发展,如制约产业发展方向、类型和空间,在长江、黄河的中上游地区实行的天然林保护工程、退耕还林、退耕还草,都会牺牲当地的经济发展,进而影响当地的生活水平。因此,应处理好保护与发展的关系,实施生态补偿机制,转变资源开发与经济发展方式,创造生态经济发展模式。

表1-11　西部八省(区)主体功能区数量　　　　单位:个

	重点生态功能区	国家级自然保护区	国家森林公园	国家地质公园
内蒙古	5	23	29	0
广西	2	16	19	5
贵州	1	8	21	6
云南	1	16	27	6
西藏	2	9	8	2
青海	2	5	7	4
宁夏	1	6	4	0
新疆	3	9	17	3
全国	25	319	738	138
占全国比重(%)	68.00	28.84	17.89	18.84

资料来源:根据《全国主体功能区规划》整理。

四、资源开发带来的影响

(一)生态影响

1.矿产资源开发带来的环境问题

采矿是破坏性极强、风险极高的行业。采矿过程中的每一个环节几乎都会产生环境问题:(1)最初的地表"清理"摧毁了植被和森林。(2)废石被弃置于周边,破坏了周边的生态。(3)炸药的使用损毁了建筑物,加剧了野生动植物和牲畜的生存压力,采矿时所产生的大量尘埃导致了呼吸问题。(4)萃取矿物的过程往往在极为干旱的地区,但需要大量的水源。(5)如果水池壁较脆弱,一旦下雨或发生地震,氰化物萃取将会对用水健康造成威胁;氰化物在来往矿区的交通运输中同样也会溢出。尽管经过了稀释,但氰化物仍会造成鱼类死亡、皮疹和家畜疾病。(6)尾矿对于碾压的细碎程度和矿石加工的质量要求都相当高,因此从被爆破挖掘到萃取提炼的过程中必须安全处理。(7)硫含量极高的碎裂矿石(尾矿和废石)暴露在外,由于雨水冲刷造成酸性矿物废水。(8)在污染管控体制缺位的情况下,在矿区的冶炼过程会造成严重的空气污染。[1]

矿区环境破坏也是不易修复的。挖掘矿井总会破坏周边生态,随着山顶矿石的移除和矿石的粉碎,不仅破坏了目标区域的生态环境,也造成了处理场所周边的环境污染。矿区修复或土地复垦是目前广泛采用的补救措施。土地修复或是其他将土地再构建出原本土地形态的尝试,却也再难真正还原原始的生态系统。重建之后的地形往往和原始地貌不一样,植被自我调节出新的生长系统,改变了排水模式,生物多样性因而遭到破坏。

云南怒江傈僳族自治州兰坪县铅锌矿储量丰富,拥有亚洲最大的铅锌矿,经过十多年开发,矿产资源开发带来生态环境问题十分严重。据监测,选矿厂的尾矿废水浸入土壤,造成土壤污染,铅含量最高超标 25 倍,最大的铅锌矿位于麦杆甸村东边的金顶凤凰山,而矿山的拥有者和开采者是金鼎锌业冶炼厂。[2]

---

[1]　Helwege A.,"Challenges with Resolving Mining Conflicts in Latin America",*The Extractive Industries and Society*,No.2,2015.

[2]　谢玉娟:《中国锌都血铅之殇:土壤铅含量最高超标 25 倍》,2015 年 6 月 26 日,见 http://news.sina.com.cn/c/sd/2015-06-26/082831990865.shtml。

据统计,西部八省(区)矿山占用破坏土地面积逐年增加,由2008年的408175公顷增加到2013年的50633108公顷;2008—2013年累计矿山占用破坏土地面积占全国比重分别为23.47%、29.00%、25.40%、31.11%、37.74%、96.39%。尤其2013年矿业开采累计占用损坏土地十分严重,占全国的96.39%。其中,内蒙古矿山占用破坏土地面积情况面积最大,2013年达50182243公顷,其次为青海,面积达244007公顷。

表1-12 2008—2013年部分省(区)矿山占用破坏土地面积情况

单位:公顷

年份	2008	2009	2010	2011	2012	2013
内蒙古	79108	7105	399528	425845	496182	50182243
广西	20100	5051	56895	55787	59985	62705
贵州	8132	5877	12438	13127	14231	12307
云南	18459	4358	36802	30295	100401	44190
西藏	25	573	9074	9074	11924	11924
青海	243130	2	24400	244003	244005	244007
宁夏	9739	8402	63830	6233	79387	27038
新疆	29482	2150	28035	43131	55320	48694
全国	1739152	115564	2484184	2659851	2812735	52528322
占全国比重(%)	23.47	29.00	25.40	31.11	37.74	96.39

注:由于统计口径不同,历年指标有所差异,其中,2008—2010年为矿山占用破坏土地,2011—2012年为累计矿山占用破坏土地,2013年为矿业开采累计占用损坏土地。

资料来源:根据《中国环境统计年鉴2009—2014》计算整理,中国统计出版社。

2.能源开发带来高耗能产业发展,形成产业污染转移的风险

在内蒙古,几乎所有能源产区都发展高耗能产业,与高耗能产业伴生而来的是环境、能源压力的增加。由于高耗能产业的发展,陕、蒙、宁等能源产区的一些地方出现了"村村点火、户户冒烟"的可怕景象。如西起银川东到呼和浩

特不足 800 千米的黄河沿岸,正在崛起一个总投资近 5000 亿元的能源、重化工业产业带,由此将新增巨大的用水需求,存在极大的生态环境安全隐患①:一是高耗能产业发展超过水资源供给,若无法满足水资源需求,将影响产业持续发展和季节波动;二是产业布局风险,一旦发生环境事故,后果将不堪设想,如 2005 年 11 月的松花江重大水污染事件,造成严重的经济损失,引起市民的恐慌和国际社会的关注。②

3. 水电资源开发带来的生态问题

水电资源开发带来的生态治理和公共治理包括移民后续安置费用、地质灾害治理、库区基础设施建设、移民危房改造、库区安全饮水工程等。以地处长阳土家族自治县的隔河岩工程为例,库区水位变动,滑坡坍岸地质灾害急剧增多,主要是滑坡、污染淤积等。生态破坏也是资源开发带来利益冲突的重要因素。如康家包滑坡,康家包滑坡体位于隔河岩库区鸭子口乡杨家槽集镇西侧 0.5 千米、县级干道长火公路和杨桃公路的交会处,滑坡体下缘距清江150 米。该滑坡发现于 2001 年,2004 年地表变形加大,范围扩宽。2008 年5 月,湖北省水文地质工程勘察院对康家包滑坡进行了地质勘探。滑坡体纵长约 200 米,横宽约 180 米;平均厚度 7 米,体积约 25.2 万立方米。在滑坡区内和滑坡的下部有农户 20 户;常住人口 60 人,其中 8 户房屋已严重受损。该滑坡已严重影响到 4 个乡(镇)、10 万余人的出行和近 20 万亩高山蔬菜的出运,情况十分紧急,实施治理迫在眉睫。地质灾害主要包括津洋口排水工程、丹水撇洪渠地质灾害、潘家塘污染治理、红岩溪滑坡、康家包滑坡、乱石窖滑坡。经测算,所需投资额为 20271.92 万元。水电资源开发治理工程还不包括移民牺牲发展的机会成本,移民后的可持续发展能力建设等投入。

---

① 刘晓星:《重化工业云集,黄河不堪重负》,《人民日报》2007 年 11 月 15 日。
② 陈祖海:《西部生态补偿机制研究》,民族出版社 2008 年版,第 194—195 页。

（二）经济影响

1. 资源枯竭影响区域可持续发展

随着资源不断开发,资源所在地不得不面临资源枯竭的问题,进而面临可持续发展问题。换句话说,就资源型城市或资源型产业而言,如何对待资源型城市转型和衰退产业转型是首要问题,包括衰退产业安置、替代产业扶持等等。石油、天然气、煤炭都是不可再生资源,总量有限,随着开采则资源存量逐渐减少,也就是说,当代人对资源开采消耗越多,则意味着留给后代人利用的矿产资源就越少。当开采量不断增加时,由于现在使用而牺牲将来使用的机会成本越来越高,这便是经济学上的所谓"使用者成本"。使用者成本是由于现在使用不可再生资源而丧失未来使用的机会成本。对不可再生资源的开采,资源所在地承担了未来发展的机会成本。

2. 产业转型带来的就业压力

资源开发往往面临产业转型问题。由于农民普遍文化水平不高,缺乏专业技能,转型就业问题比较突出,很容易成为失业人群。虽然农民会得到一笔不菲的补偿款,由于大多农户缺乏理财意识和经验,一旦补偿资金用完,又会成为失业人口,也会成为影响社会安全不稳定的因素。

（三）社会影响

资源开发对当地居民不仅带来经济、环境的影响,而且带来文化上的巨大冲击,降低了其社会凝聚力和控制力。不仅破坏了环境、减少了食物供给,而且破坏了一些文化遗产和人文景观,甚至带来了酗酒、卖淫等不良的社会风气,使就业竞争加剧,造成对传统生活方式和文化的冲击。

传统生活方式的影响体现在移民迁入和迁出的影响,主要表现在:(1)人口迁入对社会文化的影响。伴随资源开发,大量外地人员的迁入,对传统的生活方式带来冲击,需求增加,市场竞争变得活跃,导致本地物价上涨、生活成本增加,进一步拉大贫富差距。(2)文化冲击表现在市场经济意识的影响、风俗习惯的冲击、社会治安的影响。(3)企业与地方矛盾,争水、争地、争路。(4)移民迁出对社会文化的影响,水电资源开发淹没土地,导致部分农民不得不失去原有生存的土地,迁移到其他地方。

矿产资源开发带来的社会文化的冲击在国际上也是一种普遍现象。坦桑尼亚盖塔地区矿业对其社会文化影响主要包括离土失业、事故和偷盗。盖塔金矿的开采使得大批移民因求职流入本地,这造成了卖淫现象的出现,增加了偷盗发生的概率,挑战了传统的生活方式,加剧了当地居民对自然资源的竞争压力。矿产的开发包括从当地居民手中转移土地和大量的失地农民。根据矿产工程师统计,在盖塔金矿成立后,约有1800名村民被迫离开土地,这种离乡改变了人们的传统生活方式,造成了当地居民和盖塔金矿员工之间的对抗关系。国外矿产公司的引进使得当地人保留土地更为艰难。20世纪80年代,坦桑尼亚政府修改矿产法旨在为外国矿产公司创造良好的投资环境。结果,许多小型矿厂和农民失去了原有的矿区、农用或牧用地。长期采用这种替代式的做法增加了失地人群粮食不安全的可能性,加剧了贫困,加深了环境的破坏程度。不仅如此,在大型矿产公司和小型矿产企业之间也有了新的社会冲突。小型矿主开始寻找可提前探矿的区域,而金矿矿区现在已由国外一家私企控制。由于坦桑尼亚关于自然资源法律的执行力较弱,矿区拥有者之间的矛盾愈加深厚。在被调查的区域里,矿产事故集中发生在雨季和黄金开采时。与矿产相关的灾难经常发生的原因之一就是,当地人缺乏操作专业设备的培训。隧道坍塌和地底有毒气体的存在是坦桑尼亚矿产事故的主要类型。隧道坍塌和事故高发迫使旷工在地底开挖矿井时大量使用木料,以至于森林退化和相关生态环境被破坏。据该区统计,平均每年约11人死于矿难。调查发现,粮食偷盗事故发生率正在上升,且当地居民和矿工都参与其中。由于经济不景气的影响扩大,矿工缺乏足够的现金来获得食物和其他生活必需品,因此他们开始偷盗。在矿区设立的食品市场则是刺激当地人开始偷盗的原因之一,因为矿区现金的高速流通造成了通货膨胀,使生活必需品的价格增加。①

---

① Kitula A.G.N., "The Environmental and Socio-Economic Impacts of Mining on Local Livelihoods in Tanzania:A Case Study of Geita District", *Journal of Cleaner Production*, No.14, 2006.

第二章 资源开发利益分配相关政策梳理与评价

一、资源开发利益分配相关政策梳理

本章将资源开发利益分配相关政策分为不同资源产业政策、税费政策、资源开发中的民族政策、生态补偿政策。

（一）不同资源产业政策

按照矿产资源、水电资源、森林资源、草地资源等分类进行梳理。

1. 矿产资源

矿产资源涉及利益分配面比较大。关于矿产资源利益分配政策主要体现在《矿产资源法》以及矿产资源税费制度上。《矿产资源法》第十条专门针对民族自治地方开采矿产资源作出规定，"国家在民族自治地方开采矿产资源，应当照顾民族自治地方的利益，作出有利于民族自治地方经济建设的安排，照顾当地少数民族群众的生产和生活。民族自治地方的自治机关根据法律规定和国家的统一规划，对可以由本地方开发的矿产资源，优先合理开发利用"。这一条款是《民族区域自治法》的重复表述，突出了国家在民族自治地方开采矿产资源予以照顾和帮助。

同时,对矿山环境治理和生态恢复责任作出规定,保证原住居民生态利益在资源开发中不受损害。2006 年国家财政部、国土资源部、国家环境保护总局发布了《关于逐步建立矿山环境治理和生态恢复责任机制的指导意见》,之后,相关地方政府颁布了矿山地质环境治理恢复保证金管理办法,如《新疆维吾尔自治区矿山地质环境治理恢复保证金管理办法》《贵州省矿山环境治理恢复保证金管理暂行办法》。2017 年发布《矿产资源权益金制度改革方案》,将矿山环境治理恢复保证金调整为矿山环境治理恢复基金。由矿山企业单设会计科目,按照销售收入的一定比例计提,计入企业成本,由企业承担矿山环境保护和综合治理费用。

2. 水电资源

水电资源开发补偿政策主要涉及征地补偿和移民安置补偿。2006 年国务院出台了《大中型水利水电工程建设征地补偿和移民安置条例》,明确征收土地补偿费和安置补助费之和为该耕地被征收前三年平均年产值的 16 倍。为了做好大中型水利水电工程建设征地补偿和移民安置工作,2017 年国务院对《大中型水利水电工程建设征地补偿和移民安置条例》进行了修改,将土地补偿费和安置补助费,实行与铁路等基础设施项目用地同等补偿标准,按照被征收土地所在省、自治区、直辖市规定的标准执行。

为了帮助移民改善生产生活条件,国家先后设立了库区维护基金、库区建设基金和库区后期扶持基金,扶持移民生产生活,解决水库移民遗留问题,促进库区和移民安置区经济社会可持续发展。2006 年发布《关于完善大中型水库移民后期扶持政策的意见》(国发〔2006〕17 号),要求加强后期扶持力度,对纳入扶持范围的移民每人每年补助 600 元,扶持期限为 20 年。具体内容是对 2006 年 6 月 30 日前搬迁的纳入扶持范围的移民,自 2006 年 7 月 1 日起再扶持 20 年;对 2006 年 7 月 1 日以后搬迁的纳入扶持范围的移民,从其完成搬迁之日起扶持 20 年。此后,2007 年国家将原库区维护基金、原库区后期扶持基金及经营性大中型水库承担的移民后期扶持资金进行整合,设立大中型水库库区基金,简称库区基金。2017 年 10 月财政部出台《大中型水库移民后期扶持基金项目资金管理办法》,明确项目资金支出范围是支持库区和移民安置区基础设施建设及经济社会发展,以此来加强后期扶持基金的监管。

3. 森林资源

森林资源利益分配政策涉及森林生态效益补助资金和退耕还林政策。

国家实施森林生态效益补偿政策,"林业国家级自然保护区补贴主要用于保护区的生态保护、修复与治理,特种救护、保护设施设备购置和维护,专项调查和监测,宣传教育,以及保护管理机构聘用临时管护人员所需的劳务补贴等支出"。根据《中央财政林业补助资金管理办法》(财农〔2014〕9 号),国有的国家级公益林平均补偿标准为每年每亩 5 元,其中管护补助支出 4.75 元,公共管护支出 0.25 元;集体和个人所有的国家级公益林补偿标准为每年每亩 15 元,其中管护补助支出 14.75 元,公共管护支出 0.25 元。中央财政连续提高天保工程区国有林管护补助标准和国有国家级公益林生态效益补偿标准,从 2014 年的每年每亩 5 元提高到 2017 年的每年每亩 10 元。

从 1999 年开始,国家实施退耕还林试点,2002 年国家出台《退耕还林条例》,对退耕农户实行直接补助政策。针对第一期退耕还林政策补助陆续到期,2007 年再次作出完善退耕还林政策,继续对退耕农户给予补助。补助标准:长江流域及南方地区 105 元/亩·年;黄河流域及北方地区 70 元/亩·年。补助期限:还生态林补助 8 年,还经济林补助 5 年,还草补助 2 年。

4. 草地资源

草地资源是重要的陆地生态系统。从 2011 年起,国家在内蒙古等主要草原牧区省(区)和新疆生产建设兵团全面建立草原生态保护补助奖励机制,包括禁牧补助、草畜平衡奖励、牧草良种补贴、牧民生产资料补贴等。范围:内蒙古自治区、四川省、云南省、西藏自治区、甘肃省、宁夏回族自治区、青海省、新疆维吾尔自治区和新疆生产建设兵团8个主要草原牧区省(区),以及国家确定的其他草原牧区半牧区县。补偿标准:禁牧补助6元/亩·年,5年为一个补助周期;草畜平衡补助1.5元/亩·年;牧草良种补贴10元/亩·年;牧民生产资料综合补贴按每年每户500元的标准发放。2014年,为了加强资金管理,国家出台了《中央财政农业资源及生态保护补助资金管理办法》(财农〔2014〕32号),进一步明确业资源保护资金补助的区域范围、支出内容,严格实行因素法分配,实行绩效评价,作为资金分配的因素之一,承担单位应接受财政、农业、纪检监察、审计等部门的监督检查。

表 2-1　不同资源产业补偿政策

资源产业	利益内容	来　源
1. 矿产资源	1.《矿产资源法》第十条专门针对民族自治地方开采矿产资源作出规定 2. 矿产环境治理与恢复保证金制度。各省(区)标准不一样。如新疆的保证金缴存标准,依据采矿许可证批准面积、有效期、开采矿种、开采方式以及对矿山地质环境影响程序等因素确定。贵州的保证金按以下标准计算:年缴存额=基价×开采影响系数×矿山设计开采规模。缴存总额=年缴存额×采矿许可证有效期。矿山企业年度缴存额不足5万元的,按5万元缴存。在银行缴存保证金达到1亿元的矿山企业,可不再缴存保证金 3. 矿产资源税费制度(下面专题阐述)	1.《矿产资源法》 2.《关于逐步建立矿山环境治理和生态恢复责任机制的指导意见》《矿产资源权益金制度改革方案》(国发〔2017〕29号) 3.《新疆维吾尔自治区矿山地质环境治理恢复保证金管理办法》《贵州省矿山环境治理恢复保证金管理暂行办法》
2. 水电资源	收土地补偿费和安置补助费之和为该耕地被征收前三年平均年产值的16倍 扶持标准:对纳入扶持范围的移民每人每年补助600元 扶持期限:20年 大中型水库移民后期扶持基金项目资金	国务院《大中型水利水电工程建设征地补偿和移民安置条例》《关于完善大中型水库移民后期扶持政策的意见》(国发〔2006〕17号)、《大中型水库移民后期扶持基金项目资金管理办法》(财农〔2017〕128号)

续表

资源产业	利益内容	来　源
3.森林资源	1.森林生态效益补偿基金。国有的国家级公益林平均补偿标准为每年每亩 5 元,2017 年标准为 10 元;集体和个人所有的国家级公益林补偿标准为每年每亩 15 元 2.退耕还林政策。补助标准:长江流域及南方地区 105 元/亩·年;黄河流域及北方地区 70 元/亩·年 补助期限:还生态林补助 8 年,还经济林补助 5 年,还草补助 2 年	财政部、国家林业局《中央财政林业补助资金管理办法》(财农〔2014〕9 号)、《森林生态效益补助资金管理办法》、国务院《关于完善退耕还林政策的通知》(国发〔2007〕25 号)
4.草地资源	1.草原生态保护补助奖励机制 范围:8 个主要草原牧区省(区) 补偿标准:禁牧补助,6 元/亩·年,5 年为一个补助周期;草畜平衡补助 1.5 元/亩·年;牧草良种补贴 10 元/亩·年;牧民生产资料综合补贴按每年每户 500 元的标准发放 2.草原植被恢复费。对象是进行矿藏勘查开采和工程建设征用或使用草原的单位和个人	《中央财政农业资源及生态保护补助资金管理办法》(财农〔2014〕32 号)、《中央财政草原生态保护补助奖励资金管理暂行办法》(财农〔2011〕532 号)

资料来源:根据国家、部委最新相关文件整理。

(二)税费政策

资源税费制度在调节收入、促进资源节约、有偿使用等方面具有重要调节作用。我国矿产资源税费制度,除了一般性的增值税、企业所得税等税收和非税收入外,对矿产资源部门单独课征的税费有资源税、矿产资源补偿费、探矿权采矿权使用费和价款、矿区使用费、石油特别收益金。税费政策在后面资源税费制度章节专门论述。

(三)民族自治地方的资源开发政策

民族地区资源开发的相关政策,主要体现在《中华人民共和国民族区域自治法》(简称《民族区域自治法》)和若干规定中。《民族区域自治法》及其若干规定是实施宪法规定的民族区域自治制度的基本法律。我国是一个统一的多民族国家,实行民族区域自治,体现了国家充分尊重和保障各少数民族管理本民族内部事务权利的精神,体现了国家坚持实行各民族平等、团结和共同繁荣的原则。在区域自治法及其若干规定中,涉及资源开发及其补偿的内容主要在资源开发利用与管理权利、资源开发利益补偿、优先安排就业以及带动相关产业发展等方面有相关原则性规定。

表 2-2 《民族区域自治法》及其相关规定中有关资源开发的条款

分　类	具体法律条款	
	《民族区域自治法》	国务院实施《民族区域自治法》若干规定
1. 管理和保护	第二十八条,对可以由本地方开发的自然资源,优先合理开发利用	第五条,合理利用自然资源
2. 资源就地加工,带动相关产业	第五十六条,优先在民族自治地方合理安排资源开发项目和基础设施建设项目	第八条,优先在民族自治地方安排资源开发和深加工项目。在民族自治地方开采石油、天然气等资源的,要在带动当地经济发展、发展相应的服务产业以及促进就业等方面,对当地给予支持。国家征收的矿产资源补偿费在安排使用时……并优先考虑原产地的民族自治地方作出贡献的民族自治地方,给予合理补偿
3. 带动当地就业	第二十三条、第六十七条,上级国家机关隶属的在民族自治地方的企业、事业单位依照国家规定招收人员时,优先招收当地少数民族人员	
4. 资源开发利益补偿	第六十五条,国家采取措施,对输出自然资源的民族自治地方给予一定的利益补偿 第六十六条,民族自治地方为国家的生态平衡、环境保护作出贡献的,国家给予一定的利益补偿	

资料来源:根据《民族区域自治法》和《国务院实施〈民族区域自治法〉若干规定》整理。

(四)生态补偿政策

生态补偿通过对参与生态建设的主体所付出的成本与收益之间的偏差进行经济补偿,以弥补其收入损失;或对经济活动主体对生态造成的破坏给予修复或进行的赔偿,以达到维持和改善生态服务目的。生态补偿是明确界定生态保护者与生态受益者之间权利义务,使生态服务外部效应内在化的一种制度安排。

我国政府历来重视自然资源的保护和生态环境治理。2007 年环境保护部印发了《关于开展生态补偿试点工作的指导意见》,要求在自然保护区、重点生态功能区、矿产资源开发、流域环境保护四大领域开展试点。

2008 年以来,国家通过转移支付制度对重点功能区实行生态补偿。2011 年、2012 年出台了重点生态功能区转移支付办法,主要包括实施范围、分配办法、考核办法等内容。

各地先后开展流域生态补偿工作。贵州出台《贵州省红枫湖流域水污染防治生态补偿办法》,在贵阳和安顺市之间实施红枫湖流域水污染防治生态补偿。按照化学需氧量、氨氮和总磷分别为 0.4 万元/吨、2 万元/吨和 2 万元/吨的补偿标准,生态补偿资金总额的计算结果若为正值,则由贵阳市补偿安顺市;计算结果若为负值,则由安顺市补偿贵阳市。

青海省出台《三江源生态补偿机制试行办法》,补偿范围包括玉树、果洛、黄南、海南 4 个藏族自治州所辖的 21 个县以及格尔木市代管的唐古拉山镇。补偿项目包括草畜平衡补偿、重点生态功能区日常管护、支持推进草场资源流转改革、牧民生产性补贴、农牧民基本生活燃料费补助、农牧民劳动技能培训及劳务输出、农牧区后续产业发展、异地办学奖补、生态环境日常监测经费保障等。补偿资金来源包括中央财政的重点生态功能区转移支付、省市(县)各级预算安排以及三江源生态保护发展基金和碳汇交易等其他资金。

2018 年,云南、贵州、四川三省签订了《赤水河流域横向生态保护补偿协议》,设立赤水河流域横向补偿资金,按 1∶5∶4 的比例共同出资 2 亿元人民币,分配比例为 3∶4∶3,生态补偿实施年限暂定为 2018—2020 年。

党的十八报告提出大力推进生态文明建设,强调保护生态环境必须依靠制度。党的十八届三中全会在《中共中央关于全面深化改革若干重大问题的决定》(第 53 条)中再一次提出"实行资源有偿使用制度和生态补偿制度""加快自然资源及其产品价格改革,全面反映市场供求、资源稀缺程度、生态环境损害程度和修复效益"。

2015年4月25日中共中央、国务院发布了《关于加强推进生态文明建设的意见》，强调以健全生态文明制度体系为重点，全面促进资源节约利用，大力推进绿色发展、循环发展、低碳发展，健全自然资源产权制度和用途管制制度，深化矿产资源有偿使用制度，调整矿业权使用费征收标准，推动资源税从价计征改革，清理取消相关收费基金，等等。

国务院印发了《关于健全生态保护补偿机制的意见》，提出了生态补偿机制建设的总体要求、基本原则，进一步明确了森林、草原、湿地、荒漠、海洋、水流、耕地七大领域的重点任务，鼓励体制机制创新，完善重点生态区域补偿机制，推进横向生态保护补偿。具体措施是中央财政兼顾不同区域生态功能因素和支出成本差异，通过提高均衡性转移支付系数等方式，逐步增加对重点生态功能区的转移支付；将生态保护补偿作为建立国家公园体制试点的重要内容。鼓励受益地区与保护生态地区、流域下游与上游通过资金补偿、对口协作、产业转移、人才培训、共建园区等方式建立横向补偿关系。要求把生态补偿与精准扶贫结合起来，提出在贫困地区开发水电、矿产资源占用集体土地的，对原住居民给予集体股权方式进行补偿。2016年12月国家财政部、国家环境保护总局、国家发展改革委、水利部联合发布《关于加快建立流域上下游横向生态保护补偿机制的指导意见》提出2020年前各省行政区域内建立流域上下游横向生态保护补偿机制，2025年前建成基本成熟定型的跨多个省份的流域上下游横向生态保护补偿机制，要求在补偿基准、补偿方式、补偿标准、联防共治机制基础上，流域上下游地方政府应签订具有约束力协议等，实现"成本共担、效益共享、合作共治"的流域生态补偿长效机制。党的十九大报告提出"要建立市场化、多元化生态补偿机制"，为健全生态补偿机制指明了方向。2018年12月28日国家发改委发布了《建立市场化、多元化生态保护补偿机制行动计划》，积极推进市场化、多元化生态保护补偿机制建设，提出重点任务，要求健全资源开发补偿、污染物减排补偿、水资源节约补偿、碳排放权抵消补偿制度，合理界定和配置生态环境权利，健全交易平台，引导生态受益者对生态保护者的补偿,积极稳妥发展生态产业,建立健全绿色标识、绿色采购、绿色金融、绿色利益分享机制,引导社会投资者对生态保护者的补偿。

国务院发布了《长江经济带发展规划纲要》和国家环境保护总局、国家发展改革委、水利部联合发布了《长江经济带生态环境保护规划》,强调长江经济带要搞大保护,不搞大开发。2018年出台了《关于建立健全长江经济带生态补偿与保护长效机制的指导意见》,鼓励建立生态补偿与保护的长效机制,加大中央财政支持力度,鼓励发挥市场作用,强调绩效管理激励约束机制,通过为长江经济带生态文明建设和区域协调发展提供重要的财力支撑和制度保障,提出增加均衡性转移支付分配的生态权重;加大重点生态功能区转移支付对长江经济带的直接补偿;长江经济带生态保护修复奖励政策;加大专项资金对长江经济带的支持力度等中央财政支持政策。

二、现行政策的积极影响

（一）构建资源开发利益分享的制度框架

《宪法》《矿产资源法》《民族区域自治法》以及《国务院实施〈中华人民共和国民族区域自治法〉若干规定》等法律、法规、政策中对自然资源开发权益分配机制的规定,构建了一个照顾民族自治地方和少数民族利益的制度框架。[1] 主要在资源开发利用与管理权利、资源开发利益补偿、优先安排就业以及带动相关产业发展、环境保护等方面有相关原则性规定。

（二）资源开发中利益补偿政策绩效明显

随着天然林保护和森林生态效益补偿、草原生态保护投入、资源税收入增

---

[1]　王承武、马瑛、李玉:《西部民族地区资源开发利益分配政策研究》,《广西民族研究》2016年第5期。

加,补偿政策的生态效应逐渐明显。

天然林资源保护和森林生态效益补偿制度不断完善。2017 年,中央财政安排 533 亿元用于天然林资源保护(中央本级 31 亿元,补助地方 502 亿元),其中森林资源管护 313 亿元、停伐补助 103 亿元、天保工程区政策性社会性支出和社会保险补助 117 亿元。

草原生态保护补助奖励资金投入逐年增加。根据财政部网站资料显示,自 2011 年起,中央财政安排资金在 8 个牧区省份及新疆生产建设兵团全面建立草原生态保护补助奖励机制,中央财政安排资金 136 亿元。2012 年,安排资金 150 亿元,政策的覆盖范围进一步扩大到全部牧区半牧区。2013 年,中央财政安排草原生态保护补助奖励资金 159.75 亿,覆盖全部 268 个牧区半牧区县,再加上其他非牧区半牧区县,全国共有 639 个县实施草原生态保护补助奖励机制,涉及草原面积 48 亿亩,占全国草原面积的 80% 以上。2015 年,安排资金 166.49 亿元,比上年增加 8.8 亿元。2017 年,中央财政安排资金 187.6 亿元,实施绩效评价奖励资金,并向西藏和四个藏区省份倾斜。2018 年,中央财政安排新一轮草原生态保护补助奖励 187.6 亿元,支持实施禁牧面积 12.06 亿亩,草畜平衡面积 26.05 亿亩。

资源税费改革使地方财政收入增加。资源税费制度改革经历了从价计征、清费立税一系列改革,对于理顺资源税费关系,调节资源收益分配制度,实现资源利益共享发挥重要作用。自 2010 年实施资源税费改革以来,资源税收入增长迅速,大大改善资源地财政收入状况,促进资源富集区的资源优势转变为经济优势。就全国而言,2016 年资源税收入比税改之前的 2009 年增长171.85%;增长较快的省(区)为宁夏、江西、山西、陕西、内蒙古、新疆。总体来看,资源税费改革,对于增加资源富集地区地方财政收入效果明显。

近年来,党和政府积极推进生态文明建设,资源环境保护取得积极进展和显著成效。根据 2017 年《中国生态环境状况公报》显示,全国森林面积 2.08 亿公顷,森林覆盖率 21.63%,中国森林面积和森林蓄积分别居世界第五位和第六位,人工林面积居世界首位,生物多样性得到有效保护;全国共建立自然保护区 2750 个,总面积 147.17 万平方千米,其中国家级自然保护区 463 个;全国有草原面积近 4 亿公顷,约占国土面积的 41.7%,其中内蒙古、新疆、西藏、青海、甘肃和四川六大牧区省份,约占全国草原面积的 3/4,草原是最大的陆地生态系统和生态安全屏障。

三、资源开发利益分配相关政策有待完善

(一)资源开发中生态环境问题的复杂性

资源环境问题异常复杂。一方面,资源环境问题涉及经济学、资源学、生态学和法学等多个领域;另一方面,资源环境问题还与国家或地区的具体社会制度、经济发展水平、资源禀赋、自然地理条件等息息相关。因此,资源环境问题的研究,需要精确把握这一问题背后的本质特征和理论共性,同时更需要结合具体国家自然、社会、经济、政治等实际情况来探讨资源开发利益共享机制。

总体来看,现有研究成果和政策为资源开发利益共享机制打下了很好的研究基础,但这些研究以理论分析居多,应用性不强,尚缺乏操作性,如强调"利益共享"文献居多,但对"共享比例""共享方式"没有取得共识。这与资源环境问题本身的复杂性有关,但毕竟迈出了关键一步。因此,还有不少问题有待深入研究。

(二)法律法规需要进一步提升可操作性

我国《宪法》《民族区域自治法》等相关法律为保障民族自治地方的资源开发权益提供了重要法律依据。《民族区域自治法》关于资源开发和环境保护的条款主要反映在第六十五条和第六十六条。第六十五条规定:"国家在民族自治地方开发资源、进行建设的时候,应当照顾民族自治地方的利益,作

出有利于民族自治地方经济建设的安排,照顾当地少数民族的生产和生活。国家采取措施,对输出自然资源的民族自治地方给予一定的利益补偿"。第六十六条规定:"上级国家机关应当把民族自治地方的重大生态平衡、环境保护的综合治理工程项目纳入国民经济和社会发展计划,统一部署。""民族自治地方为国家的生态平衡、环境保护作出贡献的,国家给予一定的利益补偿。""任何组织和个人在民族自治地方开发资源、进行建设的时候,要采取有效措施,保护和改善当地的生活环境和生态环境,防治污染和其他公害。"第六十五条强调对输出资源的民族自治地方给予一定利益补偿;第六十六条强调对生态平衡、环境保护作出贡献的,国家应给予一定的利益补偿。这些立法大多从国家、民族自治机关等方面作出规定,权益的主体定位大多是"国家""民族自治地方"等,对资源开发中当地居民享有哪些权利缺乏明确认定,因此,这些政策可操作性还有待完善。

只是在矿产资源补偿费提到"中央与省、直辖市矿产资源补偿费的分成比例为5∶5;中央与自治区矿产资源补偿费的分成比例为4∶6"。这是唯一一处针对民族地区提出的条款。矿产资源补偿费取消后,此条款便自动失效。涉及中央与地方分享比例的条款有"矿业权出让收益中央与地方分享比例确定为4∶6,矿业权占用费中央与地方分享比例确定为2∶8","水资源税仍按水资源费中央与地方1∶9的分成比例不变"。因此,马启智在《我国的民族政策及其法制保障》指出,"尽快制定实施民族区域自治法配套规章或具体措施办法,重点要在财政转移支付、资源开发补偿、生态环境保护补偿、配套资金减免、民族干部培养使用等方面要有所突破。这几个问题,是难点,也是重点,需要继续督促国务院有关部门加强研究,尽快提出含金量高、操作性强的办法措施"。[①] 雷振扬在《关于建立健全民族政策评估制度的思考》一文中提出

---

① 马启智:《我国的民族政策及其法制保障》,2012 年 2 月 3 日,见 http://www.npc.gov.cn/npc/zgrdzz/2012-02/03/content_1687354.htm。

"建立健全民族政策评估制度,为坚持和完善中国特色民族政策提供服务与支持"。①

（三）资源税费改革仍然有待深入研究

资源税费制度在调节收入、促进资源节约、有偿使用等方面具有重要调节作用。虽然我国资源税费制度改革取得了一定成效,但目前我国资源税费制度仍然有待完善,资源价格整体偏低,资源浪费、使用效率不高等问题依然明显,不仅没有遏制资源的过度开发,而且不利于协调区域之间利益关系。2010年,我国开始对原油天然气的资源税实施由"从量计征"到"从价计征"的改革,取得了较好的成效,如何推进资源税"绿化改革"是当前税改的重点。减少资源消耗总量、提高能耗效率、改善环境质量迫在眉睫。通过开征生态税、碳税、硫税,促进资源绿色消费,评估征收生态税(碳税、硫税)的风险,进行税基、税率和税制设计,有利于推动资源产业绿色发展。

（四）生态补偿市场化补偿机制不足

国际上关于生态补偿的方式有政府补偿、市场补偿和社会补偿。市场补偿机制借助市场交易,由补偿双方平等协商与谈判达成补偿交易,主要有配额交易、一对一市场交易和生态标志交易等方式。我国生态补偿政策基本上以政府补偿为主,如"退耕还林""天然林保护工程""三江源保护工程"都是以工程项目形式由政府补偿,手段单一。上下游区域之间补偿、生态服务付费市场机制还未形成。反映在资源产权界定、生态服务价值的定价机制、定价方法等方面还不成熟。

从政策实践来看,我国生态补偿每年所需的资金量非常大,而我国生态补偿资金的来源却极为单一。2008—2017年中央财政累计安排重点生态功能

---

① 雷振扬:《关于建立健全民族政策评估制度的思考》,《民族研究》2013年第5期。

区转移支付资金 3699 亿元,其中 2017 年投入资金 627 亿元,增长 10%;2017 年中央财政共计安排天然林资源保护资金 533 亿元;2011—2017 年中央安排草原奖补资金 1148.6 亿元;2014 年开始湿地生态效益补偿试点,到 2017 年中央财政累计安排湿地生态效益补偿试点资金 55.26 亿元。总之,中央安排纵向生态保护补偿资金 6000 多亿元(第六届生态补偿国际研讨会,2017 年 12 月)。但是我国生态补偿资金投入仍然面临三大问题(沈满洪,2015):(1)资金缺口大,各级财政安排的生态补偿资金投入难以满足生态建设和保护需求;(2)资金来源狭窄,在非市场化机制下,我国生态补偿对政府的依赖较大,进而造成政府负担过重;(3)生态补偿资金缺乏稳定性和长效性。[①]

(五)生态补偿标准是难点

森林、草原、水电、移民中关于补偿标准、补偿范围是比较明确的。矿产资源中的资源税征收、对农民占用土地的补偿数量也是比较明确的;但地下开采活动对地上的影响,除了矿山生态恢复与治理抵押金制度外,还不能完全补偿所有的影响,尤其是矿产开采带来的地表塌陷、地表水体污染、地下水污染、重金属土壤污染等生态影响。

资源开采、萃取破坏性极强,采矿每一个环节几乎都会产生环境问题。采矿破坏地表生态系统、污染地下水源、危害健康,这些生态成本一般由当地居民承担。实施生态补偿成为当地居民的诉求。影响生态成本有效实施的因素主要有:一是很多地方都是贫困地区,解决吃饭问题比环境更重要。一旦有打工挣钱的机会,环境问题往往被忽略,更多的情况是被眼前的收益所掩盖。据调查广西大新县发现,当地政府和居民都不愿意谈及生态环境问题,但也认为环境问题不可能完全解决。二是生态成本核算至今仍是资源经济学和环境经济学研究的难点,主要体现在以下三个方面:(1)环境损失的核算,由于环境

---

① 沈满洪等:《完善生态补偿机制研究》,中国环境出版社 2015 年版,第 35 页。

损失的滞后性、长期性和积累性,现有的核算体系并不能断定具体年份的环境损失量;(2)生态系统服务价值的核算,由于生态系统本身的复杂性和经济学方法的局限性,尚没有一个成熟的估算方法,估算结果往往很大;(3)生态补偿标准的差别化,即生态保护补偿标准的差别化的依据和影响。生态补偿制度旨在通过一定的政策手段,让资源输入地、生态受益者对资源所有者的生态保护和资源保护支付费用。补偿标准过低造成补偿不足,难以满足资源所有者的诉求,补偿过高又会增加支付主体的负担,使得补偿政策缺乏效率。所以,解决"凭什么补偿(标准)",既要考虑历史"旧账",也要考虑现实"新账";还要考虑资源价值的补偿、生态环境的恢复与补偿。总的来说,生态补偿标准难以取得共识,缺乏权威性,政策难以实施。

第三章 资源开发利益分配关系与利益共享

一、资源开发利益共享相关理论综述

（一）从利益相关者的角度研究资源开发与当地居民的关系

美国学者安索夫（Ansoff）于 1965 年最早将利益相关者引入管理学界和经济学界。弗里曼（Freeman）认为，利益相关者是能够影响一个组织目标的实现，或者受到一个组织实现其目标过程影响的人，同时强调企业在进行获利活动的同时，还要关注社会公众、社区、自然环境等其他利益相关者的利益，企业追求的不仅仅是某些主体的利益，还是利益相关者的整体利益。① 弗里曼的观点与当时西方国家正在兴起的企业社会责任的观点不谋而合，因此，受到许多经济学家的赞同。之后，利益相关者理论在旅游、森林、渔业、水资源等自然资源管理中得到广泛关注。索特和莱森（Sautter and Leisen，1999）利用利益相关者理论研究了旅游资源开发与社区关系，认为只有考虑利益主体相关者的利益，减少相关者之间的冲突，旅游业才能快速协调地发展。② 一些学者从

---

① Freeman R.E., *Strategic Management: A Stakeholder Approach*, Pitman Press, 1984.

② Sautter E.T., Leisen B., "Managing Stakeholders: A Tourism Planning Model", *Annals of Tourism Research*, No.2, 1999.

社区共管的角度研究自然资源的管理,主要体现在自然保护区、森林保护、旅游资源开发等。共管是一个很广义的概念,可以被理解为两个或者更多的利益相关者共同确定他们各自的职责,享有和承担他们各自的权利和义务。大卫·布朗(David Brown)认为让当地居民管理他们生存环境中的资源,可以享有更多的利益,有利于缓解当地的贫困;从生计角度考虑,当地居民的需求和利益不应该被忽视,尤其要考虑到资源是当地居民生计的主要来源,并有重要的社会保障功能。[①] 博齐加尔等(Bozigar,2016)利用厄瓜多尔亚马逊的 5 个族群、32 个原住居民社区、484 户家庭在 2001—2012 年间的数据,分析了石油开采对原住居民的影响,这些影响包括参与非农就业、农业、狩猎和捕鱼以及消费者的物质资本等方面。结果表明,石油开采对非农就业、狩猎有积极的影响,有 19 个社区的原住居民受雇于石油开采公司,其中瓦尼族人在石油公司就业较为常见,解决了近半数家庭的就业问题;非农就业的收入随着石油援助项目的增加而增加,狩猎收获量随着石油公司的雇用员工数增加也增加,但增加幅度较小;石油开采对农业没有什么影响;消费者的物质资本随着石油援助项目的增加而明显的增加。总体来看,石油开采对原住居民社区带来的影响整体上是好的,但是带来了水、空气和土壤污染。[②]

(二)从企业社会责任的角度研究企业与当地居民的关系

企业社会责任(CSR)最早于 1924 年由美国学者谢尔顿首次提出,20 世纪中后期在西方得到普遍实践。之后,国际社会推出了企业社会责任标准(SA8000)、社会责任指南标准(ISO26000),这些标准成为企业和所有社会组织经济活动的行动指南,也成为社会监督组织行为的工具。企业履行社会责任有助于解决就业问题、保护资源和环境、有助于缓解贫富差距。当地居民伴

[①]　左停、苟天:《自然保护区合作管理(共管)理论研究综述》,《绿色中国》2005 年第 8 期。

[②]　Bozigar M.,Clark L.G.,and Richard E.B.,"Oil Extraction and Indigenous Livelihoods in the NorthernEcuadorian Amazon",*World Development*,No.78,2016.

随企业开发资源,从中获得实实在在的利益,从而减缓贫困。一般而言,资源开发企业为大中型企业,大中型企业可集中资本优势、管理优势、人力资源优势对欠发达地区的资源进行开发。资源开发企业的社会责任包括:解决当地劳动力和资源闲置的问题,增加当地居民收入;也可通过捐赠、帮扶措施,促进当地教育条件、社会保障、文化事业发展,帮助落后地区逐步发展社会事业,改善基础设施,促进当地经济发展;企业在资源开发过程中注重污染控制,承担环境保护责任。这样有助于构建企业与当地居民的和谐发展关系,提升企业的形象和消费者的认可程度,为企业创造良好的发展环境,提升企业市场竞争能力。然而,随着企业社会责任认知和开展,公众对企业社会责任给予了很高的期望,涉及企业的很多问题都被纳入企业社会责任领域,使"企业社会责任"等同"一切责任",这无形中增加了企业承担社会责任的心理成本,使企业无所适从,束缚了企业的手脚。[1] 因此,对企业社会责任的边界还需要深入研究。伍德(Wood,1991)将利益相关者理论引入 CSR 的研究中,可以说,利益相关者理论为"企业社会责任"提供了一种理论框架,在此框架下,可以更加清晰地界定企业承担社会责任的对象和内容。[2] 所以,企业社会责任理论和利益相关者理论两者有日趋融合的趋势。随着我国企业排污、煤矿安全等事件的发生,企业社会责任研究在我国日益受到重视。

(三)从可持续生计角度考察对区域经济和原住居民社区的影响

很多学者从可持续生计角度探讨资源开发对区域经济和原住居民社区的影响。丁和菲尔德(Ding and Field,2005)运用人均自然资源资本指标,采用单方程回归模型检验,得到资源丰裕程度对经济增长具有正效应的结论,但采

---

[1] 易开刚:《企业社会责任研究:现状及趋势》,《光明日报》2012 年 4 月 20 日。

[2] Wood D.J., "Corporate Social Performance Revisited", *Academy of Management Review*, No. 4,1991.

用自然资源资本占总资本的比重作为研究指标,却发现自然资源对经济增长存在负效应。① 萨克斯和沃纳(1995)通过计量分析发现,对贸易条件进行控制,资源丰裕度与经济增长速度呈反比关系。②

帕利(Parlee,2015)以加拿大艾伯塔省北部的石油开采为例,分析加拿大的油气开采与原住居民社区的关系,从自然资本、金融资本、人力资本和社会资本的角度研究发现,社会资本具有帮助弥补其他形式资本缺失的潜能,比如环境监测、教育培训等。③ (1)从自然资本角度来看,艾伯塔省原住居民社区所拥有的土地和资源的权利越来越小。从 16 世纪起,英法殖民者在加拿大开始了大规模的殖民活动。英法殖民者、加拿大联邦政府与原住居民社区签署了多个土地转让契约,获得了土地的所有权和资源的控制权,慢慢挤占原住居民的权利;与此同时,为了适应不同时期的需要,加拿大联邦政府还颁布了各种法案,进一步限制了原住居民对土地以及资源的开采与使用权。这种状况一直持续到 20 世纪 50 年代。1960 年,原住居民获得了宪法上的投票权;1975 年与原住居民社区签署土地转让协议《詹姆斯湾与北部魁北克协议》;1989 年《加拿大宪法》明确规定:保护原住居民的土地和资源使用权利。尽管如此,从 1989 年开始,原住居民社区和艾伯塔省地方政府之间就土地和资源的控制权进行了激烈的辩论。尽管土地和极具经济价值的资源位于艾伯塔省北部原住居民社区,然而,这些原住居民社区的资源开发权力很少,从而产生了原住居民社区的资源诅咒问题。(2)从金融资本角度来看,原住居民对资源开采产业突然"繁荣"后的不知所措,是某些资源开发问题产生的原因之一。原住居民社区经济的"繁荣"或财富的突然增加,往往会导致资源租金的

---

① Ding N. , Field B.C. , "Natural Resource Abundance and Economic Growth", *Land Economics*, No.81,2005.

② Sachs J.D. , Warner A.M. , "Natural Resource Abundance and Economic Growth", *NBER Working Paper*, No.5398,1995.

③ Parlee B.L. , "Avoiding the Resource Curse: Indigenous Communities and Canada's Oil Sands", *World Development*, No.74,2015.

错配,具体包括持续增加的公众消费、低效率的资源配置、糟糕的经济决策、寻租行为等内容。通过对澳大利亚以及加拿大的原住居民社区案例研究发现,信托基金是一种较为常见的将资源租金转化为投资收益的手段。(3)从人力资本角度来看,石油部门提供高工资使得原住居民社区的就业率提高,是导致原住居民社区出现"挤出效应"。一方面,石油部门的高工资抽取了经济中其他部门稀缺的劳动力,使得经济中其他部门的竞争力缺失,不利于原住居民社区经济的综合发展。另一方面,石油部门对劳动力的知识、技能水平要求相对较低;较低的知识、技能水平却能获得较高的工资,导致原住居民社区劳动力的受教育程度下降,技术水平偏低。因此,石油部门较高的工资还对教育、创业精神以及其他部门的创新精神产生了严重的阻碍作用,这导致该地区整体的人力资本水平大幅下降。2010年,艾伯塔省北部油砂资源区的原住居民失业率只有4%—5%,而其他地区的原住居民失业率为11%—33%,有些原住居民社区的失业率甚至高达82%。(4)从社会资本角度来看,随着油砂开采的继续扩张,原住居民社区的相对贫穷现象将会表现得更加明显,基于自然资本、金融资本和人力资本等作用受限,社会资本在原住居民社区应对持续生计影响方面具有重要作用。

(四)关于当地居民的受益机制与途径研究

奥费尔切莱(O'Faircheallaigh)从当地居民(原住居民)的角度作了一系列研究,认为原有税收制度是在政府与企业之间进行分配,居民没有参与其中,提出当地居民应作为征税的主体,参与税收分配,即西方国家称为权利金,同时也提到当地居民作为税收主体的风险。[1] 奥费尔切莱提到的情形与我国有所不同,在我国,社区居民无法获得权利金。奥费尔切莱进一步以西澳大利亚金伯利地区液化天然气发展为例,分析当地居民分享资源开发利益方式以

---

① O'Faircheallaigh C.,"Indigenous People and Mineral Taxation Regimes",*Resources Policy*,No.4,1998.

及相关法律保障措施。① 澳大利亚西部金伯利地区在 20 世纪 70 年代末起建立了大规模的矿产开发。那时候澳大利亚西部没有采用法律认可当地权利,国家也没有让当地居民来分享采矿收益,因此当地居民的社会生活遭受了严重影响。1978 年金伯利当地居民建立了金伯利土地委员会(Kimberley Land Council,KLC),为他们提供了政治舞台来抗议不可控的发展,但是只取得了部分成功,资源开发仍然聚焦在土地所有者的身上,很少把利益分给当地居民。但是他们也取得了一定程度的成功,即建立了一个本地的区域管理机构。与此同时,最高法院还作出了《马博裁决》,在 1993 年通过了对原住居民的土地所有权立法,立法中确定一半以上的土地被认可为当地土地,同时追加索赔等有利条款,土地所有权法令中还提出了通过分享工程收益、促使就业和商业发展项目来使当地居民受益,并且采取一些措施保护环境和文化遗产等协议内容。2006 年国家决定在金伯利海岸开采地点的选择问题上不再分区域选择,而是集中起来选择一个地点进行液态天然气的生产,并且声明只有在能给当地居民带来经济和社会效益的前提下才会在金伯利继续展开这一项目。2007 年政府建立了北部发展小组(NDT)为液化天然气发展管理区解决地区选择问题,其后召开了一系列会议进行具体研究,在操作过程中考虑资金的调配问题以及怎样分配更多的利益给当地居民。金伯利地区取得的成功源自于当地居民为自己的利益积极争取以及政府采取的配合措施,由此对我国资源开发中如何协调当地居民利益具有较好的借鉴意义。

我国学者也十分重视资源开发中利益共享问题的研究。王文长(2004、2010)探讨了西部资源开发利益实现及分配方式与民族利益关系和谐状态的关系,认为资源开发的负外部性对当地居民生存发展的环境形成不良影响,资源开发过程的不和谐问题都源于对当地居民主体地位的忽视,提出当地居民

---

① O'Faircheallaigh C., Gibson G., "Economic Risk and Mineral Taxation on Indigenous Lands", *Resources Policy*, No.37, 2012.

在自然资源存在及开发中有优先受惠权,只有在具体的开发决策和利益分配中体现这种权益,才可能真正调动当地居民对自然资源保护和合理开发利用的积极性。① 李甫春(2005)借鉴加拿大资源开发利益共享政策的成功经验,以龙滩水电站库区为例,提出了西部地区自然资源开发模式,认为农民应以土地入股参与资源开发,从开发收入中获得平均利润。② "石油石化行业税收问题研究"课题组(2007)以新疆油气资源开发为例从税收角度探讨资源开发收益分配问题,认为石油石化行业给资源地带来的直接收益有限,提出适当下放税收立法权和加大中央对地方转移支付力度、按收益分享与成本分担的原则调整有关政策的建议。③ 世界银行、国家民委组成的课题组(2009)分别从政策层面和操作层面提出了"地区资源开发和利益补偿机制试点方案",建议实行"少数民族地区发展基金"。④

二、资源开发价值链与分配关系

(一)资源开发价值链

本章中的"资源开发"是指自然资源开发,包括水电资源、能源资源(煤、石油、天然气)、矿产资源、森林资源等。为了更好地说明资源开发价值链与利益分配关系,以矿产资源为例,说明其价值链与分配关系(见图3-1)。

---

① 王文长:《论自然资源存在及开发与当地居民的权益关系》,《中央民族大学学报(哲学社会科学版)》2004 年第 1 期。王文长:《西部资源开发与民族利益关系和谐构建研究》,中央民族大学出版社 2009 年版,第 2—8 页。

② 李甫春:《西部地区自然资源开发模式探讨——以龙滩水电站库区为例》,《民族研究》2005 年第 5 期。

③ 石油石化行业税收问题研究课题组:《我国石油石化行业税收问题研究——以新疆为案例的分析》,《经济研究参考》2007 年第 69 期。

④ 世界银行、国家民族事务委员会项目课题组:《中国少数民族地区自然资源开发社区受益机制研究》,中央民族大学出版社 2009 年版,第 210—221 页。

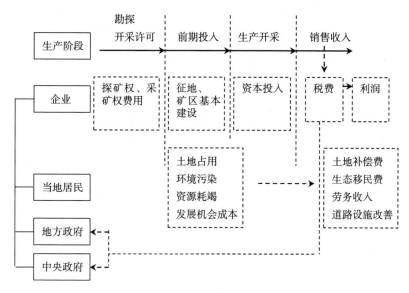

图 3-1 资源开发价值链与分配关系

（二）利益分配主体与利益分配关系

资源开发的利益相关者包括中央政府、地方政府、企业、当地居民。资源开发价值链是通过企业勘探或获得开采许可，之后进行开采，然后出售产生价值的过程。企业与政府的利益分配关系主要是通过缴纳税收、非税收入来完成。企业与当地居民分配关系主要通过土地占用赔偿、劳务、运输承包等来完成，中央政府与地方政府分配关系主要通过税费分成来完成。

中央政府收益。《宪法》和《矿产资源法》中明确规定，矿产资源属于国家所有。矿产资源国家所有权包括了国家矿产资源的占有权、使用权、收益权和处分权。在资源开发中，中央政府有四种身份获得资源开发的收益，即资源资产所有者收益、资源资产投资者收益、社会管理者收益和资源经营者收益。[1]以油气资源为例，一般地，按照现行分税制规定中央政府从矿产资源开发获得

---

① 张新华、谷树忠、王兴杰：《新疆矿产资源开发效应及其对利益相关者的影响》，《资源科学》2011年第3期。

收益有:增值税(分享75%);消费税;中央直属企业所得税(100%),其他企业所得税(分享60%);石油资源特别收益金;矿产资源补偿费(分享40%);探矿权采矿权价款(20%)、探矿权采矿权使用费。

地方政府收益。地方政府是矿产资源所在地,为矿产企业提供公共服务。油气资源是国家专有资源,地方政府不享有相关事权。根据现行分税制规定,地方政府可以直接分享资源开发部分税费收益。地方政府从资源开发中获得收益有:(1)税收收入:增值税(25%);营业税;企业所得税(40%);个人所得税(40%);资源税;城建和教育附加;耕地占用税等。(2)矿产资源补偿费(60%);探矿权采矿权价款(80%);矿区使用费、教育费等。

企业收益。矿业企业通过获取矿产资源的探矿权和采矿权,从事矿产资源的勘探、开发和加工等活动,获得矿业投资收益、矿业权经营收益以及企业经营收益等。企业获得矿产资源开发的大部分收益。企业根据其投资人或股权结构可以分为中央企业、地方企业、股份制企业或私人企业。资源开发企业可以归纳为两类:一类是中央大型国有企业,如中石油、中石化。这类企业一方面直接获得探矿权和采矿权,实现国家所有权的经济利益;另一方面向中央财政上缴利润。第二类是地方矿业公司。这类企业主要是在煤炭和其他矿产资源的开发中占有一定的份额。据新疆国土资源统计资料显示,2008年新疆非油气矿产资源开发企业有3056家,年产矿量14148.46吨,工业总产值478388.35万元,资源开发规模以上企业大部分为中央国有企业。

当地居民收益。当地居民主要指资源所在地农村居民,农民(牧民)不直接参与资源开发的收益分配,但可以获得的一些间接收益或补偿费,主要有:(1)土地补偿费,资源开发占用土地给予农民损失补偿;企业捐赠;承包运输或打工收入;移民补偿等。(2)道路基础设施改善等间接收益,属于资源开发的正外部效应。当然,也承担资源开发带来的生态环境破坏损失,表现为土地占用、环境污染、资源耗竭。

表 3-1　中央政府、地方政府、企业、居民受益种类

中央政府	地方政府	企业	农民
(一)税收	(一)税收		(一)收益
1.增值税(分享 75%)	1.增值税(分享 25%)	利润	1.土地补偿费
2.消费税	2.营业税		2.企业捐赠
3.企业所得税(石油分享 100%)	3.企业所得税(40%石油除外)		3.劳务收入
4.个人所得税(分享 60%)	4.个人所得税(40%)		4.生态移民费
(二)非税收入	5.资源税		5.基础设施改善
1.石油特别收益金	6.城建与教育附加		(二)成本
2.矿产资源补偿费(分享 40%)	7.耕地占用税		1.土地占用
3.探矿权采矿权价款(分享 20%)	8.其他税收收入		2.环境污染
	(二)非税收入		3.资源耗竭成本
	1.矿产资源补偿费(分享 60%)		4.发展的机会成本
	2.探矿权、采矿权价款(分享 80%)		
	3.探矿权、采矿权使用费		
	4.矿区使用费(已改为资源税)		
	5.教育费		

三、分配主体的不对称性与利益共享途径

(一)价值链中分配主体的不对称性

通过价值链分析发现,资源开发利益冲突实质在于价值链中利益分配主体的不对称性。

1. 中央政府与地方政府在税收分配上的不对称性

现有的资源开发税费制度主要集中在中央政府、地方政府与企业之间的关系,重点放在税费结构、税费比例上,很少关注地方政府与中央政府、企业与社区、农牧民的关系。从现有调研情况看,地方政府在税费分享比例上比较少,诉求比较多。以新疆油气资源开发为例,新疆油气行业税收收入占财政收入比例不高,与油气资源产业对 GDP 贡献不相称。根据《我国石油石化行业税收问题研究》,地方政府在石油资源开发所获得财政收入比例仅为 15.04%—18.20%。中央政府在石油石化行业税收收入比例是比较高的,占 69.52%—79.08%,而地方政府收入所占比例为 20.90%—30.48%。

表 3-2　中央政府与地方政府对新疆石油石化行业税收收入的分享比例

	石油工业增加值占工业增加值的比重(%)	石油石化行业税收收入		地方政府石油税收占地方财政收入比重(%)
		中央政府(%)	地方政府(%)	
2001	70.42	75.63	24.37	15.04
2002	66.96	69.52	30.48	16.16
2003	53.34	70.11	29.89	16.35
2004	56.95	75.11	24.89	17.41
2005	74.00	79.08	20.92	18.20

资料来源:根据《我国石油石化行业税收问题研究》数据整理,《经济研究参考》2007 年第 69 期。

张新华等就 2005—2008 年新疆矿产资源开发的收益分配结果表明,主要是中央企业收益所占比例为 73.03%,中央政府收益为 19.31%,而地方政府的收益却只有 7.65%。

表 3-3　2005—2008 年新疆矿产资源开发的收益分配

	2005	2006	2007	2008	合计	比重(%)
企业	390.89	576.15	627.86	762.67	2357.57	73.03
中央政府	88.97	14.06	167.74	226.13	623.48	19.31
地方政府	35.14	48.21	70.63	93.14	247.11	7.65
合计	514.99	765.01	866.22	1081.94	3228.16	100.00

资料来源:张新华等:《新疆矿产资源开发效应及其对利益相关者的影响》,《资源科学》2011 年第 3 期。

　　水电资源开发利益分配也表现为所在地政府与上一级政府之间利益冲突。以地处湖北长阳土家族自治县的清江水电开发为例。水资源费为地方使用经费。调研发现隔河岩发电厂水资源费返还比例偏低。隔河岩发电厂应征收水资源费 900 多万元。2003 年以前由湖北省水利厅委托长阳水电局征收,1997—2005 年返还到县比例为 40%,2003 年改由宜昌市水利水电局征收,自 2006 年起,返还改变为市和县共 40%,其中市 15%,县 25%。1997—2002 年,按照"自留 40%,交省 60%"的政策,长阳共征收 2526.319 万元,返还到长阳近 1000 万元,但 2003 年至今由宜昌市征收期间实际返还长阳只有 370 多万元。由于返还比例的下降和征收的不足额,长阳县每年返还的水资源费直接减少 100 多万元。

2. 当地居民与政府、企业在分配上的不对称性

　　资源开发利益分配的主体是中央政府、地方政府、企业、当地居民。在现有资源开发利益分配框架中,资源开发形成的利益主要在政府和企业之间进行分享,利益分配机制有待完善。企业在资源开发利益实现及分配过程中占据主导地位。[①] 当地居民大部分是提供劳动用工,参与运输和基础设施建设,

---

　　① 王文长:《西部资源开发与民族利益关系和谐构建研究》,中央民族大学出版社 2010 年版,第 3 页。

参与度有待提高,难以分享资源开发带来的更多的利益。[1] 在资源丰富的地区,出现"县富民穷""县强而民不富"的现象。贺红艳(2010)以新疆煤炭资源开发为例,研究结果表明煤炭资源开发与人均 GDP 增长呈正相关、与城镇居民人均可支配收入增长呈负相关。[2] 在资源开发过程中,如何推进共享共建共治,实现国家、当地政府、企业、所在地居民四方共赢,既是热点问题也是难点问题。

3. 当地居民与开采企业在资源所有权、资源开发信息、谈判能力、污染监控等方面存在不对称性

由于当地居民受自然资本、物质资本、人力资本、金融资本、社会资本等条件的约束,与开采企业在资源所有权、资源开发信息、谈判能力、污染监控等方面存在不对称性。所以,需要政府在领导力培训、职业技能培训、污染监管等方面发挥积极支持作用。

(二)当地居民受益的影响因素与途径

1. 当地居民受益的影响因素

(1)自然资源产权与土地所有权分离,当地居民无法获得利益补偿。《矿产资源法》规定,由国务院行使国家对矿产资源的所有权。地表或者地下的矿产资源的国家所有权,不因其所依附的土地的所有权或者使用权的不同而改变。国家实行探矿权、采矿权有偿取得的制度。也就是说,一方面,资源所在地居民没有资源所有权,无权取得企业资源开发的收益;另一方面,缺少资源开发生态补偿制度,对于资源开采带来的生态破坏、环境污染的负外部效应

---

[1]　世界银行、国家民族事务委员会项目课题组:《中国少数民族地区自然资源开发社区受益机制研究》,中央民族大学出版社 2009 年版,第 16 页。

[2]　贺红艳:《矿产资源开发"强区与富民"悖论研究——以新疆矿产资源开发为例》,《财经科学》2010 年第 7 期。

也无能为力。应该说,当地居民与自然资源之间存在着紧密的依赖关系,资源开发一定扰动其生存空间、生产水平、生活方式,但对这种扰动以及资源开发收益缺乏法律保障。矿产资源开发占用耕地、水电资源开发淹没土地,意味着失去生存空间。因此,必须为当地居民提供新的替代生存空间和就业收益,即获得合理利益补偿。

(2)由于分散经营并经常囿于资本、技术和管理能力等方面限制,农村居民很少具备开采条件,在同等条件下无法与大企业竞争资源开采项目,即使可以优先开采,但也缺乏开采的能力,只能"守着金山要饭吃"。

(3)就业能力有限,存在结构性失业。村民除了对资源开采带有强烈的收益预期外,对就业也有需求,但实际情况并不乐观,出现结构性失业。笔者就湖北清江隔河岩水电工程移民调研发现,除了当地农民 18 人招工就业外,其他都为移民。尽管国家对工区移民每月给予基本生活保障 170 元,但这项保障只限于女性年满 55 岁、男性年满 60 岁才享有。尤其移民人均土地少,导致生计困难。在女性 30—55 岁、男性 30—60 岁之间出现两类人群:一类文化水平相对较高或者掌握一定技能的人,出去打工挣钱,生活尚可;二类是文化水平相对低下或者无一定技能的人,迁移面临持续生计问题。[1] 新疆库车县油气资源开发中影响就业的因素主要有:一是劳动力人员素质整体偏低。近年来有关资源开发的重大项目,生产工艺较为先进,而库车县技术工人的整体素质较低,远不能满足先进工艺生产的需求,为保证企业的长足发展,许多企业都从内地高薪聘请大量的技术工人,很多设备都要运回内地进行维修,增加了项目建设的成本,不利于项目建设和工业经济的发展。二是语言障碍。用工单位招用少数民族农民工,最基本的要求是必须懂汉语,而这恰恰是影响他们就业的障碍因素之一。库车县每年都举办汉语言培训,每期培训时间三个月,培训要求是农民能掌握基本的交流用语。但培训结束后,大部分农民缺

---

[1] 陈祖海:《民族地区资源开发利益协调机制研究——以清江水电资源开发为例》,《中南民族大学学报(人文社会科学版)》2010 年第 6 期。

乏就业的积极性,没有实现就业,不能主动到使用汉语语言的环境中进行锻炼,经过一段时间后,把学会的汉语又忘记了,汉语语言培训的效果不太明显。①

2. 当地居民受益机制与途径

(1)构建利益共享机制,参股分成。建立以"资源入股、产品分成"等资源收益共享模式。如水电资源开发时,赋予被淹没土地的村集体股权;矿产资源开发时,赋予被占用土地的村集体股权,让当地居民分享资源开发的收益。适当放宽资源开发行业的准入限制,给予地方政府资源开发权或共同开发权,也可以借鉴陕西的做法,通过与中央企业合作、联营等方式,允许地方政府组建地方性企业引入民间资本参与本地资源开发,比如石油等资源。政府和企业在进行石油、天然气、水电、矿产资源开发时,应赋予当地居民合法权利,提高当地居民的参与程度,保证被影响的所有个人和区域能得到持续性收益。既要努力为受影响的个人和区域提供更好的生活条件,改善公共基础设施,使当地居民和区域受益,又要尊重当地习惯和利益相关者的看法,采取参与式决策,做到决策信息公开,获取当地居民认同,促进资源开发工程项目收益的公平分配,充分调动各方面的积极性。

(2)建立资源发展基金,实行资源耗竭补偿。石油、天然气、煤炭都是不可再生资源,随着矿产资源的开采则资源存量逐渐减少,直至枯竭。一旦资源耗竭出现,将导致产业转型、城市转型以及可持续发展问题。从现有资源税费制度来看,国内没有设立资源耗竭补偿制度,而美国、加拿大、印度尼西亚、马来西亚、津巴布韦、圭亚那等重要的矿产资源国家设有资源耗竭补贴制度。因此,应借鉴国际经验,从净利润中扣除一部分形成发展基金,用于替代资源的研发、支持城市转型或接续产业的援助补偿。通过耗竭补偿,提升资源所在地

---

① 库车县民委提供相关材料。

生存竞争能力和可持续发展能力,实现"资源补偿,利益还原"。①

(3)建立有效的环境影响和社会影响的评估机制,实行生态补偿。一般地,资源开发地区不仅经济发展相对落后,而且大多是生态脆弱区,资源开发带来的生态问题相当严重。因此,应在环境影响和社会影响评价的基础上,公开评价报告,增加项目的透明度,做好生态补偿措施。生态补偿应遵循"谁受益,谁补偿""谁破坏,谁付费"原则,通过对破坏者收费,将环境负外部性内部化,实行生态补偿,从而保护居民生存的生态环境。

(4)增加就业技能培训,完善社会保障。水电资源、矿产资源、油气资源等自然资源开发都会占用相当一部分土地。就目前而言,农村居民对土地有高度的依赖性,在没有其他经济来源和就业机会的情况下,土地仍然被当作提供生活保障的来源,一旦永久失去土地就意味着失去生计来源。在资源开发过程中,尽管对占用土地实施了补偿,但土地补偿金用完之后靠什么生存,这些成为影响当地居民持续生计的重要因素。增加就业和完善社会保障制度成为政策选择重点。一是加强当地居民的职业技术培训,使从水库淹没、土地占用中走出来的农民获得应有的专业技能,使劳动力能够成功转移出去,一旦新的经济结构形成,走出去的居民在土地之外找到稳定的谋生手段,不再依赖原有的耕地来维持生活,那么就会解决资源开发以及资源耗竭的"后顾之忧"。二是对资源开发地的接续产业提供技术支持,实行对口支援,向当地提供各类专业人才,提高当地居民的技术水平和管理水平。三是设立社会保障基金,政府应当从土地出让金、资源税、矿产资源补偿费等资源有偿使用收益中,提取一定数额的资金进入资源地当地居民社会保障资金专户,用于解决居民的基本生活、医疗、养老、就业等社会保障问题。②

---

① 陈祖海:《矿产资源税费制度与西部资源富集区支持政策选择》,《中南民族大学学报(人文社会科学版)》2012 年第 6 期。

② 田钒平、王允武:《从权利虚化、利益失衡到权益均衡的路径选择——民族自治地方权益分配机制研究》,《中南民族大学学报(人文社会科学版)》2008 年第 3 期。

（5）增强企业社会责任，对基础设施建设提供适当的帮助和扶持。建立资源企业直接支持和帮助当地贫困农民、牧民发展的扶贫机制。资源开发所在地一般都是资源型财政，财政收入税种单一，税收结构极不合理，财政收入和经济发展的各项指标与资源行业的依存度很高。同时地方政府也承担了大部分教育、卫生、农业、科技等事权，财权与事权不匹配。资源开发型企业要勇于承担企业的社会责任，促进企业与地方关系和谐发展。在现有的分配框架下，资源地居民所分享收益的份额较小，而且是间接的，社区居民不容易察觉和体会到。为此，资源企业可以直接参与对口扶贫工作，主要是为当地居民的危房改造、村级公路、通讯条件等基础设施建设提供适当的帮助和扶持，改善居民生活条件，提升当地居民生存竞争能力，让农民感受到实实在在的利益。

四、西部七省（区）资源开发的经济效应分析

西部大开发以来，西部地区能源开发得到快速发展，但经济增长仍落后东部地区，其中有些省（区）资源型产业依赖程度很高。运用面板模型，以能源开发为例，分析七省（区）资源开发对经济增长效率的影响，为破解资源诅咒现象提供决策参考。[①]

关于资源开发的经济效应分析，主要运用面板模型和逐步回归模型。例如，刘红梅、李国军、王克强（2010）运用时间动态面板数据模型和空间递归面板数据模型，对农业虚拟水的影响因素进行研究。[②] 但在运用逐步回归模型时，并没有考虑交叉关系的影响，也没有考虑变量先后顺序的影响。因此，这

---

① 陈祖海等：《民族地区能源开发与经济增长效率研究——基于"资源诅咒"假说》，《中国人口·资源与环境》2015 年第 6 期。

② 刘红梅、李国军、王克强：《中国农业虚拟水国际贸易影响因素研究——基于引力模型的分析》，《管理世界》2010 年第 9 期。

种方式是否有效,仍然值得商榷。齐义军、付桂军(2012)运用模糊综合评价法,对内蒙古、山西、黑龙江进行区域可持续发展评价。[1] 王世进(2014)基于1995—2011年的省级面板数据,采用 Hausman 检验方式,分析资源充裕度与经济增长的关系。[2] 孙大超、司明(2012)基于中国省级截面数据,构建联立方程模型,认为资源丰裕度与区域经济增长并无显著相关性。[3]

(一)指标选择与数据预处理

1.研究对象与数据来源

主要考察对象是青海、贵州、云南、内蒙古、广西、新疆、宁夏七个省(区)。所有数据均来源于2013年各省的统计年鉴、2001—2013年《中国能源统计年鉴》《中国劳动统计年鉴》以及《中国人口与就业统计年鉴》。

2.研究指标

大量文献研究发现,资源开发的经济增长影响因素很多,主要有能源资源储藏量及开发能力的变化、科技创新能力的进步、劳动力素质的提高、社会投资能力的发展等。因此,参考相关文献,选择变量如下(见表3-4)。

表3-4　变量定性描述

符号	含义	说　明
EG	人均 GDP 增长率	GDP 变化率/人口变化率-1
FI	物质资本投资	全社会固定资产投资总额占 GDP 比重

① 齐义军、付桂军:《典型资源型区域可持续发展评价——基于模糊综合评价研究方法》,《中央民族大学学报(哲学社会科学版)》2012年第3期。

② 王世进:《我国区域经济增长与"资源诅咒"的实证研究》,《统计与决策》2014年第2期。

③ 孙大超、司明:《自然资源丰裕度与中国区域经济增长——对"资源诅咒"假说的质疑》,《中南财经政法大学学报》2012年第1期。

符号	含义	说　明
RD	能源产业依赖度	能源工业产业就业人数占工业就业人数比重的年均值
AI	能源产业丰裕度	能源生产量的年均值
DI	能源开发强度	能源工业总投资额占工业总产值比重的年均值
TI	技术创新投入	从事科技活动人数占总从业人数比重

注:1.能源工业仅包括煤炭采选业、石油和天然气开采业。[1]

2.能源工业投资、能源产量是指地区内部的投资和产量,不包括外来的部分。

3.缺失数据处理方法主要采用移动平均法。

4.FI、RD、TI 的指标构建采用邵帅等方法。[2]

其中,$EG_t = \dfrac{EG_t - EG_{t-1}}{EG_{t-1}} = \dfrac{EG_t}{EG_{t-1}} - 1 = \dfrac{\dfrac{GDP_t}{N_t}}{\dfrac{GDP_{t-1}}{N_{t-1}}} - 1 = \dfrac{\dfrac{GDP}{GDP_{t-1}}}{\dfrac{N_t}{N_{t-1}}} - 1$;缺失数据

处理采用的移动平均法为 $x_t = \dfrac{x_{t-1} + x_{t-2} + x_{t-3}}{3}$,若数据不合理,再用插值公

式修正,即 $x_t = \dfrac{x_{t+i} + x_{t-i}}{2}, i \in N^*$。

3.能源开发与经济增长现状

为了直观地反映能源开发与经济增长的关系,表3-5列出七省(区)2000年和2012年能源工业投资额、人均 GDP 增长率以及对应的变化情况。由此

---

[1]　Davis G.A., "Learning to Love the Dutch Disease: Evidence from the Mineral Economies", *World Development*, No.10, 1995.

[2]　邵帅、范美婷、杨莉莉:《资源产业依赖如何影响经济发展效率?——有条件资源诅咒假说的检验及解释》,《管理世界》2013 年第 3 期。

看出,七省(区)在能源开发方面增长明显,最少的地区也增长了大约2倍。但是,从人均GDP增长率的变化情况来看,就不容乐观了。内蒙古的人均GDP增长率情况出现了下降现象,而其他几个省(区)虽有上升,但上升情况却没有能源工业投资上升的幅度大。换言之,不断投资开发能源所带来的经济增长比重却不大,甚至还出现下降的现象。

表3-5 七省(区)能源与经济数据变化情况

地区	能源工业投资额(亿元)		人均GDP增长率(%)		能源工业投资额增长率(%)	人均GDP增长率变化率(%)
	2000	2012	2000	2012		
内蒙古	40	1827	0.11	0.10	44.41	-0.08
云南	57	1086	0.05	0.15	17.98	2.27
广西	87	473	0.05	0.10	4.41	1.22
贵州	67	230	0.08	0.20	2.43	1.58
青海	30	295	0.09	0.12	8.74	0.42
宁夏	19	422	0.09	0.10	20.97	0.08
新疆	180	1491	0.13	0.13	7.30	0.01

资料来源:2001年和2013年《中国统计年鉴》《中国能源统计年鉴》。

(二)七省(区)资源开发的经济效应

七省(区)能源开发如何影响经济增长?因此,采用面板模型分析资源开发的经济效应,以及各个变量对经济增长的影响程度,并根据系数的正负值,确定阻碍力与推动力的影响变量,构造经济增长效率模型,研究能源开发是如何影响经济增长效率。

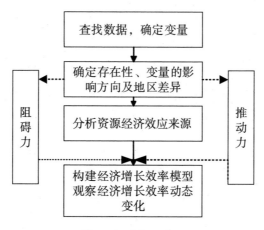

图 3-2 实证思路图

1. 资源开发对经济增长效率的影响

面板数据(Panel Data)是截面上个体在不同时点的重复观测数据。估计方式包括混合最小二乘法、离差变换最小二乘法、固定效应模型、随机效应模型等,需要用 LM 检验、Hausman 检验或者 BP 拉格朗日乘数检验等方法确定具体模型。

(1)确定面板模型具体效应

以人均 GDP 增长率的年均值作为被解释变量,以物质资本投资、能源产业依赖度、能源产业丰裕度、能源开发强度、技术创新投入作为解释变量。具体的回归模型如下:

$$\ln \overline{EG}_{it} = \beta_0 + \beta_1 \ln FI_{it} + \beta_2 \ln RD_{it} D_1 + \beta_3 \ln AI_{it} D_2 + \beta_4 \ln DI_{it} D_3 + \beta_5 \ln TI_{it}$$

$$(3.1)$$

其中, $i = 1,2,\cdots,7; t = 1,2,\cdots,13; D_1, D_2, D_3$ 分别表示对应能源变量的虚拟变量,即 $D_i = 0/1$。首先,建立全变量面板模型,此时 $D_1 = D_2 = D_3 = 1$;其次,分别探讨能源产业依赖度、能源产业丰裕度、能源开发强度分别对区域经济增长的影响。此时,虚拟变量 D_i 则各自针对对应变量赋值为 1,其余为 0。

①变系数/变截距模型确立

运用 Eviews 软件,采取协方差分析检验方法,构造 F 统计量,判断面板数据应当采用变系数模型还是变截距模型,即检验方式如下假设:

$$H_1 : \beta_1 = \beta_2 = \cdots = \beta_N$$

$$H_2 : \alpha_1 = \alpha_2 = \cdots = \alpha_N$$

$$\beta_1 = \beta_2 = \cdots = \beta_N$$

若计算结果接受 H_2,则认为是不变系数模型,无须检验;若拒绝 H_2,接受 H_1,则认为是变截距模型;若同时拒绝 H_2,H_1,则认为是变系数模型。因此,需要构造两个 F 统计量,对模型进行假设检验。①

检验 H_2 的 F 统计量为:

$$F_2 = \frac{(S_3 - S_1)/[(N-1)(k+1)]}{S_1/[NT - N(k+1)]} \sim F[(N-1)(k+1), NT - N(k+1)] \tag{3.2}$$

检验 H_1 的 F 统计量为:

$$F_1 = \frac{(S_2 - S_1)/[(N-1)k]}{S_1/[NT - N(k+1)]} \sim F[(N-1)k, NT - N(k+1)] \tag{3.3}$$

其中 S_1, S_2, S_3 分别表示变系数模型,变截距模型,混合回归模型的残差平方和,经 Eviews 计算得, $S_1 = 9.821178$, $S_2 = 17.40684$, $S_3 = 22.53286$, N 表示研究样本的个数,即地区的个数 $N = 7$; T 表示时间间隔,即 $T = 13$; k 表示解释变量的个数,即 $k = 5$。将数据代入上述公式,得到 $F_2 = 1.7617043$, $F_1 = 1.2615508$。因此,在置信度水平 $\alpha = 0.05$ 的情况下,通过查找 F 分布上侧临界值表②可知 F 统计值。

$$F_{2,0.05} \sim F_{2,0.05}(36, 49) = 1.6567193$$

$$F_{1,0.05} \sim F_{1,0.05}(30, 49) = 1.6918198$$

---

① 高铁梅:《计量经济分析方法与建模(第二版)》,清华大学出版社 2012 年版,第 324—342 页。
② 王学民:《应用多元分析(第三版)》,上海财经大学出版社 2011 年版,第 399—408 页。

由于 $F_2 > 1.6567193$，拒绝 H_2，$F_1 < 1.6918198$，接受 H_1，即认为该面板数据更适合建立变截距模型。

②固定效应/随机效应模型确立

在变系数模型的基础上，采用 Hausman 检验方式，判断模型应当采取随机效应还是固定效应模型。运用 Eviews 软件计算得到统计量 $W = 13.59428595$，对应的相伴概率为 0.0037，小于 0.05，拒绝原假设，认为模型中个体影响与解释变量相关，应设定为固定效应模型。因此，建立固定效应变截距模型。

（2）估计结果

根据固定效应变截距模型的确立过程，运用截面残差加权的最小二乘法估计参数。经 Eviews 软件计算得到全变量面板模型，即模型 1，进一步运用同样的办法，分别研究能源产业依赖度、能源产业丰裕度、能源开发强度对经济增长的影响，即模型 2、模型 3、模型 4（见表 3-6）。

表 3-6　参数估计结果

	模型 1	模型 2	模型 3	模型 4
C	1.132353 (0.6315)	0.8942 (0.7585)	3.1032 (0.0095) **	4.8690 (0.0014) **
FI	0.013563 (0.0532)	0.0826 (0.7892)	0.4561 (0.3243)	0.0591 (0.5787)
RD	−0.559514 (0.0562)	−0.5895 (0.0362) **	/	/
AI	−0.0895 (0.6524)	/	−0.2034 (0.4850)	/
DI	0.2594 (0.0291) **	/	/	0.3466 (0.0071) **
TI	0.9855 (0.0000) **	0.9424 (0.0003) **	0.8795 (0.0004) **	0.8951 (0.0001) **
加权 R^2	0.4862	0.4464	0.5322	0.4322
未加权 R^2	0.2794	0.2939	0.2237	0.2684
$p(f)$	0.0000 **	0.0000 **	0.0000 **	0.0000 **

注：参数保留 4 位小数，括号内表示 t 检验概率值，** 表示在 5% 的水平下通过显著性检验。

　　根据模型 1 的结果,参数检验并不是十分显著,仅有技术创新投入与能源开发强度通过了显著性检验,这说明提高技术创新能力与能源开发强度有利于促进经济增长,也就是说,这两个变量对区域经济增长的影响是显著的。尤其是技术创新投入这一变量,从模型 2—模型 4 的结果来看,不仅通过显著性检验,而且变量系数在 0.87 以上,这说明,提高技术能力,充分发挥区域技术条件,可以突破能源的限制现象。这与柯布—道格拉斯生产函数所表示的含义相近,即在资本、劳动力变化水平一定时,提高技术水平可以带来更多的经济收益。①

　　分析模型 2—模型 4 的结果,不难发现,能源产业依赖度与能源产业丰裕度的系数小于零,并且能源产业依赖度的系数通过显著性检验,说明能源产业依赖度对区域经济增长存在显著的负面影响。同样的,能源开发强度的系数大于零,并通过显著性检验,说明提高能源开发强度,可以有效地促进区域经济增长水平。

　　另外,在模型 1—模型 4 中,物质资本投入与能源产业丰裕度的结果虽然没有通过显著性检验,但系数的正负值也体现了一定的信息。即能源产业的丰裕度系数为负值,表明能源产业丰裕度与当地的经济增长呈现一定的负相关关系。

　　总之,上述结果否定了传统观念中自然资源禀赋对经济增长存在着单纯正面影响作用。物质资本投资、能源开发强度和技术创新投入,能够为经济增长带来正效应,但能源产业依赖度和丰裕度,对经济增长造成负效应。

　　(3)资源经济效应的区域差异分析

　　结合面板模型的固定效应估计值,分析各省(区)之间资源经济效应的区域差异(见表3-7)。

---

① 罗伯特·J.巴罗:《宏观经济学现代观点》,上海人民出版社 2008 年版,第73—74 页。

表3-7 各省(区) β_i 固定效应估计值

地区	内蒙古	云南	广西	贵州	青海	宁夏	新疆
模型1	0.9822	-0.3697	0.0680	0.0252	-0.5518	0.5165	-0.3578
模型2	0.7533	-0.6483	-0.2972	-0.0154	-0.3544	0.3189	-0.1928
模型3	0.4621	0.1954	0.6591	0.1025	-0.1989	-0.4715	-0.5582
模型4	0.2598	0.2348	0.8425	0.1183	-0.7568	-0.1989	-0.7543

注:1. 参数保留4位小数。

2. 固定效应估计值反映了资源经济效应的大小,数值为正,诅咒效应越强,反之越弱。因为固定效应值为变截距模型的截距项,相当于初始值。初始值越大,说明当地能够承受资源开发的能力较大,换言之,当地对资源的依赖程度的可能性就越大。

从横向分析来看,模型1为全变量面板模型,其数值含义为各省(区)在能源开发强度、能源产业依赖度、能源产业丰裕度共同作用下,对经济增长的影响。其中,内蒙古正向偏离均值为0.9822,意味着内蒙古随着能源开采、加工、出口等经济行为,所带来的经济效益在逐渐减少。同样,青海的固定效应值最小,且均为负值,这就意味着青海的能源开发在促进经济效益方面还有很大的上升空间。模型2在能源变量方面仅仅考虑了能源产业依赖度,结果表明内蒙古对当地能源资源的依赖度较大,青海受到的能源产业依赖影响较小。模型3在能源方面仅考虑能源产业丰裕度,其含义是能源丰富程度对经济增长的影响。结果表明广西的能源产业丰裕度对经济增长的影响较大,而新疆的能源产业丰裕度为负值,对其经济增长影响不明显。模型4在能源方面仅考虑能源开发强度,结果表明,广西加强能源开发强度,不利于当地经济增长,而青海的能源开发固定效应值小于0,意味着继续加强能源开发强度,有利于推动当地经济增长。

从纵向分析来看,无论选择什么模型,内蒙古的固定效应值均为正向偏离,青海、新疆的固定效应值为负向偏离,而其他省(区)的固定效应值随着替换不同的能源变量,存在正负向偏离交互变换的情况。

综上所述,物质资本投资、能源开发强度和技术创新投入可以促进区域经济增长;能源产业依赖度和能源产业丰裕度会阻碍区域经济增长。

（4）资源经济效应的来源分析

由表3-8看出，七省（区）产生资源经济效应的来源主要是煤炭。煤炭在我国能源地位"不可动摇"，尤其是我国中西部地区，经济增长对煤炭的依赖度极大。除了煤炭之外，石油、天然气也是资源经济效应的原因。个别省（区）由于缺乏某种能源，反而提高了对另一种能源的依赖度。例如，青海由于缺少煤炭、天然气，因此对石油的依赖度相对较大（见表3-8）。

表3-8　各省（区）能源产量变化情况以及资源经济效应来源

地区	煤炭			天然气			原　油			来源
	2000（万吨）	2012（万吨）	增长率（%）	2000（万吨）	2012（万吨）	增长率（%）	2000（万吨）	2012（万吨）	增长率（%）	
内蒙古	394	2569	5.5	5	0	-1.0	0	0	0.0	煤炭
广西	61	420	5.9	0	0	0.0	3	2	-0.3	煤炭
云南	221	1573	6.1	0	0	0.0	0	0	0.0	煤炭
贵州	134	839	5.3	1	0	-0.7	0	0	0.3	煤炭
青海	2	240	159.0	4	64	15.4	200	205	0.0	煤炭、石油
宁夏	30	577	18.5	0	3	21.2	139	2	-0.9	煤炭、天然气
新疆	95	1441	14.2	35	253	6.2	1848	2671	0.4	煤炭、石油、天然气

资料来源：根据《中国能源统计年鉴2013》整理，中国统计出版社2013年版。

2. 七省（区）资源开发对经济增长效率的影响

在固定效应变截距模型的基础上，提取阻碍作用和推动作用的变量，构建经济增长效率模型，即综合作用力模型，研究经济增长效率的动态变化。

（1）确定阻碍与推动变量及其影响系数

根据表3-6的结果，对经济增长起阻碍作用的变量有能源产业依赖度、能源产业丰裕度；起推动作用的变量有技术创新投入、能源开发强度、物质资本投资。不妨假设能源产业依赖度和能源产业丰裕度为阻碍变量,而其余的变量为推动变量。运用层次分析法(AHP),确定各个变量的权重,以各地区各变量的均值作为参考数值,作为成对比较矩阵建立的依据。经计算[1],能源产业依赖度与能源产业丰裕度的比值约为9:1;而能源开发强度、技术创新投入与物质资本投入之间的比值为3:1:6。利用 Matlab 软件,计算求解成对比较矩阵的最大特征值及其对应的特征向量,并检验一致性结果(见表3-9)。

表3-9 层次分析结果

	最大特征值	特征向量	样本量	*CI*	*RI*	*CR*
阻碍矩阵	2	[0.9939 0.1104]	2	0	0.58	0
推动矩阵	3	[0.3123 0.9370 0.1562]	3	0	0.58	0

注:1. *CR* < 0.10 表明 AHP 结果通过一致性检验,特征向量即为对应变量的权重。
    2. 本节层次分析法计算过程严格按照《数学建模方法及其应用》执行。[2]

因此,资源开发对经济增长的阻碍变量方程(F_1)和推动变量方程(F_2)分别如下:

$$\begin{cases} F_1 = 0.9939RD + 0.1104AI \\ F_2 = 0.3123DI + 0.9370TI + 0.1562FI \end{cases} \tag{3.4}$$

从模型的权重中可以看出,阻碍因素较大的是能源产业依赖度,推动因素较大的是技术创新投入。经过 Excel 计算,分别得到 2000—2012 年资源经济效应的阻碍力和推动力大小(见表3-10、表3-11)。

———————————

① 由于 AHP 要求各要素比值在1—9之间反应变量重要程度,因此计算结果需要向1—9之间的整数靠近。
② 韩中庚:《数学建模方法及其应用(第二版)》,高等教育出版社 2009 年版,第 91—107 页。

表 3-10 资源经济效应阻碍力值

	内蒙古	云南	广西	贵州	青海	宁夏	新疆
2000	0.027	0.006	0.010	0.052	0.008	0.022	0.017
2001	0.028	0.004	0.010	0.045	0.007	0.020	0.019
2002	0.031	0.005	0.005	0.052	0.008	0.024	0.024
2003	0.028	0.005	0.001	0.068	0.009	0.034	0.031
2004	0.037	0.012	0.015	0.083	0.016	0.029	0.037
2005	0.043	0.027	0.040	0.094	0.030	0.032	0.047
2006	0.049	0.033	0.051	0.106	0.036	0.041	0.062
2007	0.057	0.045	0.060	0.097	0.045	0.049	0.074
2008	0.069	0.055	0.096	0.100	0.057	0.058	0.092
2009	0.081	0.064	0.088	0.126	0.067	0.077	0.099
2010	0.098	0.083	0.098	0.141	0.087	0.096	0.112
2011	0.116	0.095	0.084	0.142	0.100	0.117	0.127
2012	0.123	0.113	0.112	0.172	0.118	0.125	0.109

注:结果保留 3 位小数。

表 3-11 资源经济效应推动力值

	内蒙古	云南	广西	贵州	青海	宁夏	新疆
2000	0.049	0.045	0.063	0.086	0.141	0.100	0.136
2001	0.100	0.075	0.080	0.060	0.268	0.150	0.118
2002	0.149	0.044	0.080	0.077	0.189	0.167	0.071
2003	0.181	0.075	0.084	0.088	0.124	0.179	0.113
2004	0.191	0.095	0.058	0.089	0.150	0.170	0.132
2005	0.183	0.119	0.078	0.093	0.162	0.171	0.138
2006	0.169	0.131	0.088	0.091	0.162	0.161	0.138
2007	0.162	0.132	0.085	0.100	0.135	0.160	0.152
2008	0.153	0.133	0.081	0.116	0.120	0.156	0.142
2009	0.169	0.156	0.105	0.168	0.151	0.204	0.177
2010	0.160	0.148	0.109	0.173	0.137	0.204	0.165
2011	0.138	0.136	0.113	0.158	0.155	0.187	0.171
2012	0.139	0.146	0.125	0.198	0.180	0.194	0.197

注:结果保留 3 位小数。

表3-10、表3-11的结果分别表示各省(区)资源经济效应的阻碍作用和推动作用,从数值上观察,波动性较大,并且,单一的作用力无法衡量对经济增长的影响。因此,运用综合作用力构建经济增长效率模型,分析如何影响经济增长的效率。

(2)构建经济增长效率模型

假设:经济增长效率值的经济含义是指在能源开发利用的过程中,在推动力与阻碍力共同作用下,经济增长的效率程度。效率值的大小体现能源开发对经济增长的影响程度。因此,综合各方面因素,可定义经济增长效率模型为:

$$F_{it} = F_{it}^2 - F_{it}^1 \tag{3.5}$$

其中,$i = 1, 2, \cdots, 7; t = 1, 2, \cdots, 13$,即 F_{it} 表示推动力与阻碍力的差值,也就是综合的作用力。

运用经济增长效率模型,计算2000—2012年经济增长效率值的动态变化情况,并用 Matlab 绘图工具绘制趋势图(见图3-3)。

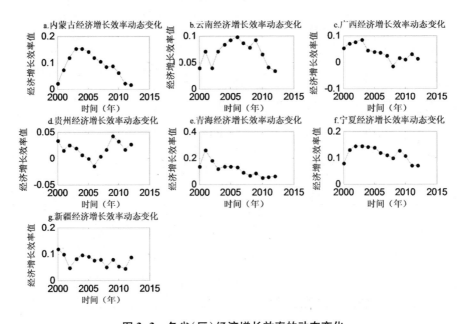

图3-3　各省(区)经济增长效率的动态变化

表 3-12 各省(区)经济增长效率的动态变化

	内蒙古	云南	广西	贵州	青海	宁夏	新疆
2000	0.022	0.039	0.053	0.034	0.133	0.078	0.119
2001	0.072	0.071	0.07	0.015	0.261	0.13	0.099
2002	0.118	0.039	0.075	0.025	0.181	0.143	0.047
2003	0.153	0.07	0.083	0.02	0.115	0.145	0.082
2004	0.154	0.083	0.043	0.006	0.134	0.141	0.095
2005	0.14	0.092	0.038	−0.001	0.132	0.139	0.091
2006	0.12	0.098	0.037	−0.015	0.126	0.12	0.076
2007	0.105	0.087	0.025	0.003	0.09	0.111	0.078
2008	0.084	0.078	−0.015	0.016	0.063	0.098	0.05
2009	0.088	0.092	0.017	0.042	0.084	0.127	0.078
2010	0.062	0.065	0.011	0.032	0.05	0.108	0.053
2011	0.022	0.041	0.029	0.016	0.055	0.07	0.044
2012	0.016	0.033	0.013	0.026	0.062	0.069	0.088

图 3-3 显示内蒙古、云南、广西、青海、宁夏的经济增长效率呈现先增长后下降的趋势。其中,内蒙古经济增长效率值从 2004 年以后出现下降趋势,表明阻碍力加大。而云南、广西、青海、宁夏的拐点分别出现在 2006 年、2003年、2001 年、2003 年。新疆的经济增长效率值离散情况比较大。贵州经济增长效率波动幅度较大,出现先下降后增长的趋势,但在 2006 年之后,随着当地资源的开发利用,能够促进经济增长。

总体来看,这种先增长后下降的趋势可能与实施西部大开发战略有关,起初西部大开发对西部地区的确存在促进作用,大部分省(区)经济增长效率存在上升趋势。但是,这种上升并不是持久的,经过一段时间,经济增长效率出现波动下降。

五、进一步解释

（一）产业结构单一

资源富集区往往产业结构单一,基本上以油气开采业为主,对下游产业即资源深加工发展不足。因此,资源开发没有带动相关产业发展,与地方经济发展的关联度不高。这就形成了经济学上所谓"资源诅咒"现象。这与西部资源富集地区经济发展实际有关,随着自然资源的开发,劳动力、资金、信息、技术等要素禀赋会在短时间内聚集,并且使得当地其他产业的要素向新的资源产业集聚,即造成了"挤出效应",抑制了其他产业的发展,导致产业结构单一、产业结构发展不平衡等问题,进而导致经济增长速度缓慢。即所谓的间接传导机制。该结论与大多数学者观点一致。① 随着国家产业政策的调整和西部大开发的实施,国家直接对西部地区资源进行大跨度、跳跃式的配置,大规模工业以及大规模的基础设施建设,大规模的政府投资挤出私人投资,"挤出效应"的后果是投资乏力,同时,这些项目只是嵌入式的进入西部地区,与地方经济发展关联度不高,缺乏与当地的现有经济发展进行有机结合。使这些地区形成一种自然经济与现代经济混合运行的经济模式,这种机制无法形成有效的再投资体系,不利于提升地区经济可持续发展能力,反而助长了地方政府的依赖行为,在国家投入加大的同时挤出了大量私人投资。西部地区应当优化产业结构,降低对煤炭资源的依赖度,由资源依赖型产业向非资源型经济转移,扩大就业及经济增长空间。

---

① 郑猛、罗淳:《论能源开发对云南经济增长的影响——基于"资源诅咒"系数的考量》,《资源科学》2013 年第 5 期。

（二）创新能力不足

由于自然和历史的原因,资源富集地区大多地处欠发达地区、民族地区、边疆地区、革命老区,经济发展相对滞后,存在基础设施落后、教育条件差等现实问题,当地政府在教育投入、科技投入、技术进步等方面缺乏积极性;[①]同时由于开采资源不需要高级技能和知识,他们不愿意去花费太多的时间、金钱成本,用来学习高级技术和知识,导致当地人力资本投资不足。因此,应当从技术创新投入入手,加强科技和教育投入,培育技术创新能力,提高能源开发效率。

（三）单一资源开发造成资源耗竭成本和产业转型成本

石油、天然气、煤炭都是不可再生资源,随着矿产资源的开采,资源存量逐渐减少,当开采量不断增加时,由于现在使用而牺牲将来使用的机会成本越来越大,也就是说,资源所在地承担了未来发展的机会成本。另外,面临资源性城市转型和衰退产业转型的问题,主要是两大问题:一是由于产业结构单一,一旦资源耗竭出现危机,失业问题会随资源耗竭而集中爆发;二是新型产业成长困难。资源城市所有制结构单一,主体企业是大型国有企业,单一的经济结构产生挤出效应,产业结构以初级产品开采、输出为主,导致产业结构不合理,新型产业转型困难。[②]

---

① Gylfason T. , "Natural Resources, Education and Economic Development", *European Economic Review*, No.45, 2001.

② 林毅夫等:《欠发达地区资源开发补偿机制若干问题的思考》,科学出版社 2009 年版,第 48—52 页。

第四章 资源税费制度与资源
开发利益分配

作为调节资源级差收入并体现资源有偿使用的资源税费制度日益受到政府和学界的重视,近年来关于资源税费制度改革的呼声与讨论十分活跃。资源税费制度改革经历了从价计征、清费立税一系列改革,对于理顺资源税费关系,调节资源收益分配制度,实现资源利益共享发挥重要作用。自2010年实施资源税费改革以来,资源税收入增长迅速,大大改善资源地财政收入状况,促进资源富集区的资源优势转变为经济优势。因此,本章基于资源开发利益共享的视角,主要对矿产资源税费政策进行梳理,在此基础上,借鉴现有研究成果,提出资源税费改革的思路与建议,进一步完善绿色税制,对于推进国家治理体系和治理能力现代化具有重要的现实意义。①

一、现有资源税费制度概述

(一)现有资源税费制度

我国矿产资源税费制度,除了一般性的增值税、企业所得税等税收和非税

---

① 陈祖海、丁莹:《资源税费制度演进及绿色转型政策选择》,《中南民族大学学报(人文社会科学版)》2018年第6期。

收入外,对矿产资源部门单独课征的税费有资源税、矿产资源补偿费、探矿权采矿权使用费和价款、矿区使用费、石油特别收益金。

1. 资源税

资源税是以自然资源为征税对象的税种,其主要目的是调节资源级差收入,体现资源有偿开采,促进资源节约使用。我国矿产资源丰富但矿产资源人均占有量少,仅为世界的人均占有量 58%,矿产资源禀赋等级较差,贫矿多富矿少。为促进资源合理开发利用,遏制资源乱挖滥采,1984 年 9 月,国务院颁布了《中华人民共和国资源税条例(草案)》,规定从 1984 年 10 月 1 日起开始征收资源税,征收对象仅限于原油、天然气、煤炭三种产品。1993 年 12 月 25 日,国务院重新修订颁布了《中华人民共和国资源税暂行条例》,同时财政部于 1993 年 12 月 30 日发布了《中华人民共和国资源税暂行条例实施细则》,即国家对资源税进行了重大改革,从 1994 年 1 月 1 日起施行。我国资源税的征税范围包括原油、天然气、煤炭、黑色金属矿原矿、有色金属矿原矿、其他非金属矿原矿和盐 7 个税目大类。资源税的纳税地点在采掘地。按照 1994 年分税制财政管理体制的规定,除海洋石油资源税作为中央收入以外,其余资源税作为地方收入。资源税的应纳税额(征收标准),按照应税产品的课税数量和规定的单位税额计算,即通常所说的"从量计征"。近年来,随着经济持续发展,我国资源产品供需矛盾日益突出,现行资源税税制无法适应资源节约型、环境友好型社会的要求,资源税费改革的呼声日益强烈。尽管国家从 2004 年开始对资源税额进行了调整,大幅度提高了征收标准,但仍然偏低。于是,国家从 2010 年 6 月率先在新疆实施原油天然气资源税改革,油气资源税改革主要内容是将"从量计征"改为"从价计征";同年 12 月 1 日,从价计征改革范围扩大到西部 12 省(区、市),但仅限于油气资源。2011 年 9 月 30 日,国务院发布了关于修改《中华人民共和国资源税暂行条例》的决定,修改资源税暂行条例的重点内容是增加从价定率的资源税计征办法,相关条款修改为:"资源税的应纳税额,按照从价定率或者从量定额的办法,分别以应税产品的销售额乘以纳税人具体适用的比例税率或者以应税产品的销售数量乘以纳税人具体适用的定额税率计算。"

按照 2011 年 10 月 28 日颁布的修订的《中华人民共和国资源税暂行条例实施细则》,原油、天然气征收标准为销售额的 5%。2014 年 10 月 9 日,《关于调整原油、天然气资源税有关政策的通知》(财税〔2014〕73 号),将资源税适用税率由 5% 提高至 6%,同时将原油、天然气矿产资源补偿费费率降为零。

2014 年财政部、国家税务总局《关于实施煤炭资源税改革的通知》(财税〔2014〕72 号),决定实施煤炭资源税改革,资源税由从量计征改为从价计征,煤炭资源税税率幅度为 2%—10%,从 2014 年 12 月 1 日起实施。

2015 年 4 月 30 日,财政部、国家税务总局发布《关于实施稀土、钨、钼资源税从价计征改革的通知》,自 2015 年 5 月 1 日起实施稀土、钨、钼资源税改革,由从量定额计征改为从价定率计征。

为有效发挥税收杠杆调节作用,促进资源行业持续健康发展,国家全面推进资源税改革,2016 年、2017 年相继发布了《关于全面推进资源税改革的通知》和《矿产资源权益金制度改革方案》,其主要内容:一是在煤炭、原油、天然气等从价计征改革基础上,对其他矿产资源实施改革,在《资源税税目税率幅度表》中列举名称的 21 种资源品目和未列举名称的其他金属矿实行从价计征;二是全面清理涉及矿产资源的收费基金,将矿产资源补偿费等收费基金适当并入资源税;三是推动矿产资源权益金制度改革,将探矿权采矿权价款调整为矿业权出让收益,探矿权采矿权使用费整合为矿业权占用费,将矿山环境治理恢复保证金调整为矿山环境治理恢复基金。

表 4-1　资源税改革的相关文件与主要内容

时间	文　件	内　容
1984 年 9 月 18 日	《中华人民共和国资源税条例(草案)》	自 1984 年 10 月 1 日起开始征收资源税,征收对象为原油、天然气、煤炭三种产品
1993 年 12 月 25 日	《中华人民共和国资源税暂行条例》	矿产品或者生产盐,应当依照本条例缴纳资源税
1993 年 12 月 30 日	《中华人民共和国资源税暂行条例实施细则》	资源税的征税范围包括原油、天然气、煤炭、黑色金属矿原矿、有色金属矿原矿、其他非金属矿原矿和盐等 7 个税目大类
2010 年 6 月 1 日	《新疆原油天然气资源税改革若干问题的规定》	原油、天然气资源税实行从价计征,税率为 5%
2011 年 9 月 30 日	关于修改《中华人民共和国资源税暂行条例》的决定	重点内容是增加从价定率的资源税计征办法原油、天然气实行从价定率,为销售额的 5%—10%
2011 年 10 月 28 日	《中华人民共和国资源税暂行条例实施细则》	原油、天然气征收标准为销售额的 5%,自 2011 年 11 月 1 日起施行
2014 年 10 月 9 日	《关于调整原油、天然气资源税有关政策的通知》	原油、天然气矿产资源补偿费费率降为零,相应将资源税适用税率由 5% 提高至 6%
2014 年 10 月 9 日	《关于实施煤炭资源税改革的通知》	资源税由从量计征改为从价计征,税率幅度为 2%—10%
2015 年 4 月 30 日	《关于实施稀土、钨、钼资源税从价计征改革的通知》	自 2015 年 5 月 1 日起实施稀土、钨、钼资源税改革,由从量定额计征改为从价定率计征
2016 年 5 月 9 日	《关于全面推进资源税改革的通知》	开展水资源税改革试点工作,逐步将森林、草场、滩涂等资源纳入征收范围,实施矿产资源税从价计征,清理涉及矿产资源的收费基金,全部资源品目矿产资源补偿费费率降为零
2017 年 4 月 13 日	《矿产资源权益金制度改革方案》	将探矿权采矿权价款调整为矿业权出让收益,探矿权采矿权使用费整合为矿业权占用费,将矿山环境治理恢复保证金调整为矿山环境治理恢复基金

资料来源:根据相关文件整理。

表 4-2　资源税税目税率表

税　目		税　率	计征方式	时间	来　源
一、原油		销售额的(2014 年 12 月 1 日起按 6%)5%—10%	从价定率	2010 年 6 月新疆试点；2011 年全国实施	《关于调整原油、天然气资源税有关政策的通知》
二、天然气		销售额的 5—10%(2014 年 12 月 1 日起按 6%)			
三、煤炭		税率幅度为 2%—10%。	从价定率	2014 年 12 月 1 日	《关于实施煤炭资源税改革的通知》
四、其他非金属矿原矿	普通非金属矿原矿	每吨或者每立方米 0.5—20 元			《中华人民共和国资源税暂行条例》(2011 年)
	贵重非金属矿原矿	每千克或者每克拉 0.5—20 元			
五、黑色金属矿原矿		每吨 2—30 元			
六、有色金属矿原矿	稀土矿 轻稀土	按地区执行不同的适用税率,其中,内蒙古为 11.5%、四川为 9.5%、山东为 7.5%	从价定率	2015 年 5 月 1 日	《关于实施稀土、钨、钼资源税从价计征改革的通知》
	稀土矿 中重稀土	27%			
	钨	6.5%			
	钼	11%			
	其他有色金属矿原矿	每吨 0.4—30 元			《中华人民共和国资源税暂行条例》(2011 年)
七、盐	固体盐	每吨 10—60 元			
	液体盐	每吨 2—10 元			

资料来源:在《中华人民共和国资源税暂行条例》(2011 年)基础上,依据每年文件整理。

2. 矿产资源补偿费

1994 年我国制定《矿产资源补偿费征收管理规定》,之后,1997 年国务院第 222 号令对此规定作出修改。规定要求在中华人民共和国领域和其他管辖海域开采矿产资源,应当依照本规定缴纳矿产资源补偿费。中央与省、直辖市矿产资源补偿费的分成比例为 5∶5,中央与自治区矿产资源补偿费的分成比例为 4∶6。其中,矿产资源补偿费率为 0.5%—4%,石油、天然气、煤炭、煤成气、石煤、油砂的资源补偿费率为 1%。

2014 年 10 月 10 日,财政部、国家发改委发布《关于全面清理涉及煤炭原油天然气收费基金有关问题的通知》(财税〔2014〕74 号),将煤炭、原油、天然气矿产资源补偿费费率降为零,停止征收煤炭、原油、天然气价格调节基金,取消山西省煤炭可持续发展基金、青海省原生矿产品生态补偿费、新疆自治区煤炭资源地方经济发展费,取缔省以下地方政府违规设立的各种收费基金。清理和取消涉及煤炭原油天然气收费基金,除了减轻企业负担之外,更重要的是逐渐由"费"转向"税",规范税费制度。

财政部发布《关于清理涉及稀土、钨、钼收费基金有关问题的通知》(财税〔2015〕53 号),2015 年 5 月 1 日起停止征收稀土、钨、钼价格调节基金,将稀土、钨、钼矿产资源补偿费费率降为零。

表4-3　矿产资源补偿费改革前后费率比较

矿　种	费率(%)		来　源
	费改前	费改后	
石油	1	0	《关于全面清理涉及煤炭原油天然气收费基金有关问题的通知》(财税〔2014〕74 号)
天然气	1	0	
煤炭、煤成气	1	0	
铀、钍	3		
石煤、油砂	1		
天然沥青	2		
地热	3		
油页岩	2		
铁、锰、铬、钒、钛	2		
铜、铅、锌、铝土矿、镍、钴、钨、锡、铋、钼、汞、锑、镁	2	钨为 0 钼为 0	《关于清理涉及稀土、钨、钼收费基金有关问题的通知》(财税〔2015〕53 号)
离子型稀土	4	0	

续表

矿 种	费率(%)		来 源
	费改前	费改后	
金、银、铂、钯、钌、锇、铱、铑	4		
铌、钽、铍、锂、锆、锶、铷、铯	3		
镧、铈、镨、钕、钐、铕、钇、钆、铽、镝、钬、铒、铥、镱、镥	3		
钪、锗、镓、铟、铊、铼、镉、硒、碲	3		
宝石、玉石、宝石级金刚石	4		
其他矿产(详见《矿产资源补偿费征收管理规定》附录)	2		
湖盐、岩盐、天然卤水	0.5		
二氧化碳气、硫化氢气、氦气、氢气	3		
矿泉水	4		

资料来源:参考 2011—2015 年矿产资源补偿费相关文件内容,在《矿产资源补偿费征收管理规定》附录表基础上整理。

3. 探矿权采矿权使用费和价款

财政部国土资源部制定了《探矿权采矿权使用费和价款管理办法》(财综字〔1999〕74 号),规定指出,在中华人民共和国领域及管辖海域勘察、开采矿产资源,均须按规定缴纳探矿权采矿权使用费和价款。

探矿权采矿权使用费和价款收入应专项用于矿产资源勘察、保护和管理支出。根据《关于探矿权采矿权价款收入管理有关事项的通知》(财建〔2006〕394 号)规定,自 2006 年 9 月 1 日起,探矿权采矿权价款收入按固定比例进行分成,其中 20% 归中央所有,80% 归地方所有。省、市、县分成比例由省级人民政府根据实际情况自行确定。国家另有规定的,从其规定。2006 年 9 月 1 日之前归属地方政府所有。2017 年《矿产资源权益金制度改革方案》提出将探矿权采矿权价款调整为矿业权出让收益,探矿权采矿权使用费整合为矿业权占用费,将矿山环境治理恢复保证金调整为矿山环境治理恢复基金。

4. 矿区使用费

1982 年 1 月、1993 年 10 月,国家颁布《中华人民共和国对外合作开采海洋石油资源条例》和《中华人民共和国对外合作开采陆上石油资源条例》,指出"对外合作开采海洋石油、陆上石油资源,应缴纳矿区使用费,暂不征收资源税"。[①] 2011 年 11 月 28 日发布修订后的《资源税若干问题的规定》(国家税务总局公告 2011 年第 63 号)指出"按实物量计算缴纳资源税的油气田在 2011 年 11 月 1 日以后开采的原油、天然气,依照新的资源税条例规定及税率缴纳资源税;此前开采的油气依法缴纳矿区使用费"。也就是说,为统一各类油气企业资源税费制度,公平税负,自修改决定施行之日起,对外合作开采海洋和陆上油气资源不再缴纳矿区使用费,统一依法缴纳资源税。[②]

5. 石油特别收益金

石油特别收益金是指国家对石油开采企业销售国产原油因价格超过一定水平所获得的超额收入按比例征收的收益金。2006 年 3 月财政部出台《石油特别收益金征收管理办法》。石油特别收益金征收比率按石油开采企业销售原油的月加权平均价格确定。征收比例经过三次调整,2006 年起征点为 40 美元/桶;2011 年起征点为 55 美元/桶;2015 年起征点为 65 美元/桶。

石油特别收益金属于中央财政非税收入,纳入中央财政预算管理。石油特别收益金列入企业成本费用,准予在企业所得税税前扣除。

---

① 李国平、李恒炜:《基于矿产资源租的国内外矿产资源有偿使用制度比较》,《中国人口·资源与环境》2011 年第 2 期。

② 中国税务报:国务院公布修改后的《资源税暂行条例》,2011 年 10 月 13 日,见 http://www.chinatax.gov.cn/n8136506/n8136608/n9948163/11695179.html。

表 4-4　2006 年、2011 年、2015 年石油特别收益金征收比率及速算扣除数

原油价格（美元/桶）			征收比率（%）	速算扣除数（美元/桶）
2006 年 3 月 26 日	2011 年 11 月 1 日	2015 年 1 月 1 日		
40—45（含）	55—60（含）	65—70（含）	20	0
45—50（含）	60—65（含）	70—75（含）	25	0.25
50—55（含）	65—70（含）	75—80（含）	30	0.75
55—60（含）	70—75（含）	80—85（含）	35	1.5
60 以上	75 以上	85 以上	40	2.5

资料来源：根据财企〔2006〕第 72 号、财企〔2011〕480 号、财税〔2014〕115 号文件整理。

（二）资源税改革历程与趋势

从资源税费改革历程看，主要经历"初步征收、计征方式改革、加速实施"三个阶段（见图 4-1）。

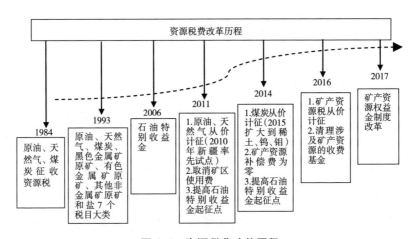

图 4-1　资源税费改革历程

从资源税费改革内容看，主要沿着三个方向改革：（1）从量计征到从价计征的改革。从量计征是按照应税产品的课税数量和规定的单位税额计算，不能体现价格涨落的变化；从价计征对价格波动和利润变化的跟随性较好，能够

反映资源稀缺的信号。(2)从费到税改革,逐步取消"费",取消了"矿区使用费",并把石油、天然气、煤炭、稀土、钨、钼等"矿产资源补偿费"降低为零,直至将矿产资源补偿费完全并入资源税,这些改革旨在规范税费制度。(3)逐步向地方倾斜,调节中央和地方利益,增加资源地财政收入。

从资源税费改革涉及自然资源种类看,主要为矿产资源、水资源。森林、草场、滩涂等资源暂未征收资源税,水资源税改革比较晚。自 2016 年 7 月 1 日起国家率先在河北省开展水资源税改革试点,2017 年 12 月改革试点扩大到北京、天津、山西、内蒙古、山东、河南、四川、陕西、宁夏等省市区。鉴于此,本章讨论资源税费改革涉及自然资源种类更多的为矿产资源。

(三)资源税费改革对资源收益分配的影响

1. 资源税改革对中央政府、地方政府、企业收入的影响

就矿产资源来说,涉及的资源税费主要有资源税、矿业权出让收益(原为探矿权采矿权价款)、矿业权占用费(原为探矿权采矿权使用费)、石油特别收益金、矿山环境治理恢复基金。资源税归属地方政府;石油特别收益金归属中央政府;探矿权采矿权价款与使用费由中央政府和地方政府按比例分享;矿山环境治理恢复基金由企业自己从销售收入按照一定比例计提,计入企业成本,由企业担责、政府监管。资源税费涉及中央政府、地方政府、企业利益关系。

资源税作为地方税种,为地方财政收入。资源税费改革直接影响中央政府和地方政府的相对收入。近几年资源税费改革内容主要是,资源税逐步实行从价计征、提高资源税征收标准、取消矿产资源补偿费(降为零),以及两次提高石油特别收益金征收标准。从这三点看,改革的实质是提高地方政府分享资源税费比例。中央政府与地方政府资源税费分配比例见表 4-5。

表4-5 中央政府与地方政府资源税费分配比例

资源税费	中央	地方
资源税		100%
矿业权出让收益	40%	60%
矿业权占用费	20%	80%
矿山环境治理恢复基金	企业担责、政府监管	
石油特别收益金	100%	
水资源税	10%	90%

在实施资源税费改革后,相继在2011年、2015年两次提高石油特别收益金起征点,旨在减轻企业负担。资源税费的增加,直接增加企业负担。所以,资源税费改革一方面必须考虑企业承受能力,另一方面要考虑对资源和资源性产品价格的影响以及对市场宏观经济的影响。提高石油特别收益金起征点实际上是为配合资源税费改革而实施的配套政策。

中央政府分享资源税分为矿业权出让收益、矿业权占用费、石油特别收益金。矿业权出让收益、矿业权占用费征收方式变化不大,对中央收益影响有限。相对而言,由于提高石油特别收益金起征点,中央政府对于此项收益应该有所减少。

与2009年对比,发现2011年资源税增长较快的省(区、市)为新疆、甘肃、陕西、青海、四川、辽宁、内蒙古,分别增长 428.46%、182.35%、175.98%、119.12%、118.00%、108.26%、106.55%;2013年资源税增加较快的为新疆、天津、陕西、甘肃及东北三省,天津、河北资源税迅速增加,反映了渤海湾油田开发所带来的资源税变化;2016年资源税增长较快的为宁夏、江西、山西、陕西、内蒙古、新疆;2018年资源税增长较快的地区为北京、宁夏、天津、山西、陕西、内蒙古、新疆。其中,2018年北京和天津的资源税增长迅速,与2009年相比增长率分别达到了6706%和1519%,主要原因是自2017年12月1日起,将北京、天津等9省(区、市)纳入水资源税征收范围,以缓解水资源供需矛盾。

总体来看,资源税费改革,对于增加资源富集地区地方财政收入效果明显,同时水资源税试点的增加,也意味着资源税改革再迈关键一步,对生态调节和绿色发展意义重大。

表4-6 资源税收入对比

地区	改革前	改革后							
	2009年	2011年		2013年		2016年		2018年	
	资源税（亿元）	资源税（亿元）	比2009年增长（%）	资源税（亿元）	比2009年增长（%）	资源税（亿元）	比2009年增长（%）	资源税（亿元）	比2009年增长（%）
北京	0.4	0.3	-25	0.8	100	0.75	87.5	27.2	6706.4
天津	0.7	0.7	0	3.6	414.29	1.69	141.43	11.3	1519.5
河北	23.6	32.8	38.98	57	141.53	30.2	27.97	48.0	103.5
山西	30.1	38.8	28.9	51.7	71.76	140.35	366.28	325.2	980.3
内蒙古	27.5	56.8	106.55	70.6	156.73	118.16	329.67	238.5	767.2
辽宁	32.7	68.1	108.26	142	334.25	29.84	-8.75	41.3	26.4
吉林	4.5	6.1	35.56	14.8	228.89	7.31	62.44	10.8	140.4
黑龙江	15.3	23.7	54.9	75.3	392.16	40.74	166.27	66.5	335.0
上海	—	—	—	—	—	0.01	—	0.01	—
江苏	8.2	12.5	52.44	23.4	185.37	17.56	114.15	13.9	70.1
浙江	6.7	8.5	26.87	9.2	37.31	11.76	75.52	12.8	91.5
安徽	11.6	14.5	25	19.7	69.83	17.82	53.62	22.5	93.7
福建	5.9	8.1	37.29	9.1	54.24	9.25	56.78	12.2	107.2
江西	10.9	18.7	71.56	34.7	218.35	56.62	419.45	44.9	311.8
山东	32.8	38.4	17.07	92.6	182.32	95.18	190.18	119.7	265.1
河南	24.2	26.6	9.92	37.4	54.55	28.07	15.99	60.3	149.1
湖北	6.9	10.1	46.38	16.2	134.78	15.56	125.51	16.0	132.1
湖南	3.9	6.8	74.36	9.7	148.72	8.86	127.18	11.3	189.9
广东	7.8	11.1	42.31	14	79.49	16.7	114.1	13.5	72.5
广西	5.3	8.6	62.26	12	126.42	17.22	224.91	16.7	214.8
海南	1	1.6	60	2.7	170	3.16	216	3.7	267.9
重庆	5.2	8	53.85	8.4	61.54	11.34	118.08	13.7	163.5
四川	10	21.8	118	27	170	26.18	161.8	52.5	425.2
贵州	8.5	12	41.18	15.3	80	23.15	172.35	32.6	283.5

续表

地区	改革前	改 革 后							
	2009 年	2011 年		2013 年		2016 年		2018 年	
	资源税 (亿元)	资源税 (亿元)	比 2009 年 增长(%)	资源税 (亿元)	比 2009 年 增长(%)	资源税 (亿元)	比 2009 年 增长(%)	资源税 (亿元)	比 2009 年 增长(%)
云南	10.5	14.1	34.29	18.7	78.1	17.24	64.19	29.4	180.3
西藏	0.5	0.8	60	1	100	1.04	108	2.6	427.6
陕西	17.9	49.4	175.98	78.8	340.22	82.67	361.84	181.3	912.9
甘肃	5.1	14.4	182.35	19.5	282.35	13.02	155.29	22.8	347.4
青海	6.8	14.9	119.12	18.4	170.59	14.84	118.24	20.3	198.3
宁夏	1.5	2.7	80	5	233.33	10.49	599.33	25.0	1566.8
新疆	12.3	65	428.46	71.7	482.93	52.62	327.8	88.0	615.2
全国	338.2	595.9	76.2	960.3	183.94	919.4	171.85	1584.8	368.6

资料来源:根据《中国统计年鉴》计算整理而得。

2.资源税费改革对当地居民收入的影响

从现有资源税费制度来看,资源税费与当地居民没有直接关系,因为资源税费分配只在中央政府、地方政府之间分配,与当地居民无关。当然,地方政府作为群体的代表,将资源税费用于民生改善、地方基础设施建设,由此当地居民也有不少间接受益。如果当地居民能够自己开采本地的自然资源,那么直接受益程度会大大提高。就开采能力而言,当地居民存在局限性:一是由于资本、技术和管理能力等方面限制,当地居民很少具备开采条件,在同等条件下无法与大企业竞争资源开采项目,即使自己开采,也是小煤窑、小冶炼,成本高,竞争力差,污染大;二是规避市场风险能力比较弱,由于规模小、市场信息渠道狭窄,谈判能力弱,因此应对市场风险能力有限。总体来说,当地居民作为利益相关者一方,在资源税费改革中所获得的收益应该还是间接的,此处不作赘述。

（四）推动资源绿色税制改革迫在眉睫

随着我国工业化、城镇化的快速发展,资源供需矛盾突出,环境污染严重。据《2016 中国环境状况公报》显示,全国有 254 个城市环境空气质量超标,占75.1%;酸雨城市比例为 19.8%,酸雨频率平均为 12.7%,酸雨类型总体仍为硫酸型,酸雨污染主要分布在长江以南——云贵高原以东地区。能源消耗和污染排放压力较大。2009 年我国的 GDP 约占世界的 7.6%,而主要资源消耗和污染物排放占世界的比重远高于 GDP 所占的比重。[1] 这些直接危及国家资源能源安全和环境安全。采矿过程中的污染问题也十分严重。西部地区是我国资源富集区,据统计测算,西部八省(区)累计矿山占用破坏土地面积逐年增加,由 2008 年的 408175 公顷增加到 2013 年的 50633108 公顷;2008 —2013 年累计矿山占用破坏土地面积占全国比重分别为 23.47%、29.00%、25.40%、31.11%、37.74%、96.39%。尤其 2013 年矿业开采累计占用损坏土地十分严重,占全国的 96.39%。内蒙古矿山占用破坏土地面积最大,2013 年达 50182243 公顷;其次为青海,面积达 244007 公顷。

在现有资源税费制度中,虽然对于提高回采率以及提高资源综合利用率有一些减免政策,如以充填开采方式采出的矿产资源的资源税减征 50%,衰竭期矿山开采的矿产资源的资源税减征 30%,对页岩气资源税减征 30%,但是对于约束消费和资源耗竭使用方面的激励机制还有待加强。很多学者认为资源税的传统认识和定位已经不合时宜,应服务于节约资源,保护环境,防范和化解公共风险。[2] 因此,推动资源绿色税制改革迫在眉睫。

---

①　中国科学院可持续发展战略研究组:《2013 中国可持续发展战略报告——未来 10 年的生态文明之路》,科学出版社 2013 年版,第 7 页。

②　刘尚希:《资源税改革应定位于控制公共风险》,《财会研究》2010 年第 18 期。单顺安:《资源税功能定位的再认识及完善措施》,《税务研究》2015 年第 5 期。卢真、李升、芮东等:《资源税制改革:基于功能定位的思考》,《税务研究》2016 年第 5 期。

二、国内外税费政策差异与国外实践

（一）国内外矿产资源税费政策差异

"他山之石，可以攻玉。"当前我国矿产资源领域的制度建设相对滞后，西方市场经济国家经过多年建立起来的矿产资源税费制度，对我国相关制度建设具有借鉴意义。施文泼认为，与一般发达国家相比，我国矿产资源约束特征更为突出，亟待进行改革。[①]

1. 征税的原因

西方学者一般认为中央政府和地方政府对资源开采征税是理所当然的，因为他们拥有对土地的所有权或者控制权，因此有权对土地上的采矿行为征税。近年来，以英语为母语的一些国家（如美国、新西兰等）的原住居民对于其所在土地上开采非可再生资源的征税能力日益增强。[②] 一些学者认为，在资源开采的过程中，原住居民社区受到了经济、文化上的巨大冲击，降低了其社会凝聚力和控制力，比如资源开采破坏了环境、减少了狩猎及食物供给，破坏了一些文化遗产和人文景观，甚至带来了酗酒、卖淫等不良的社会风气，使就业竞争加剧。所以，原住居民应该有权从资源开采中获得补偿，而税收是最有效最客观的补偿方式。

也有一些学者认为，征收资源税的原因在于人权因素，矿产税种类及其税率不应该只通过政府与采矿企业之间进行协商。之前的学者认为，税收是为了保证政府获得尽可能高的收益，并且抵制任何可能减少税收的行为，很多衡

---

① 施文泼、贾康：《中国矿产资源税费制度的整体配套改革：国际比较视野》，《改革》2011年第 1 期。

② O'Faircheallaigh C., "Indigenous People and Mineral Taxation Regimes", *Resources Policy*, No.4, 1998.

量经济发展的指标(GDP、CPI等)也没有考虑到人权问题。现在需要寻找一种更合适的矿产资源税制。政府对矿产资源征税的问题上没有特别强调人权,但在政府考虑何时征税、如何使用这些税收,这时就需要考虑人权。具体的研究有两个领域:一是考虑人权因素如何促进矿产税的征收,让人们理解税收的目的不仅仅是获取经济租金,而是促进社会福利;二是在运用现有矿产税的征税方法的时候考虑人权因素,税收可以提供有效机制来鼓励采矿行为达到相应的经济、社会、文化要求。①

2. 征税的主体

(1)政府作为征税主体

早期的研究文献都是以政府作为征税主体,因为在现实生活中也确实是中央政府或者地方政府扮演着征税主体这一角色。首先,政府有绝对的政治权力,能够让征税这一行为有序地进行;其次,政府在资源配置方面起着至关重要的作用。然而政府作为征税主体也存在很多问题。最重要的问题,一是这些在本土土地上征收的资源税是不是实实在在地用在当地居民的切身利益之上;二是在利益分配问题上,社区优先这一观念是否得到政府的认可。

(2)原住居民作为征税主体

随着原住居民对矿产征税的能力增强,原住居民获得与土地资源开发者协商的能力大大提升。许多学者为准许原住居民征收资源税进行经济上和道德上的辩护。大量的文章探讨原住居民是否应该拥有对本土资源征税的权利,如何让原住居民扮演征税主体角色。在征税主体选取上发生了变化。

但是不可否认的是,直接由原住居民作为征税主体会产生一系列的问题:第一,原住居民所处的经济地位非常低下,他们所享受的健康、教育和住房条

---

① John Southalan,"What are the Implication of Human Rights for Minerals Taxation",*Resources Policy*,No.36,2011.

件很差,他们大部分收入都来源于矿业开采;第二,原住居民规避风险的能力很弱。如果国家可以从全国的矿业开采中获得收入,风险就分散了;而原住居民只能从本土所有的资源开采中获得收益,风险相对较大。所以,如何尝试选择最恰当的方式来让原住居民扮演好征税主体这一角色是一个值得探讨的新视角。

(3)社区作为征税主体

一些学者认为,原住居民作为征税主体虽然有一定依据,但执行困难。社区作为征税主体具有一定的可行性。原住社区作为征税主体是由政府过渡到原住居民的一个必要的阶段。但是,原住社区也很少有专业管理,获取信息或者监督的能力有限。而且,公开建立市场困难,所以很难了解到采矿企业内部一些具体数据。为此,一方面,应鼓励社区从资源开采中获取税收;另一方面,应设计适用于原住居民的税收制度。①

3. 征税的方法

资源征税是一个必然的问题,但是在选择合理税收水平的问题上,不同学者的意见分歧非常明显。国外矿产资源税费主要有权利金、资源租金税、红利、矿业权出让金(租金)、资源耗竭补贴、保证金。② 权利金制度是市场经济国家矿产资源有偿取得和有偿使用制度的核心,也是市场经济条件下矿业税收制度的核心。③ 国内学者们的研究大致从两方面着手:一是征收税费种类的比较,二是税费标准的比较。李国平通过对国内外矿产资源有偿使用制度的比较,梳理出国内外矿产资源税费的对应关系,指出:第一,我国的资源税、

---

① O'Faircheallaigh C.,"Indigenous People and Mineral Taxation Regimes",*Resources Policy*,No.4,1998.

② 曹爱红、韩伯棠、齐安甜:《中国资源税改革的政策研究》,《中国人口·资源与环境》2011年第6期。吴文洁、胡健:《我国石油税费制度及其国际比较分析》,《西安石油大学学报(社会科学版)》2007年第1期。

③ 高凌江、李广舜:《完善我国石油天然气资源税费制度的建议》,《当代财经》2008年第5期。

矿产资源补偿费、矿区使用费相当于国外的权利金;第二,矿业权价款相当于国外的红利;第三,矿业权使用费相当于国外的矿业权出让金;第四,石油特别收益金相当于国外的资源租金税;第五,对应于国外的资源耗竭补贴,我国还没有出台相应的税费。①

国外学者从理论和实践上对各种征税方法及效果进行对比。罗伯·弗雷泽(Rob Fraser,1998)对从价税和资源租金税进行对比,认为从价税会引起采矿投资减少,而资源租金税会使采矿投资增加。因为政府采取从价税时,勘探利润是模糊不清的。应从政府的期望出发,积极鼓励政府采用资源租金税,因为资源租金税优于从价税。② 丹尼斯·弗雷斯塔德(Dennis Frestad,2009)否定了"租金税可能会扭曲企业的操作和投资策略"这一结论,认为企业的金融策略可能会受到租金税的影响,特殊目的税种不会阻碍市场的发展,相反还能转移价格风险。③

奥弗尔切莱(O'Faircheallaigh,2012)进一步研究了各种征税方法的收益与风险。主要的征税方法如下:④

(1)单一预付金的支付

具体需要签订一个协议,企业一次性预付收益,包括采矿全过程中得到的收益。这种方式对于政府来说风险很小,是一次性的收入。其优势就是一次性到账,不足之处是要预计工程确切收益是一件很困难的事,会产生一定的机会成本,所以这种方式是一种短期的行为,不利于长期的发展。而对于企业而言,单一预付金的支付风险很大,未来具有很大的不确定性。实践中,这种方

---

① 李国平、李恒炜:《基于矿产资源租的国内外矿产资源有偿使用制度比较》,《中国人口·资源与环境》2011 年第 2 期。

② Rob Fraser.,"An Analysis of the Relationship between uncertainty-Reducing Exploration and Resource Taxation",*Resources Policy*,No.4,1998.

③ Dennis Frestad,"Corporate Hedging under a Resource Rent Tax Regime",*Energy Economics*,No.2,2009.

④ O'Faircheallaigh C.,Ginger Gibson,"Economic Risk and Mineral Taxation on Indigenous Lands",*Resources Policy*,No.37,2012.

法很少用,只能作为其他方法的一个组成部分来补充。

(2)不间断的固定支付

不间断的固定支付意味着政府在采矿的全周期都会有税收收入。对当地社区而言,降低了风险,因为有稳定的现金流收入。其风险是存在机会成本,工程的实际收益有可能比预期的要多。而对开采者而言:固定额度支付的风险很大,不能根据实际情况来调整支付额度,当收入较少时存在着风险。

(3)从量税

是对每一单位的矿产产量来征税。存在的风险在于产量可能会完全终止或者推迟,所以收益会比预期的低。实行从量税的机会成本是采矿工程的工程信息获得是有限的,实际的产量可能大于签订协议时的产量。而且企业也会通过采取减少市场产量的方式来逃税。从量税的优点是便于管理,能产生稳定的现金流,可以从资源开采造成的破坏中得到补偿。不足之处在于,通货膨胀很容易引起税收缩水,未来的波动性可能很大。

(4)从价税

实行从价税,价格和产量可能会降低,造成收益的减少。采矿企业还有可能为了逃税而操纵价格,尤其是在商品质地不均匀、产量不大、市场不完全公开的情况下,逃税风险更大。与高风险相对应,实行从价税,收益明显,可以分享到价格增长带来的收益。从价税优点是,在一定程度上减小了通货膨胀的影响。不足之处在于,即使是在短期,未来的收入也是很不确定的,这种方式没有考虑成本这个因素的影响。鉴于此可以对从价税进行修正:第一,在开采正式进行之前不以产量和价值为基准,基于面积征收一定量的税收,即增加一部分的稳定收入;第二,改成一个变动的征比率,以矿产价格变动为基准。

(5)利润税

是对矿产开采企业产生的利润进行征税。这种方法效率很高,同时也产生了很多的问题。比如技术要求高、管理复杂和信息需求量大等,在实际的操作中有很大困难。利润税的风险在于:不是所有的采矿企业都会取得利润,大多数采矿企业开采的初期(5 年)都是亏本的,导致收益具有滞后性,易受操纵。

(6)给当地社区授予普通股

这种方式是通过占有公司股份来分取一定的利润,也就是当地社区获取股东应该分取的红利,而不是直接扮演税收机构的角色。这种方式需要在企业真正有盈余的前提下才能得到收益,风险较大。而且,如果普通股是由原住社区出资购买的情况下,风险更大。所以,可以考虑同前面的几种方法搭配起来一起使用。

(二)国外实践借鉴

东盟矿业税费制度基本上由两大部分构成:一部分是包括矿业在内的所有工业企业都适用的普通税制,如所得税、增值税和预扣税等;另一部分是矿业特有的税费制度,如权利金、资源税。越南金属矿产税率为2%—15%,非金属矿产为 1%—15%;泰国大多数矿产的权利金率为 5%,金矿为 2.5%。[1] 这些研究对于我国与东盟矿业合作具有借鉴意义。

南非《矿产与石油资源权利金法》于 2010 年 3 月 1 日起开始实施,这项法案对南非国内就业、外国投资和矿产资源勘查都将产生深远的影响。李刚认为南非对选矿或其他加工产品征收较低权利金率,有利于减轻企业负担。[2]

秘鲁的矿业资源税费主要有:(1)年金,矿业权申请人取得矿业权后,无论是探矿权还是采矿权,都要按申请的矿业权面积缴纳年金;(2)资源税;(3)所得税;(4)增值税;(5)贡献金(自愿金)。值得一提的是,秘鲁重视矿业开发对资源所在地的贡献,规定采矿权人除要缴纳中央政府规定的年金、资源税和所得税

---

[1] 方敏、李洪嫔:《东盟国家矿产资源管理政策分析》,《中国矿业》2011 年第 5 期。
[2] 李刚:《南非权利金制度及对我国矿产资源补偿费改革的启示》,《中国矿业》2012 年第 3 期。

外,还要向资源所在地政府缴纳贡献金,以促进资源所在地的经济发展。[①]

巴西的资源税费主要有:(1)矿产资源开采补偿费;(2)按公顷征收的年税;(3)企业所得税;(4)进出口税;(5)地方税;(6)社会福利费用:社会保险费、公共建设项目有关费用、净收入的公益收费;(7)社会保障等其他费用。[②]

帕特里克索德霍姆(Patrik Söderholm,2011)分析了三个欧洲国家(瑞典、丹麦和英国)的原矿税和复合税的经济理论基础(包括沙砾、岩石和石头等)。[③] 分析显示,尽管价格弹性相对较低,但欧洲复合税有助于减少原始资源的使用。在对原始材料征税的前提下,可回收材料的生产者有动力提高他们的垃圾分类工作。

瑞典自1996年起,对天然沙砾征税。其目的是设定一个高水平的税率,使沙砾和它的替代品压碎石之间的差价控制在10%的水平。然而由于这种税负转嫁给了消费者,因此天然沙砾税在生产领域的影响是有限的。瑞典的天然沙砾税在鼓励使用替代产品上扮演着重要的角色。这种税制的好处是,它提供了一种机制来让压碎石替代天然沙砾,而且所有的收入归中央国家预算。国家在一些替代材料不能使用达到相同目的的情况下支持沙砾的开采,这说明行政手段比经济手段更可靠,而且不产生潜在的环境影响。

丹麦在1990年引入了一种新的税种,对天然沙砾包括沙子、沙砾、黏土以及石灰岩等进行征税。具体而言是对进口征税,而出口不征税。早在1987年,丹麦的天然材料税与废弃物税相结合,这两种税收的结合是为了减少天然沙砾资源的使用并且鼓励用可循环材料来替代天然资源。与此同时,存在税收豁免,从沿海工程中取得的天然材料来保护河床免受腐蚀的工程是

---

① 王瑞生:《秘鲁和巴西——矿产资源管理制度研究》,《中国国土资源经济》2007年第11期。

② 王瑞生:《秘鲁和巴西——矿产资源管理制度研究》,《中国国土资源经济》2007年第11期。

③ Patrik Söderholm, "Taxing Virgin Resources: Lessons from Aggregate Taxation in Europe", *Resources, Conservation and Recycling*, No.55, 2011.

免税的。很难评估，天然沙砾征税在多大程度上降低了天然沙砾的消耗以及鼓励了可回收材料的替代。总而言之，这两种税的结合促成了市场的回收机制。

英国的复合税在 2002 年开始生效，其目的是对建筑使用的沙子、沙砾、岩石进行征税，并且是对所有源自本国和进口的资源征税（可回收的除外）。征税的目标是消除采矿中的环境成本、减少复合材料的使用，转而运用可回收材料。

表 4-7　瑞典、丹麦、英国三国征收资源的比较

国家	瑞典	丹麦	英国
征税内容	沙砾	沙土、沙砾、石头等	沙土、沙砾、石头等
征税原因	天然沙砾在北方和中部的稀缺性	减少天然沙砾的使用，鼓励可回收材料的使用	减少沙石的使用，鼓励可回收材料的使用
征税起始年度	1996 年	1977 年（1987 年资源税与废弃物税相结合）	2002 年
收入归属地	中央财政预算		
征税对象	出口（源自本土的）	进口（出口不征）	部分源自本土的（出口不征税）和进口

资料来源：根据帕特里克索德霍姆（Patrik Söderholm，2011）文献整理。

三、资源税费改革研究综述

我国资源税费制度不合理，使得资源的价格整体偏低，造成资源使用的浪费，资源使用效率不高。不仅不利于遏制资源的过度开发，而且不利于协调区域之间利益关系。现有文献主要从资源税费的性质、标准、资源税费与环境保护、资源税费制度与收入分配、"两权"使用费价款与有偿使用、石油特别收益金六个方面展开研究。

（一）资源税费性质问题

国内对资源税、矿产资源补偿费关注比较多。尽管《矿产资源法》明确了资源税和矿产资源补偿费的资源有偿使用制度的主体地位，但现行的矿业法规均未明确界定两者的实施目标。资源税是矿产资源税费中一个主要税种，实行是"普遍征收、级差调节"原则。资源税为地方性收入，由地方税务部门征收。蒲志仲认为，第一，资源税与法规中对国家凭政治权力征收的定性相矛盾；第二，现行法规对中央和省级政府所得矿产资源补偿费、矿业权使用费和矿业权价款"主要用于矿产资源勘查"的规定，与法规中关于此三项收入均为国家矿产资源所有者收益的定性相违背。[①] 宋梅、王立杰等也持相同看法。[②]

关于资源税改革的观点主要有三种：一是认为资源税的实际征收违背了其开征的初衷，起不到调节矿山级差收益的目的，建议取消资源税，改为征收权利金；[③] 二是认为资源税和矿产资源补偿费都是矿产资源价值的实现形式，都体现了矿产资源所有者权益，目前的资源税和资源补偿费在性质和作用上已基本趋同，容易造成资源税费制度的混乱与重复，建议将二者合并，[④] 或者取消矿产资源补偿费；[⑤] 三是矿产资源补偿费并非不合理收费，其体现国家所有者财产权益，包括绝对地租和级差地租，相当于国外的权利金，建议对资源

① 蒲志仲：《中国矿产资源税费制度：演变、问题与规范》，《长江大学学报（社会科学版）》2008 年第 2 期。

② 宋梅、王立杰、张彦平：《矿业税费制度改革的国际比较及建议》，《中国矿业》2006 年第 2 期。

③ 晁坤、仝忠：《国矿产资源有偿使用制度改革的思考》，《中国煤炭》2010 年第 1 期。赵仕玲：《与外国矿业税费比较的思考》，《资源与产业》2007 年第 5 期。殷爱贞、李林芳：《矿产资源税费体系改革研究》，《价格理论与实践》2011 年第 8 期。

④ 赵文杰：《矿产资源税费制度的改革》，《中国集体经济》2010 年第 9 期。王峰、王澍：《从国外主要矿业税目看我国的矿业税费》，《矿产与矿业》2012 年第 1 期。张亚明、夏杰长：《我国资源税费制度的现状与改革构想》，《税务研究》2010 年第 7 期。

⑤ 陈星、樊轶侠：《我国矿产资源税费制度进一步改革的方向》，《中国财政》2013 年第 1 期。

税重新定位,体现矿产资源开发的外部成本和代际成本。①

（二）资源税费标准问题

关于资源税费标准问题可以说是国内资源税费制度改革关注的焦点和核心问题。关于资源有偿使用制度国内不是没有,或者说税费调节功能的作用不是没有,而是与国外比,税费标准偏低,导致调节功能减弱,因此,提高资源税费标准的呼声一直很高。施文泼认为,资源税调节级差收益作用十分有限,资源税无法调节不同生产企业由于客观存在的"级差地租"因素而导致的产品利润差距,1994—2010 年山西煤炭平均销售价格从 118 元/吨上涨到 676元/吨,但资源税占煤炭价格的比重由 1.69% 下降到 0.47%。② 国外多数国家、多数矿产资源的权利金税率都保持在 2%—5%,石油和天然气的权利金税率相对较高,通常高于 10%,而我国的补偿费实际征收率仅在 1% 左右。③ 因此,曹爱红等建议调整资源税征收方式,将单纯地"从量定额"改为"从量定额"和"从价定率"相结合,即价格波动不大的,实行"从量计征";价格日渐上涨的,实行"从价计征"。④ 很多学者建议将矿山企业缴纳资源税费的比例调整为 6%—10%,与国际一般水平保持一致。⑤

（三）资源税费与环境保护问题

现行矿产资源税费制度对环境保护和生态恢复的考虑尚不充分,资源税费制度无法调节资源的生产和消费行为。如何利用税费制度在能源生产与消

---

① 李刚:《南非权利金制度及对我国矿产资源补偿费改革的启示》,《中国矿业》2012 年第 3 期。

② 施文泼、贾康:《中国矿产资源税费制度的整体配套改革:国际比较视野》,《改革》2011 年第 1 期。

③ 樊轶侠:《对我国矿产资源课税制度改革的建议》,《涉外税务》2010 年第 11 期。

④ 曹爱红、韩伯棠、齐安甜:《中国资源税改革的政策研究》,《中国人口·资源与环境》2011 年第 6 期。

⑤ 徐瑞娥:《我国资源税费制度改革的研究综述》,《经济研究参考》2008 年第 48 期。

费、废水排放控制、大气污染控制方面发挥作用是一个值得探讨的问题。虽然，目前有矿山环境治理恢复保证金，但在使用范围和使用手段上仍需深入研究。施文泼认为，按照经济学原理这种"负外部性"应并入企业总体的"完全成本"之中，以求支持对其遏制和补救的行为，而不增加社会公众负担。为此对这类问题严重的矿山企业收取一定量的"环境修复基金"，由政府掌握专款专用于相关支出。① 曹爱红提出，政府对可节约资源和提高资源使用效率的项目和工艺流程给予资金补助或是实行退税制度。② 吕雁琴等认为，我国与矿产资源开发相关的税费都只是对资源经济价值损失进行补偿，并未考虑生态成本，建议实施资源税改革，将资源开采的外部性成本内在化，保护生态环境。③

（四）资源税费制度与收入分配问题

目前的税费制度扭曲了资源收益分配的机制，导致收益分配不合理。④文杰等认为企业和中央政府在矿产资源收益分配中所占比重高，地方政府受益份额低。⑤ 资源税作为地方税收收入，资源税收的高低直接影响地方政府在资源开发中收入分配的比例。⑥ 所以，2011 年资源税暂行条例的修改，是对中央与地方利益的调整。因为按照修改后的资源税暂行条例规定的油气资源税的计征办法和税率，地方财政收入将会增加，油气开发企业的利润会相应减

---

① 施文泼、贾康：《中国矿产资源税费制度的整体配套改革：国际比较视野》，《改革》2011年第 1 期。

② 曹爱红、韩伯棠、齐安甜：《中国资源税改革的政策研究》，《中国人口·资源与环境》2011 年第 6 期。

③ 吕雁琴、李旭东、宋岭：《试论矿产资源开发生态补偿机制与资源税费制度改革》，《税务与经济》2010 年第 1 期。

④ 孙钢：《我国资源税费制度存在的问题及改革思路》，《税务研究》2007 年第 11 期。

⑤ 文杰、文峰、李广舜：《从区域经济协调发展的视角看新疆矿产资源税费制度优化》，《税务研究》2010 年第 11 期。

⑥ 施文泼、贾康：《中国矿产资源税费制度的整体配套改革：国际比较视野》，《改革》2011年第 1 期。

少,中央财政收入也将会减少。徐瑞娥建议扩大地方资源补偿费留成比例。① 崔慧玉等提出构建资源税费收入分享机制,认为探矿权、采矿权也可以划归地方政府,提高地方政府的积极性;也提出将资源税改成共享税,由中央和地方按固定比例分成的观点。② 陈星等提出有必要建立中央与地方关于矿产资源收益分配协调,带动地方经济发展,可以由中央掌握资源税税政管理权、推行资源原产地深加工补贴政策等。③

(五)"两权"使用费、价款与有偿使用问题

近年来,虽然以招标、拍卖、挂牌等市场化的竞争方式配置矿业权,以取代原有的行政化审批的配置方式,有力地推动了矿产资源有偿使用制度,但"两权"使用费和价款仍有不完善的地方。④ 晁坤认为,以竞争性方式所确定的矿业权价款扣除国家前期勘探投入后的余额又远远不足以维护国家的矿产资源所有者权益,结果就是矿业权人在强调国家的矿产资源所有者权益已被充分维护的同时,将相当一部分原本应该以有偿使用支付形式上缴国家的资源开发收益占为己有,这为后续改革埋下了隐患。⑤

(六)石油特别收益金问题

讨论石油特别收益金的文献并不多,主要是其功能单一,比较明确。可以作为调节中央收入、地方收入、企业收入(利润)的手段予以运用。石油特别收益金属于中央财政非税收入,列入企业成本费用。国家决定从 2011 年 11

---

① 徐瑞娥:《我国资源税费制度改革的研究综述》,《经济研究参考》2008 年第 48 期。
② 崔惠玉、程艳杰:《论资源税费制度体系的重构》,《税务研究》2014 年第 10 期。
③ 陈星、樊轶侠:《我国矿产资源税费制度进一步改革的方向》,《中国财政》2013 年第 1 期。
④ 许大纯:《我国矿产资源税费制度改革与发展的历程与经验》,《中国矿业》2010 年第 4 期。
⑤ 晁坤、荆全忠:《对我国矿产资源有偿使用制度改革的思考》,《中国煤炭》2010 年第 1 期。

月 1 日起,将石油特别收益金起征点由 40 美元提高至 55 美元,其政策效应是减少中央收入,增加企业收入,通过资源税增加地方收入。资源税主要涉及石油的开采环节,石油特别收益金主要涉及石油的销售环节。征收资源税和特别收益金的目的都是实现资源的有效利用,为了更好地保护资源,二者应该是联动关系。[1] 提高起征点无疑会使得中央财政收入有所减少,改革资源税会增加地方财政收入。李安东认为石油特别收益金被称为"暴利税",建议通过上缴利润的方式代替单独征收特别收益金。[2]

四、资源税费制度改革原则和重点内容

（一）资源税费制度改革原则

1. 分步实施、循序渐进

矿产资源等自然资源是基础性资源,资源税费改革可能增加企业压力,或引起下游产品物价上涨。因此,资源税费改革必须根据我国自然资源的现实国情,立足当前,着眼长远,分步实施,循序渐进,建立和完善资源税费制度,理顺资源税费关系,促进自然资源的可持续利用。

2. 突出重点、明确方向

在推进生态文明的大背景下,资源税改革应注重建立资源开发的利益共享机制。资源税费制度体系不是推倒重来,而是在科学评价、充分论证基础上,进行"立、留、废、改"。改革方案先易后难,不能"最优"就求"次优"。改革内容不求全贪大、面面俱到,而是夯实基础、抓住重点、把握关键、重点突破,

---

① 新华网:《中国石油特别收益金起征点首次提高》,2012 年 1 月 6 日,见 http://news.xin-huanet.com/fortune/2012-01/06/c_111388437.htm。

② 李安东:《进一步完善我国矿产资源税费制度》,《中国财政》2011 年第 21 期。

将资源地利益共享、生态环境保护、可持续发展作为重点,促进资源优势转变为经济优势,推动区域协调发展。

3.以税为主、以费过渡

长期以来,我国资源税费征收过程中"轻税重费"现象十分普遍,收费名目繁多,各地差别很大。既增加企业负担,也带来腐败。随着我国依法治国的推进,在资源税费改革进程中,应当规范税费制度,提高征税的法律地位。税费改革应"以税为主、以费过渡",最终取消各种基金及收费,统一征收税。这样既体现国家的强制性和公平性,也有利于形成公平市场竞争环境,提高效率,消除腐败。

4.市场导向、政府主导

资源税费制度不合理也扭曲要素价格,干扰了市场机制作用。党的十八届三中全会提出要加快自然资源及其产品价格改革,发挥市场在资源配置中的决定作用,这意味着在自然资源利用上,要通过从价定率、碳税等税费制度创新,提高资源使用效率,减少"从量计征"资源种类。完善资源税费制度,发挥市场在资源配置中的决定性作用,并不否认政府的经济职能和重要作用。在资源税费制度方面,政府的主导作用是为市场有效配置资源创造良好环境,维护资源市场交易秩序。政府主导不是要弱化或取代市场作用,更不是包办,而是要弥补市场失灵,政府"有形的手"有效配合市场"无形的手"发挥作用,才能保证市场经济健康发展。

(二)资源税费制度改革重点内容

通过建立价值补偿、资源耗竭、生态补偿为主要内容的资源税费改革制度,有利于资源富集地区将资源优势转变为经济优势,破除"资源诅咒",促进区域经济、社会全面发展,缩小区域差距。

1. 价值补偿

我国资源开发存在成本与收益、权利与义务、稀缺与价格的背离,这种背离是由于市场失灵或政府失灵或两者的结合。长期以来,我国资源价格形成机制不完善,资源价格只反映其开采成本,而不反映资源的稀缺性和环境成本,形成"资源无价、原料低价、产品高价"的扭曲价格体系。因此,资源开发价值补偿,是通过价格形成机制改革,完善资源有偿使用制度,使资源价格用完全成本和边际机会成本定价,充分反映资源的自然丰度、稀缺性与供求关系。

2. 耗竭补偿

石油、天然气、煤炭都是不可再生资源,随着矿产资源的开采,资源存量逐渐减少,直至枯竭。一旦资源耗竭出现后,面临产业转型、城市转型,以及人类可持续发展问题。从现有资源税费制度来看,国内没有设立资源耗竭补偿制度,而美国、加拿大、印度尼西亚、马来西亚、津巴布韦、圭亚那等重要的矿产资源国家设立了资源耗竭补贴制度。耗竭补偿是从净利润中扣除一部分给所有权人或矿业权人,用于寻找替代资源和扶持产业转型。[①] 耗竭补贴被视为一种负权利金。权利金是补偿给所有权人的,而耗竭补贴是补偿矿业权人的。因此,通过耗竭补偿,提升资源所在地生存竞争能力和可持续发展能力,实现"资源补偿,利益还原"。

3. 生态补偿

主要从生态保护的角度出发,使环境外部成本内在化。一般地,资源开发地区不仅经济发展相对落后,而且大多是生态脆弱区,资源开发带来的生态问

---

① 马伟:《基于可持续发展的矿产资源税收优化研究》,博士学位论文,中国地质大学(北京)资源产业经济系,2007年,第43—61页。

题相当严重。生态补偿应遵循"谁受益,谁补偿""谁破坏,谁付费"原则,通过对破坏者收费,将环境负外部性内部化,从而保护生态环境。生态补偿也是社会资本和财富的再分配过程,资源输入地和受益群体将部分财富和受益补偿给资源输出地,这将改善资源所在地生产生活条件,缩小地区差距,促进社会公平。[1]

五、资源税费改革政策目标

（一）要有利于资源富集区把资源优势变为经济优势

西部地区具有丰富的自然资源,是我国重要的资源供给区。随着近年来我国经济的持续增长,人们对西部地区自然资源的开发力度也不断加强。我国陆续建设了"西气东输""西电东送""西煤东运""西油东流""南水北调"等标志性工程。但是在资源从西到东的流转过程中,资源地仍有巩固脱贫成果的压力。资源税费制度的设计要考虑调节利益分配关系,保护资源收益权益,有利于破解"资源诅咒"。完善资源税费制度改革,调节资源开发合理分配,促进资源富集区将资源优势变为经济优势是其支持政策目标之一。

（二）要有利于资源开发中的环境保护

当前我国资源开发中的环境问题日益突出,虽然实施了资源税以及矿山环境治理恢复基金,但这些税费难以解决资源开发中的环境问题。根据有关法律规定,资源税列入一般性财政收入,主要用于解决级差收入问题;尤其资源富集区大多为贫困地区,为"吃饭财政",难以从其他方面筹集资金用于资源环境保护。矿山环境治理恢复基金是企业自己从销售收入按照一定比例计

---

① 谢静怡、姚艺伟:《丹江口库区水源地保护的生态补偿机制研究》,《理论月刊》2009 年第9 期。

提,由企业统筹用于开展矿山环境保护和综合治理。一般而言,企业普遍缺乏主动承担环境社会责任的动力,使得矿山环境治理成效大打折扣。因此,完善资源税费制度改革,实施有效的生态环境保护机制,关系到区域经济的协调发展,更关系到社会的和谐稳定,具有重要的现实意义。

（三）要有利于约束资源消费行为

我国人口众多,人均资源相对不足,很多重要资源人均占有率低于世界平均水平。随着我国工业化、城镇化的快速发展,资源能源供需矛盾十分突出。为了 2020 年实现国内生产总值和城乡居民人均收入比 2010 年翻一番的目标,我国资源能源人均消费量还会增加,有其他国家无法比拟的巨大资源需求。如 2017 年我国石油外贸依存度已达 67.4%,是全球最大的原油净进口国,早已超过国际警戒线 50%。[1] 另外,生产方式和消费方式短期内难以根本转变。因此,尽快完善资源税费制度,以此调节资源消费行为和倒逼生产方式转变,从根本上缓解经济增长与资源环境的压力具有重要现实意义。

（四）纠正市场失灵促进资源和资源产品合理利用

资源税费制度在调节收入、促进资源节约、有偿使用等方面具有重要调节作用。目前我国资源税费制度不合理,使得资源的价格整体偏低,要素价格扭曲。原因是资源开发中没有考虑生态成本,导致资源浪费、生态破坏、持续雾霾等现象。例如,长期较低的能源价格(汽油、煤炭、电价),低油价使汽车使用成本很低,导致汽车市场无序发展,导致高耗油汽车在我国大行其道;较低电价导致空调、大功率的家庭取暖设备广泛使用以及企事业单位、政府部门豪华办公室盛行。总之,现行的价格机制没有反映资源能源稀缺的信号,也没有反映污染的外部成本,无法调节市场供给,无法约束人们的消费行为,严重影

---

① 中国石油天然气集团公司:《2017 年中国石油对外依存度达到 67.4%》,2018 年 1 月 16 日,见 http://finance.sina.com.cn/chanjing/cyxw/2018-01-16/doc-ifyqptqw0222152.shtml。

响市场机制的配置作用,使之出现市场失灵。因此,完善资源税费制度是纠正市场失灵的必要手段之一。

六、资源税费改革思路与建议

一般地,能源、矿产等自然资源属于国家所有,但这些资源埋在地下。资源开采往往会影响土地及地表上物品的生产,同时也会带来生态环境以及社区生活方式的变化。因此,资源税费制度改革必须考虑资源开发全过程,涉及地下资源所有权、地表(土地)、生产(开采、筛选)、消费(使用)以及企业超额利润等。资源税费制度改革思路与框架见表4-8。

表4-8　资源税费制度改革框架

对象	现有税费项目	需增补税费项目	征收目的	备注
地下	资源税 矿产资源补偿费 矿区使用费(已改为资源税)	资源税(从价定率)	普遍征收、级差调节——所有权	核心
地表	探矿权采矿权使用费与价款	矿产资源权益金	地表权租金	核心
地表地下		环境税	地表生态补偿	核心
超额利润	石油特别收益金	石油特别收益金		
产品使用		碳税、硫税	大气生态补偿	
资源耗竭		资源耗竭补贴	耗竭补偿	

(一)尽快开征碳税

在我国,减少资源消耗总量、提高能耗效率、改善环境质量迫在眉睫。开征碳税的实质是通过外部成本内在化,由生产者和消费者承担资源开采和资源消耗的全部成本,从而提高资源消费价格,通过价格杠杆来反映市场供给状况,使之在能源消费、汽车购买、大功能电器上约束人们的消费行为,节约资源、减少排放。这是与我国目前所处的人均资源量低、人均环境容量低的现实国情相适应的。

建议国家成立领导小组,组建专家研究团队,先行试点、逐步实施,可以先从汽油等产品开始,逐步扩大到天然气、煤炭等。列为资源税改的重点项目,宜早不宜迟。通过开征碳税,减少碳消费、碳排放,改善大气质量,降低雾霾发生率,改善人民健康生活的环境,也促进经济结构调整和能源结构调整。

(二)建立资源耗竭补贴制度

石油、天然气、煤炭都是不可再生资源,随着矿产资源的开采,资源存量逐渐减少,直至枯竭。一旦资源耗竭出现后,面临产业转型、城市转型,以及区域可持续发展问题。从现有资源税费制度来看,国内没有资源耗竭补偿制度,而美国、加拿大、印度尼西亚、马来西亚、津巴布韦、圭亚那等重要的矿产资源国家设立了资源耗竭补贴制度。可以借鉴国际经验,按销售收入提取补贴,计入矿产品成本,形成企业的专项基金,专项基金的主要用途是寻找和探明接替资源的投入、支持接续产业发展。①

(三)阶梯式"清费立税"

为体现资源税的法律地位和强制性,规范税费征收行为,在现有基础上,进一步实施阶梯式"清费立税"。现已取消矿区使用费、矿产资源补偿费,停止征收价格调节基金,一旦时机成熟也可将"石油特别收益金"取消。建议将"矿业权出让收益、矿业权占用费"改为"矿权税",体现国家对矿产资源所有者权益。

---

① 曹爱红、韩伯棠、齐安甜:《中国资源税改革的政策研究》,《中国人口·资源与环境》2011年第6期。马伟:《基于可持续发展的矿产资源税收优化研究》,博士学位论文,中国地质大学(北京)资源产业经济系,2007年,第108—122页。

第五章 国外资源开发利益
共享的实践

一、加拿大水电资源项目

国内学者李甫春通过对加拿大水电资源开发工程项目考察，介绍了利益分配共享政策与经验。加拿大魁北克国际水电公司在拉克朗河上及詹姆斯湾兴建大型水电站群，开发北方丰富的水电资源。拉克朗河流域和詹姆斯湾一带，是魁北克省印第安人克利族和因纽特人居住的区域。加拿大水电资源，经历了殖民者野蛮掠夺、产业主无偿占有和与当地原住居民利益共享三个发展阶段。① 最终，原住居民从被排除在自然资源开发利益之外的边缘人，变成了自然资源开发的参与者和利益的共享者。

---

① 李甫春：《西部地区自然资源开发模式探讨——以龙滩水电站库区为例》，《民族研究》2005 年第 5 期。李甫春：《加拿大资源开发利益共享政策考察报告》，《当代广西》2005 年第5 期。

表 5-1 水电资源开发共享利益主要内容

分类	分享途径
签订协议	《北方协议》(1975)、《苏洛瓦协议》(1998)、《共同开发全面协议》(2004)
补偿和参股	政府给原住居民 3 亿加元的开发补偿费,国际水电公司分配给原住居民 17.5% 投资份额
基础设施建设	补偿费中有 7000 万加元用于兴办学校、幼儿园、医院、就业培训等,以建设公共设施
吸纳就业	按项目职工总数 12.5% 的比例吸收当地原住居民就业
支持产业发展	成立航空公司。39% 的职员为克里族,年利润曾达 5000 万加币。1992 年该公司收购了加拿大第一航空公司,现有 1000 名职员、18 架大型飞机,年收入曾达 2 亿加币

资料来源:李甫春:《加拿大资源开发利益共享政策考察报告》,《当代广西》2005 年第 13 期。

二、加拿大石油天然气管道项目

加拿大不仅在水电资源,在油气资源开采与管道建设中也有与实施利益共享有关的成功案例。达纳(Dana)等介绍了因纽特人原本反对天然气项目,经过一系列磋商,与管道公司实现利益共享,成为管道企业的合作伙伴的案例。[①]

(一)油气发现

因纽维克特(Inuvialuit)是加拿大西部的因纽特人,他们居住在阿拉斯加边境到阿蒙森附近因纽维克镇小岛上的村落里,主要以捕捉驯鹿和鲸鱼为生。

1970 年在帕森斯湖附近发现一个大气田,大规模的油气勘探在这附近开

[①] Dana, L.P., Meis-Mason A. and Anderson R.B., "Oil and Gas and the Lnuvialuit People of the Western Arctic", *Journal of Enterprising Communities: People and Places in Global Economy*, No.2, 2008.

始,1980 年在油价上涨和国家能源项目的推动下达到了空前的繁荣。在这一期间,油气产业的发展给当地居民的工作和收入结构带来了很大的变化。1974 年北极天然气公司申请铺设一条横穿北美洲的管道,将麦肯兹三角洲和普拉德霍湾的天然气运送到市场上。由于这影响到了因纽特人作为食物来源的野生驯鹿的生存,所以原住居民尤其反对。法官托马斯·伯杰(Thomas Berger)在调查报告中建议将这项工程延缓十年,但结果只是暂停了石油管道的建设,而没有停止石油的勘探。因因纽特人担心不能在决定他们未来的重大事件上取得发言权,于是成立了原住居民委员会,1977 年原住居民委员会代表 4500 名住在麦肯兹河口地区的因纽特人递交了一份正式且综合的土地要求。

(二)谈判与补偿

因纽特人与联邦政府、企业,基于保护因纽特人利益以及传统文化,进行了长时间谈判,终于在 1984 年 5 月达成了最终协议。主要的目标有两个:一个是维持因纽特人传统的生活方式;另一个是进入市场经济。这个双重目标通过成立一个区域公司和狩猎委员会来实现。政府授予因纽特人超过 91000 平方千米的土地,包括因纽维克在内的 6 个区域。区域公司接受的经济补偿达到 1.695 亿美元。为了实现"最终协议"一项重要的目标,保证因纽特人平等深入地参与西北极、环极地和国家的经济事务的权利,成立了发展公司,公司声称将建立和维持一个多样化的资金池,产生经济回报,创造就业机会,促进因纽特人职业技能的提高和整体的发展。

2000 年以后,70%的石油天然气合约由因纽特人的企业来完成,因纽特人开始与来自加拿大南部有国际声誉的大公司开展合作和共同投资,合作包括了石油管道建设和服务、住房建设、交通和物流。原住居民输油管道集团的成立是本土企业发展的一个标志,这家公司代表了西北土地上的原住居民在麦肯兹谷输油管道建设项目中的利益,并且在 2003 年成为麦肯兹天然气项目中的一个完全参与者。

2004 年 10 月,帝国石油公司向加拿大国家能源署申请通过作为麦肯兹天然气项目的一部分的麦肯兹谷输油管道项目,包括从因纽维克地区到诺曼维尔斯 500 千米的管道铺设。

2006 年,在联合组听证会上,包括因纽特人在内的北方人表达了他们对管道项目建设对于野生动物、环境和传统文化可能产生的影响的担忧。

到 2008 年,因纽特人对土地的依赖程度降低,并且希望能够通过职业培训和就业而受益,最终支持项目的实施。

(三)分享收益

一是获得补偿。基于管道项目,因纽特人获得的经济补偿达到 1.695 亿美元等。二是带动相关产业发展。这些公司的成立和运营的确为因纽特人带来了切实的利益,它使这一地区的发展更加可持续和多样化,而不仅仅是依靠政府的扶持。同时建立和购得了超过 30 家的公司服务于环境、健康和医疗服务、制造、北部服务、资产管理、房地产发展、科技和通信、交通八大基础领域。三是提供教育和就业。在输油管道的建设过程中会产生大概 9000 个工作岗位,其中约 2000 个能够提供给北方居民。尽管长期来看,因为较高的技术要求,输油管道的维护本身将提供相对有限的直接工作机会,但间接地就业和投资机会是很多的。在未来,随着石油产业的发展,因纽特人也将持续地获得经济收益。为了使他们有足够的知识技能满足工作的需要,因纽特人的区域公司和卡尔加里河谷学院建立了合作关系,并通过"工作预备"项目帮助因纽特人进行职业培训来获得工作。同时鼓励成年人和青少年完成高中教育,学习数学、物理、文学和其他重要的技能。到 2004 年,因纽特人已经从原住居民人力资源开发项目中获得了 400 万美元来完善教育,为受益者提供职业预备培训。2002 年输油管道操作培训委员会成立,提供和补充培训项目,使原住居民和其他北方工人能够在麦肯兹天然气项目中获得长期的工作机会。

经过双方协作发展,政府、麦肯兹管道公司帮助因纽特人建立公司,给予经济补偿,帮助职业培训并提供就业机会。因纽特人从麦肯兹管道建设项目中获得好处,于是转而支持管道项目建设,成为公司的合作伙伴。

三、澳大利亚液化天然气项目

奥弗尔切莱以澳大利亚西部的金伯利地区液化天然气发展为例,介绍当地居民分享资源开发利益方式以及相关法律保障措施。[①]

(一)金伯利地区及其原住居民

位于澳大利亚西北部的金伯利地区占地 424000 平方千米,规模近似于加利福尼亚。人口约 41000 人,其中约有三分之一是原住居民。就像许多原住居民一样,金伯利原住居民也遭受到经济和社会方面严重的不利影响。比如:就业机会稀缺,收入远低于全国平均水平,获得教育、医疗、住房等服务条件受限。由于慢性病发病率较高还有预期寿命较低,该地区遭受的社会问题较严重,像药物滥用和青年自杀等事件常有发生。另外,很多人仍然依靠传统土地为生;强大复杂的社会关系网、精神文化信仰以及风俗习惯都将他们"禁锢"在传统的土地上。

澳大利亚金伯利地区在 20 世纪 70 年代末建立了大规模的矿产开发。那时候西澳大利亚没有采用法律认可当地原住居民的权利,国家也没有让当地居民来分享采矿收益,因此当地居民的社会生活遭受了严重影响。1978 年金伯利当地居民建立了金伯利土地委员会(Kimberley Land Council,KLC)为他们提供了政治舞台来抗议不可控的发展,但是只取得了部分成功,资源开发仍然聚焦在土地所有者的身上,很少把利益分给当地居民。但是他们也取得了

---

① O' Faircheallaigh C., Gibson G., "Economic Risk and Mineral Taxation on Indigenous Lands", *Resources Policy*, No.37, 2012.

一定程度的成功,那就是建立了一个本地的区域管理机构。与此同时,最高法院还作出了《马博裁决》,在 1993 年通过了对原住居民的土地所有权立法,立法中确定一半以上的土地为当地土地,同时追加索赔等有利条款,土地所有权法令中还提出了分享工程收益、促使就业和商业发展项目来使当地居民受益,并且制定一些保护环境和文化遗产等协议内容。

KLC 在过去的十年里一直支持着传统业主一系列有关矿产、农业及其他项目的协议。这些协议为地主提供了相当多的经济收益,给予他们举足轻重的发言权,它对环境、文化和社会等产生了重大影响。

(二)液化天然气选址与谈判过程

2006 年,政府认为与其寻求个体支持在金伯利海岸为澳大利亚液化天然气工厂设址,不如寻找一个单独地点作为工业区,专门处理从布鲁斯盆地产生的所有气体。通过设立对影响敏感度最低的工业区,以及防止金伯利海岸液化天然气工厂的核扩散,来使环境、文化影响最小化。政府强调不会在金伯利成立液化天然气区,除非它能为原住居民创造显著的经济效益和社会效益,并且需要得到所有传统业主的知情与同意才行。

2007 年,国家北部建立了一个开发小组,负责液化天然气的选址工作。国家同意了金伯利土地委员会的要求,愿意投资并同传统的所有者磋商和实现决策过程,讲求实际效果并达到国家的要求。2007 年 12 月中旬,KLC 召开了一次会议,讨论液化天然气在金伯利的发展及其可能的影响。国家代表陈述有关液化天然气发展的初步设想,包括会员和政府角色的无损检测。年长的原住居民作出了响应,出席会议的女性概述了适当的协商过程,起草了一份兼有政府提案的液化天然气区的时间表。他们决议建立有一个传统的业主专家组代表金伯利海岸的所有原住居民索赔组,和政府进行无损检测。根据这次会议,KLC 建立了一个高级领导小组,建议并协助金伯利沿海地区传统业主审议复杂问题,制定了液化天然气发展决策。在雨季(指当年 12 月至次年

2月),传统的业主开始考虑液化天然气发展的潜在影响,如何使工业和政府联系起来以有效地提高原住居民的收入。

2008年2月6日,州和澳大利亚政府共同签署了一项进行战略评估拟议的液化天然气区相关环境立法协议。此次战略评估引用的条款不同于州和澳大利亚以往在协议立法方面的环境评估,他们需要更多地关注原住居民及其文化的影响,以及如何对其施行管制。此次战略评估报告为部长级在推荐选址上的决定方面奠定了基础,这些方面包括"有关原住居民的一个全面的分析潜在影响的计划(液化天然气区),细节上试图以最小化或一定程度上减轻对环境和对原住居民潜在影响的计划"。从历史背景来看,此次协议的成功签署也标志着原住居民进一步地发生潜在的变化。

2008年12月,西澳大利亚环境保护机构将液化天然气处理厂选址名单提交给西澳大利亚政府,政府宣布詹姆斯普莱斯角为最佳选址。首相表示,若传统原住居民不同意政府关于选址的决议,根据1902年《西澳大利亚公共建设工程法案》,政府有权强行征得土地。并补充,截至2009年3月31日,政府、传统原住居民和伍德赛德油气公司(澳大利亚第二大石油和天然气生产公司)三方共有三个月时间达成谈判暂定协议,协议要求传统原住居民同意液化天然气处理厂项目进行。若三个月后,仍不能达成一致协议,政府有权强制性征地。詹姆斯普莱斯角地区土地权归当地原住居民共同所有,协议需经过他们正式同意。

政府在土地产权问题上对原住居民态度有所转变。在液化天然气处理厂选址问题上,也改变原住居民对提议的参与度和影响力。过去,人们参与度一般围绕两个方面,即达到工程技术和环境标准的液化天然气处理厂究竟应不应该建立,和处理厂选址是否得到当地居民的认可。现在焦点则集中在处理厂选址没有得到当地居民同意但允许受影响居民参与收益分配的情况下,如何将选址带来的负面影响最小化。

另一个变化是,硬性要求的谈判时间尤其紧张。对比类似的谈判协议,其至没那么复杂的协议,拟定过程都需要几年,而液化天然气处理厂选址暂定协议却规定只能用三个月。因此,金伯利土地理事会和原住居民都面临巨大压力。

原住居民在谈判方面未取得满意结果,同时强烈反对政府强制征地。然而,他们意识到,已经取得的谈判协议是目前环境下最好的选择,比可能会发生的强制征地要更加明智。另一方面的考虑是,这份暂定协议保障了原住居民对液化天然气处理厂在詹姆斯普莱斯角选址的监督权:其最终选址的决定权以及处理厂管理的监督权。这个角色十分重要,因为他们有义务看管其包括文化遗址在内的土地和海域。一旦强制征地发生,他们不确定是否还能对工程进行管理和设计。

在接下来的两年,理事会和原住居民与伍德赛德油气公司和政府进行深度谈判,以谋得更加全面完善的合法协议。尽管困难重重,2011年5月大部分的原住居民还是同意了三项有关液气处理厂发展问题的协议。其条款包括:液化天然气处理厂居民同意选址点;禁止液化天然气处理厂在金伯利海岸上扩张;伍德赛德油气公司针对该厂的收益应与原住居民和金伯利地区基金共享;政府给予的财政承诺;对原住居民培训就业及职业发展方面,政府制定的通则及重大承诺;原住居民对该地区环境文化遗产的管理参与权。

(三)液化天然气协议主要内容

(1)《项目协议》,协议明确保障原住居民的权利,他们能够就一些情况提出异议和寻求公正的审查,包括环境状况和参与所有项目的审批。政府、原住居民和所有参与选址的人员共同成立管理委员会,监督液化天然气的选址以及操作,并确保原住居民在区域环境管理中的重要角色。该协议明确建立管理制度以此减少对原住居民文化遗产的任何影响,并提供资金支持生态保护计划以便实施环境和文化遗产监测。

(2)协议规定了一系列有利于原住居民的好处,包括分配给他们一些在布鲁姆的永久土地和房屋,为建房和经济的快速发展提供资金,每年在伍德赛德地区为选址项目提供基金,以及这些支出以外的其他一些支持者的额外支出。该协议也包含原住居民就业目标,即雇佣原住居民为选址操作员和政府工作人员,积极进行原住居民的培训,出资在伍德赛德地区进行早期教育支持项目。出台一系列措施包括允许原住居民利用此合约机会从事贸易,投资成立商业发展组织满足商业需求,在合同中规定每年至少投入 500 万美元用于分摊原住居民的贸易。根据土地协议,政府保证限制金伯利沿岸液化天然气的过度开发以及石油开采区的过度使用。这一协议取消了一些工厂的建立,比如化工厂和肥料厂,这些在世界其他地区与液化天然气工厂一同创办的做法是不能实施的。政府还承诺在它关闭以后修复和恢复辖区土地。当局的这些保证将会录入法律(国家协定法),第一个国家与原住居民之间的协定将由议会批准。这从根本上给了原先的拥有者一个具有重要意义的保障来保证之后的政府无法违反协定,因为任何的改变都需要得到国会两院批准。事实上,这一举措提供了更高级别的保障,因为澳大利亚西部所有主要的采矿业项目也经由国家协定法来批准。

区域效益协定是基于对 KLC 和业主专家组的理解而制定的。协议给金伯利地区的居民提供了有利于整个地区的管理方案。其中包括国家每年提供大量资金支持原住居民教育、房屋、经济发展、文化保护和土地保护等,此外还提供 1.08 亿美元的资金支持金伯利地区的持续发展。根据协议,政府的这一投资必须是在其已有预算的承诺以外。国家承诺他们将跟 KLC 一同合作解决当地居民所呼吁的还未解决的问题。

四、玻利维亚查科地区油气开采与
生态功能区保护的案例

玻利维亚查科地区油气开采与生态功能区保护的案例也具有代表性。[①]

---

① Bebbington D.H.,"Extraction,Inequality and Indigenous Peoples:Insights from Bolivia",*Environmental Science & Policy*,No.33,2013.

玻利维亚查科地区是人口稀少的干旱森林,约 140000 平方千米,地理上位于玻利维亚的南部和东部边界,与阿根廷和巴拉圭接壤。查科地区也是查科战争遗址所在地,即 1932—1935 年玻利维亚与巴拉圭进行一场毁灭性的战争,结束了玻利维亚对查科地区领土的主张要求。过去两百年的大多数时间里,玻利维亚查科地区在物质和政治上都处于国家的边缘状态。尽管 20 世纪20 年代有适度的采油存在,但查科在历史上一直是以高原农业和采矿业为主,在经济上仍然处于边缘地带。自 20 世纪 90 年代中期开始,随着大量天然气的发现,该地区便成为国家经济增长的发动机,又一次成为政治争端的地区。不过这一次争端不是发生在玻利维亚与邻国之间,而是发生在查科地方和国家政府之间、低地和高地之间、查科地区的原住居民群体之间以及查科地区部门之间(丘基萨卡省和塔里哈)。

(一)玻利维亚查科地区的原住居民与资源开采历史

1. 瓜拉尼人被驱逐

在殖民统治期间,查科地区的瓜拉尼人遭受了许多不幸。在玻利维亚成为独立国家后,这些原住居民被迫驱逐离开他们祖先的土地。在这个新的共和国家看来,平原印第安人是野蛮人,是国家的负担。统一的士兵们都得到了大量的政府赠地,种植园制度和兵役制度不断发展。同时,牛肉生产的兴起也吸引了许多来自玻利维亚其他地区的牧场主前来建立牧场,甚至农牧场主们用牛来圈占土地,建立了一种新形式的征服,驱逐了大量的印第安人口。18世纪后期,继耶稣教会的教化之后,由于缺乏抵抗牧场主压迫的制度,不受限制地滥用印第安人劳动力的情况十分普遍。

玻利维亚加倍努力安抚和使用制度暴力来平定其东部边境并进行殖民统治。1839 年,玻利维亚军队为了保护殖民者家庭的土地,发动了对瓜拉尼社区的攻击。大量的印第安人死于疾病,遭到驱逐,被迫离开自己的领土,经常遭到士兵们的攻击,有幸存活下来的只得进入种植园或者移民阿根廷。同时,军队还建设了许多军事哨岗。此后,在瓜拉尼人与玻利维亚军队之间长达数十年的小规模战争中,瓜拉尼的人口数量和领土都大规模减少了。一些瓜拉尼部落通过向当地地主进奉得以以自由部落的形式生存,而其他的一些部落则隐居于查科地区的森林深处。然而,查科战争(1932—1935年)结束了所有少数民族部落的移居生活。

1952年,玻利维亚民族主义革命引起了土地和矿业改革,减少了国内许多地区的社会不公平现象,但这并未包括查科地区。事实上,与高原地区的庄园制度解体相反,查科地区的土地改革带来了一系列负面影响,其中包括庄园制度的进一步巩固和滥用强迫劳动力的延续。瓜拉尼人丧失了土地和公民的基本权利,更不用说重获土地所有权了。20世纪70年代以后,生活在农村的瓜拉尼人遭受了极度的掠夺和剥削,进而引起了研究学者和教会非政府组织越来越多的关注和支持。政府花了30年的时间才真正地采取行动并制定法律来遏止这些非法行为。

2. 资源开发——油气经济的兴起

随着20世纪瓜拉尼人被驱逐程度的加深,油气经济却在查科地区兴起了。在20世纪早期,玻利维亚政府对开采和生产石油的私人投资者予以特许权。1921年,新泽西标准石油公司成为获得特许权的公司之一,开始在查科地区进行大面积的石油开采,从圣克鲁斯省南部直到塔里哈省南部。第一个油田建于贝尔梅霍(塔里哈省),毗邻阿根廷的边界,之后又建立了位于塔里哈省查科地区两大油田。

这些油田的发现使塔里哈省成为国家财政收入的早期来源,同时也改变了查科地区各势力之间的平衡,国际开始对查科地区的生态重新估值,众多参与者都奔赴此地,甚至据说查科战争的爆发就是为了这里的石油储量。战后,玻利维亚经历了严重的政局动荡。不久发生的军事政变推翻了名存实亡且受控于外国石油公司的政府,建立了国家石油公司(玻利维亚国家石油公司)。新泽西标准石油公司最终因其自身的"反玻利维亚行为和公然的财务欺诈"退出玻利维亚。1937年至20世纪50年代中期,玻利维亚国家石油公司在查科地区不同的地点共钻油井约45个。在此过程中,石油生产成为查科地区景观和文化遗产的一部分,旁边还建立了许多大规模的牧场和军事哨岗,经济的兴起吸引了大量高原农夫移民来此寻求工作机会。

继20世纪90年代早期的政策改革和私有化之后,另一个碳氢化合物经济的兴起成为查科地区的景观之一,这回是天然气。这些政策改革解除了天然气开采的束缚。在此期间,一些拉丁美洲石油天然气公司(巴西石油公司和阿根廷石油公司)应运而生,成为一些国际石油公司(西班牙雷普索尔石油公司、英国天然气公司、美英石油公司、法国达道尔石油公司)强劲的竞争对手。查科地区一系列大储量天然气田的发现(包括拉丁美洲第二大气田)举世瞩目。对玻利维亚来说,偏远落后、无足轻重的查科地区迅速成为荒漠中的富饶之地。甚至在2000年,可以说是一夜之间,玻利维亚人一觉醒来,发现他们的天然气人均储量由5万亿立方英尺上升到了48万亿立方英尺,玻利维亚天然气储量在南美洲排名第二,仅次于委内瑞拉。据估计,这些储量在当时价值700亿美元。国内和其他国家的石油天然气公司都想方设法在天然气经济兴起的浪潮中将自己的利益最大化,其中包括巴西、西班牙、英国及其他参与投资的石油天然气公司。据说查科战争爆发的导火线就是这些参与者都认为自己有权利分享其中的利益。例如,当时很多高原地区的社会组织(一些成员的祖先战死于查科战争)认为正是他们祖先流的血为玻利维亚保住了石油,因此他们也有权利享受查科地区石油生产所带来的丰硕成果。

接着,全球天然气的估值和发现给查科地区带来了一系列新的需求。这些需求来自比瓜拉尼人更有能力和政治筹码的参与者,他们集中精力开采那些位于瓜拉尼人生态服务区域内的天然气。与此同时,原住居民通过结合国家法制和政治协商动员等策略重建了他们被驱逐在外的领地。

（二）资源开采协商过程

贝宾顿（Bebbington）介绍了两个案例。[①] 第一个典型的案例是 APG Itik-aGuasu 关于天然气开采的协商过程。

位于塔里哈省奥康纳和格兰查科地区一个瓜拉尼社区，长期同政府及西班牙油气公司关于试图扩张天然气田面积、开挖祖先土地方面有冲突。在马格蒂塔地区发现了巨大的天然气储量以后，瓜拉尼的领导人发现他们在一个复杂和越来越困难的处境，因为他们需要同石油和天然气公司、中央政府、市政部门进行协商。当地人认为已经发现了如此大的天然气储量，完全抵制油气公司开发在政治上并不可行。

瓜拉尼人起初反对在奥根社区土地进行油气开发，并同下级部门、市政机关进行协商，要求了解油气田开发的详细项目进程。瓜拉尼人还坚持，开发所带来的环境影响需要进行评估。他们完全反对油气田的开发，指出这与传统的生活方式不相容，特别是对领土和自然资源带来影响。由于天然气田储备丰厚，政府将其称为"国家公共利益"项目，回避了领土授权上的矛盾。玻利维亚政府的未来政府收入只有依靠油气田的开发。到 2001 年，瓜拉尼人面临来自本地和区域各方面压力以及政府压力，这使得瓜拉尼人的领导们不再反对这一油气开发项目，转而同意进行协商、进行赔偿。这个决定受多重因素影响，包括：天然气储量的重要性，公众对天然气开采的支持程度，项目的不可避免性，赔偿协商，油气公司支付方式，新领导阶层热衷更好的工作机会，等等。

第二个案例是关于资源开发与区域环境保护问题。

查科地区国家公园从塔里哈的北部边界的丘基萨卡延伸到靠近阿根廷的南部边界，涵盖一个公园区和缓冲地带，覆盖面积达 11.8307 万公顷。国家公园斜坡上植被多、湿度大，调节了查科平原和皮科马约河的空气湿度，给格兰

---

① Bebbington D.H., "Extraction, Inequality and Indigenous Peoples: Insights from Bolivia", *Environmental Science & Policy*, No.33, 2013.

查科的市民提供了水源。33 个原住居民社区以及少数家庭居住在缓冲地带或是其周围,总人口约 5500 人。

有一个瓜拉尼人牵头成立的奥根社区土地组织,由格兰查科省乡下和城市地区成立了分散的组织团体组成,他们在所要求的领土获得合法所有权方面曾面临巨大困难。起初,他们的领土要求由 30 万公顷(其中一部分覆盖了国家公园的边界)减少到 7 万公顷,即便这样,这个要求还是遭到了农牧场主和农场工人联盟的强烈反对。在一场农牧场主、原住居民和无土地的移民之间激烈的争夺后,到目前为止,只有 300 公顷的土地为一个原住居民团体于 2001 年所有,且这场激烈的争夺导致 6 个农民丧生。国家公园被瓜拉尼人认为是自己祖先的领土的一部分。为了能更好地控制领土,作为策略的一部分,2008 年 12 月,塔里哈瓜拉尼首领委员会与国家保护领土局签订了一个共同管理国家公园的协议,致力于避免其逐渐减少以及来自于缓冲地带刀耕火种农业、非法砍伐和油气开发的威胁。

然而,在成为环境保护区之前,国家公园已经于 1996 年被政府列为“传统油气开发区域”。之后国家公园就被强制性地变成了油气开发储备区域。事实上,在 2008 年 12 月签订协议之前,瓜拉尼人的领导们和塔里哈瓜拉尼首领委员会就已经知晓东方石油有限公司会在萨南迪塔石油基地及其周围进行开采活动。然而国有玻利维亚油气公司和油气开发局都未依照法律程序向原住居民公开其协商过程及信息。就开发企业而言,玻利维亚油气以及油气开发部门的代表们并不知晓瓜拉尼协会与环境保护局共同管理国家公园的事,不知晓有一个悬而未决的领土要求、也不知晓该地区有原住居民农场工人团体。经过一番讨论协商,原住居民组织希望更多地参与并监督油气公司所承诺但并未执行的一些事务,并且希望在有关油气发展决策与政策的制定方面拥有话语权。油气公司代表称,其机构有资金去开发油气资源,却没有资金能弥补先前所造成的污染损失。直到 2011 年,瓜拉尼人组织了一系列游行和罢工,他们成功拖延了该地区新燃气工程的实施计划,玻利维亚油气公司也终于开始实施一些环境修复措施。

五、俄罗斯石油管道项目

俄罗斯在石油管道建设中与原住居民的争议主要集中在三个方面：环境影响评估、补偿与利益分配、信息沟通问题。有关原住居民的三个核心问题是：土地所有权、原住居民参与规划和决策、公共活动。本节参考雅科夫列娃（Yakovleva）文献。[①]

（一）东西伯利亚—太平洋石油管道项目（ESPO）与原住居民

在俄罗斯已知的 45 个少数民族中，有 40 个生活在北方的西伯利亚和远东地区，他们以放牧驯鹿、狩猎和捕鱼为生，历史上曾统治的面积占俄罗斯总领土的 64%。这些地区拥有大量的黄金、钻石、锡、煤、铁、天然气储备，国家和私有采掘业对此都非常感兴趣。在苏联时期，这里的工业粗放型发展，浪费巨大，环保措施无效，监管执法无力，很大程度上忽视了自然环境。1960 年以来，采掘业一直以牺牲自然环境为代价，支撑着原住居民地区的经济发展。许多高污染行业的行为延续到现在。这些行业只考虑自身的利益，而没有考虑到原住居民的利益及其与土地的关系。不了解原住居民及其生活方式，缺乏对原住居民生存权理解和接纳。当然，也有一些项目，如库页岛的石油和天然气项目，原住居民以不同的方式参与开发。

东西伯利亚—太平洋石油管道项目（ESPO）是俄罗斯近年来投资建设的重要项目之一。旨在扩大东部基础设施，开发内陆石油和天然气资源，扩大产品出口。该管道设计长度 4400 余千米，计划每年从西部油田和东西伯利亚到太平洋海岸运输石油 80 万吨以上。该项目由国有垄断管道公司俄罗斯石油

---

① Yakovleva N., "Oil Ppipeline Construction in Eastern Siberia: Implications for Indigenous People", *Geoforum*, No.42, 2011.

运输公司开发,由其子公司东西伯利亚—太平洋项目管理中心负责管理。由于政治、经济、商业和环境的原因,管道路线计划多次修改。2006年,在环保主义抗议下,政府重新规划管道路线,向北经过贝加尔湖,穿过阿尔丹,连接雅库特地区油田,路线贯穿鄂温克家园。至少在阿尔丹和涅留格林地区,管道项目会影响传统鄂温克原住居民的活动。鄂温克是一个最大的、地理分布最广的原住居民。总人口35500人,其中76%生活在俄罗斯农村地区。大多数鄂温克人居住在雅库特地区(51%)。

20世纪30年代,国家开始了集体化改革,原住居民传统经济活动组成了集体农庄。20世纪90年代,集体农庄制度改革,成为小型或大型私人农业企业。20世纪20年代,伴随着金矿的发现和开采,阿尔丹地区的工业迅速发展。工业污染、开放式开采给环境带来了显著的负面影响。多年来,矿山开发减少了鄂温克人的驯鹿牧场、狩猎场,破坏了传统的经济活动,毁坏了森林,污染了水源,但没有任何承诺和补偿。虽然资源开采有助于阿尔丹地区整体经济发展,但利益更多分配给了工业工人,贝烈茨基地区70%的低收入人口是鄂温克人。20世纪二三十年代,建立了正规定居点,鄂温克游牧的生活方式和区域传统活动发生了变化。目前,集体农庄不再存在,采掘业私有化,土地所有权确立,原住居民组织成部落公社。阿尔丹地区是重要的交通枢纽与矿产开发区,铁路和公路基础设施完备,石油管道以及主要设施不断完善,产业发展政策逐步形成。

(二)在阿尔丹建设 ESPO 对鄂温克的影响

在雅库特,不同群体对于 ESPO 石油管道建设的影响、利益、风险等态度截然不同。联邦政府的经济政策支持该管道项目的开发,因为石油和天然气部门是国家经济利益的主要支柱。开发者承诺,他们将尽量减少环境污染,采用先进的技术,管理控制过程中产生的风险。地方政府积极推动 ESPO 项目,将其视为发展区域石油产业的一个极好的机会,可以吸引潜在的投资,增加就业机会,增加国家财政收入。许多地方组织和企业,认为这个项目能够增加就业,促进区域经济发展。

与之相反,一组由民间力量形成的组织,包括非政府环保组织,原住居民非政府组织,其他民间社会组织和社会活动家,也公开讨论这个项目。他们关注的是鄂温克社区,讨论 ESPO 项目的影响,并与其他社区进行比较。环境变化将对鄂温克的生活和文化习俗(如狩猎,捕鱼和驯鹿放牧等)产生负面影响。

鄂温克人认为,该项目会给他们的生活带来风险:第一,会影响狩猎和驯鹿饲养,会影响动物的迁移,偷猎可能上升,对于那些以狩猎为生的生活将会越来越难。第二,除了施工影响,鄂温克社区可能还面临持续的风险,事故的发生无法担保。管道铺设直径为 110 厘米,如果有溢出,石油顿时会被溅入水中,灾难无法想象。铺设在地下的管道,需要砍伐森林和穿越河床,生物多样性遭到破坏,野生动物的迁徙路线不得不改变,而这正是鄂温克人食物的主要来源。河上的管道施工穿越阿尔丹,影响了鄂温克人的渔业。雅库茨克附近的天然气管道集团发生了两起工业事故,因此原住居民担心未来的泄漏,对开发商缺乏信任。虽然管道开发商坚持使用先进的技术,以维持高标准的安全水平,但最近的事故(2010 年 1 月 20 日,450 立方米的油污染了 2 万平方米的地域)使得人们对于 ESPO 项目更加担忧和反对。

关于 ESPO 项目,与原住居民争议主要集中在三个方面:环境影响评估、补偿与利益分配、信息沟通问题。

(1)环境影响评估。当前的环境影响评估(EIA)程序没有全面强调社会影响或对原住居民传统活动的影响。ESPO 项目的环境影响得到了国家批准。开发商和石油运输商为项目在雅库特地区的扩张准备了独立的文件,经过连续的高级磋商,得到了联邦生态局、技术局、能源局的支持。阿尔丹当地的一些组织及原住居民团体出席了听证会。但是根据俄罗斯的实践经验,由于磋商缺乏提前通告,结果不能很好地传递给鄂温克群众。听证会不是在农村地区举行,而是在市中心举行。所以,一些活动家批判听证会并未能反映群众的意见。市民和当地的群众代表原则上并未直接参加和支持这个项目。

开发商没有评估项目对动物迁徙、狩猎活动、驯鹿的影响,没有评估该项目对鄂温克人社会经济结构的影响。当地的社会活动组织也没有发表关于环境影响的意见,对鄂温克原住居民考虑不周。当地的民族团体提出了几个建议:为沿线居民协商补偿的问题;认为直接与市镇签订协议为非法,应建立相应的组织,以保证当地居民的合法权益;允许一些微小的利益相关者参与进来;保证开发期间当地居民的就业。然而,这些提议都没有得到开发者的认可。

(2)补偿与利益分配。根据 1999 年联邦法律,当一个批准的项目影响到了土地,项目开发者应该通知原住居民,石油运输公司应安排原住居民签订关于补偿的协议,以保证他们项目的正常运行。由于动物迁徙的变化,ESPO 项目开发给附近的原住居民带来了负面影响,但是,他们却被排除在受到补偿的安排之外,包括哈特斯特尔公司也没有一套完整、合法的土地文件。

由于一些社会活动家的不满,石油公司直接与原住居民非政府组织开展谈判,但是没有讨论补偿的总量和计算方法。开发人员将支付一笔 3800 美元的一次性补偿给一个部落公社,这个公社由 5 个工人和 70 头驯鹿组成。一些部落公社后悔与石油公司签署这些协议。他们认为没有评估损失,而生活受到很大影响,他们是被动同意的,控制不了协议,协议对他们不利。ESPO 的补偿只限于开发期内,而且是一次性的;原住居民认为,开发商应该对项目所改变的一切进行赔偿,否则,项目对原住居民造成巨大损失。

在阿尔丹的鄂温克人承认 ESPO 项目对传统活动的影响,他们希望在当地的基建方面寻求补偿,并希望从该项目中分享利益,比如获得就业机会,或者获得直接派利。考虑到这一点,市政当局向开发公司寻求一些社会帮助,这一做法没有得到开发商的认可。尽管如此,建设中临时招募了来自这一地区的 80 名工人,而原住居民社区不能提供素质更高的劳动力以及更加专业的培训。

(3)信息沟通。鄂温克人不了解项目的路线、时间表以及环境影响等细节;开发商不愿意与社区建立双向、透明、可持续的沟通机制。只有当地的政府与开发商和承包商能够进行连续的、直接的沟通。而鄂温克人真正关心的是与管道开发人员建立合理的沟通渠道并得到合理的答复。

根据以往的经验,行业和原住居民缺乏对政府机构沟通的信任。政府会声称,决策过程的不透明是有限的,要放开对话权。而原住居民社区感觉,脱离决策流程可能会影响他们的生活。ESPO 项目路线计划没有咨询雅库特的鄂温克社区,并将影响他们的社会经济生活。

(三)关于原住居民的三个核心问题

原住居民的三个核心问题是土地所有权、参与规划和决策、公共活动。

1.土地所有权

工业开发者和原住居民社区争夺的根本是围绕着土地所有权展开的,而土地所有权反过来影响协议和赔偿的进程。20 世纪 90 年代,政府承诺部落官方组织拥有永久占有分配给他们的土地的权利。维护土地所有权和永久使用权需要对土地进行登记,进而需要对土地进行测量,但原住居民支付不起那个费用。但是,2000 年资产改革以后,这些土地的情况就变得摇摆不定。

对传统经济活动土地分配方案的建构和管理处于非常混乱的状态。1999年,俄罗斯联邦法律的第八章"要对俄罗斯原住居民少数民族的权利有保证和保障"规定了原住居民在他们定居的地区有自由使用和占有土地的权利,以便于进行传统经济的活动和交易。同样也规定了原住居民在分配的土地及土地上的自然产物有自由使用的权利,但是土地所拥有的大部分的矿产资源,包括俄罗斯原住居民土地上的矿产资源都是政府所拥有的,即属于联邦政府所有。非正式的和前后矛盾的联邦立法被不严格的执行和实施过程搞得更加复杂了,直接影响土地产权,进一步影响传统经济活动,同时也对原住居民的协商和赔偿设置了障碍。

2. 参与规划和决策

尽管联邦立法保护某些原住居民少数民族,在与采掘行业关系上却不能保障他们的全部利益。推动 FPIC 原则在俄罗斯没有得到应有的重视。名义上,立法赋予原住居民少数民族一个参与咨询项目的机会,然而,它并不给赋予他们反对任何开发项目的权利。也就是说,在俄罗斯,如果项目不符合他们的需求和愿望,原住居民少数民族没有权利说"不"。相反,原住居民少数民族可以搬迁并受到补偿(联邦法律第十二条)。事实上,这个问题转化为:如果原住居民社区提出反对没收用地(ESPO 项目作为国家项目),那么政府将在其他地方提供同等的土地。

虽然同意原住居民少数民族寻求、拒绝或搬迁可能导致损失的土地,没有同意原住居民少数民族对于开发拥有咨询权。首先,环境影响评价咨询过程不需要特定的本土少数民族,但需要当地的和感兴趣的社区参与。其次,原住居民少数民族可以通过公民社会组织表达自己的观点,但区域非政府组织发起的一个独立的环境影响评估并不影响管道项目被国家有关部门批准通过。最后,虽然少数民族因为搬迁或者土地的破坏,有权获得赔偿,但 2001 年 12 号文件指出补偿程序不透明或不可协商。

此外,国际原则考虑原住居民的权利和利益没有渗入俄罗斯的采掘行业。在俄罗斯,大多数项目是由国内资本投资,由国有企业开发。管道开发人员没有与特定的原住居民使用一个框架的社会影响评估,立法的变更计划和评估丝毫没有提到本地少数民族,如俄罗斯联邦城市规划的代码介绍(2004)。环境影响评估程序的更新给联邦政府部门批准项目更大的权力,这些都是后来对环境监测负责。排除地方政府的环保审批过程,剥夺了原住居民少数民族政治代表影响地区政策的机会,使其对自己有利。

3.公共活动

ESPO 管道建设没有引起鄂温克社区的直接行动。鄂温克人对其影响该项目的能力持悲观态度。参差不齐的少数民族,没有传统上土地所有权,缺乏公众参与,使他们未能建立一个可以与采掘业和国家政权相抗衡的组织。尽管有许多原住居民的组织,从俄罗斯的 ESPO 项目看来,没有形成一个坚定统一的原住居民运动组织。鄂温克社区在阿尔丹没有主张完全反对管道项目,但希望企业和政府会考虑他们关于影响传统活动的意见,分享项目收益、投资本土教育、参加职业培训、增加就业机会、改善社会公共服务、提供健康保障。

六、苏里南矿产资源项目

随着经济全球化,世界范围内越来越多的原住居民将要面对日益增多的跨国联营矿产企业。它们的出现对原住居民赖以生存的环境产生了重要的影响,为居民参与多国开采矿产项目的发言权带来了显著的变化,也促进了资本在多国之间的流通。这一系列的变化在发展中国家尤为显著,因为这类国家往往将重心放在经济发展,而非公益成本。因此,企业社会责任成为连接环境保护和社会管理间的纽带。本节参考哈尔邦(Haalboom)文献。[①]

(一)苏里南资源开发与经济发展

苏里南位于南美洲北部海岸,在圭亚那、法属圭亚那和巴西之间。它是世界上最贫困的国家之一,人均 GDP4579 美元,总人口 492829 人,其中约 70%

---

① Haalboom B. , "The Intersection of Corporate Social Responsibility Guidelines and Indigenous Rights:Examining Neoliberal Governance of a Proposed Mining Project in Suriname" , *Geoforum* , No.43 , 2012.

生活在贫困线以下。苏里南于1975年脱离荷兰独立,是个多民族聚居区域,原住居民约18037人,仅占总人口的3.7%。

苏里南国家经济主要来源于货运和自然资源,其主要矿产为金矿和铝,占国家出口的85%,提供了25%的税收。2007年,作为苏里南支柱产业的铝矿产品占出口的42%,税收占出口的26.7%。2000—2004年,在发展中国家和转型经济体中,苏里南经济增长排第三位,主要依赖矿产出口(主要是铝矿)。直到21世纪,苏里南新政府着手引进外资来促进经济复苏。费内希恩(Venetiaan)总统执政的立法机构提出2000—2005年实行开放、竞争、自由经济,其特征具有动态性、出口倾向性和私有化。该提案也强调财政紧缩和宏观经济的稳定性。2002年开始,苏里南的赤字显著下降,财政政策开始着眼于降低膨胀和提升投资环境。到2007年,苏里南吸收外商直接投资3.16亿美元,与其比邻的圭亚那仅有1.52亿美元。在此期间,苏里南出台一系列投资法案,运用税收的刺激作用来鼓励多国跨国矿产企业投资。这些税收刺激政策包括长达十年的免税期以及免除用于采矿、铣磨等设备的进口税。同时,该法案还保证企业的自由权、出口矿产并可以在市场自由销售;返还资本和收益;以市场汇率将本国货币转变为国外货币;聘用驻外职员和承包人。由于矿产和石油的大量投资,2008年苏里南经济增长达到7%。

(二)资源开发中的企业社会责任与社区权益

在苏里南,国家是所有土地的拥有者,私有土地仅仅在法律形式上能得到保证。各部落居民对土地居住和使用的习惯权还是能够得以保障的,前提是不会妨碍到"公共利益"。这种"公共利益"是指被纳入国家发展规划框架内的任意项目的行为。矿业就是一个发展取代习惯权的例子。在苏里南地区,由于原住居民缺乏土地所有权,没有法律依据拒绝在原有土地上的发展项目。

1998年,苏里南政府设立国家环境与发展部,该部门制定了环境与社会影响评估(ESIA)的草案。该草案强调当地居民全程参与项目并充分共享及时信息的必要性,但该草案关于环境规划、保护和污染控制等方面几乎没有约束力,因此阻碍了 ESIA 在实践中推进。这种环境管理条例上的缺失,加剧当地居民环境权益受损。

苏里南土著协会是苏里南最有代表性的当地权益运动组织,为苏里南地区的当地权益带来了重要的影响,作为非政府组织的重要成员,为苏里南东部地区的人积极参与资源开发利益共享提供了许多帮助。1992 年,苏里南土著协会由 40 名当地居民代表组成,在战后为争取本地社区物质和非物质权利重申了习惯权的重要性,用以将地理上分散的地方代表和村民联系起来。2007—2008 年,由于在进行土地权益保护运动时缺乏人力和物质支持,苏里南土著协会组织已从 3 名全职人员降到 2 名全职和 1 名兼职人员,仅有 2 名办公室助理。

2003 年 1 月 6 日,两份谅解备忘录(MOUs)分别由苏里南政府和必和必拓苏里南矿业公司、苏拿哥铝业公司签订,允许其在苏里南东部山区 2800 平方千米的特定区域勘探矿产。当地有三个村落,总计约 1023 人,距此区域 85 千米。当地居民保持着传统的生活方式,如种植粮食、狩猎、捕鱼等。当地居民在签署谅解备忘录后才知道有这么一回事,于是他们向苏里南土著协会寻求信息咨询、谈判技巧、技术和法律支持,以便与必和必拓苏里南矿业公司签订相关契约。与苏拿哥铝业公司不同,必和必拓苏里南矿业公司作为世界金属矿业协会(ICMM)签署国,有义务依据国际企业社会责任条例来约束采矿行为。他们要求必和必拓苏里南矿业公司坚持条例中的两点:(1)加强对当地居民使用的自然资源和环境的保护;(2)保护当地权益。然而,由于世界金属矿业协会并不具备法律的约束力,这场权益之争一直悬而未决。直到 2008 年,必和必拓苏里南矿业公司因全球金融危机影响无法与苏里南政府达成共识,主动撤离,原本取消的冶炼厂项目也将由苏拿哥铝业公司接手。2011 年 1 月,苏里南政府公开表示,有意与苏拿哥铝业公司重新协商铝矿采掘事宜。

企业缺乏主动承担社会责任的积极性。虽然法律并未赋予环境与社会影响评估的强制约束,但如必和必拓苏里南矿业公司这类世界金属矿产协会成员公司,通常会保证企业行为在法律规定的最低标准之上。企业履行社会责任一般也是迫于当地政府和非政府组织的压力。第一,民间组织敦促必和必拓苏里南矿业公司遵守一些能反映当地权益的世界金属矿产协会条款。其中之一是在国际上达成共识的"自由、优先和知情认同(FPIC)"原则。FPIC是指未征得当地认同的活动不得强制开展;在项目实施前,必须以一种可接受的方式将项目的全部目的和范畴告知相关人群。2005 年,两大民间组织劝说必和必拓苏里南矿业公司同意 FPIC 中关于研究和采矿活动的草案。这份草案由东苏里南居民起草并递交给公司,但矿业公司拒绝了此要求。公司声称"国际在关于 FPIC 的执行上缺乏共识"。在当时,国际社会的确并未对 FPIC 进行明确定义,在国际法律文件中也并未作详细规定。第二,这些民间组织通过反对世界金属矿产协会中倾向企业的条例,以便让企业遵守 FPIC 的规定。第三,必和必拓苏里南矿业公司被民间组织和团体代表要求在苏里南签订协议,明确土地权力。第四,为维持与政府之间的关系,代表当地居民的苏里南政府作出关于土地权益的决定,矿业公司不得不表示支持。

必和必拓苏里南矿业公司在环境和社会影响的评估中很少关注对社会的影响,其进行的生物物理学研究课题有 11 个,仅有 1 个社会课题得到重视。更有相关报告指出,酸性排放液污染的范围在 ESIA 中并未提及。此外,很多当地居民提出许多狩猎、捕鱼和放牧区域并不在 ESIA 规定范围内,但事实上已经影响到当地居民生产生活,这些地区人口增加的同时,许多动物日渐稀少。

综上,企业和当地居民矛盾主要集中在以下几点:

第一,争论焦点之一在于,非政府组织更关注在环境与社会影响评估中企业缺乏与当地居民进行协商过程。

第二,ESIA、FPIC 条款缺乏强制约束力、也并未作详细规定,缺乏可操作性。

第三,企业缺乏主动承担社会责任的积极性。

七、坦桑尼亚盖塔地区矿产开采对环境和社会的影响

非洲矿产开采对环境和社会的影响引起越来越多的关注。基图拉(Kitula)以盖塔地区为例,分析了坦桑尼亚矿产开发带来的影响。[①]

坦桑尼亚盖塔地区(Geita)是姆万扎区的行政所属地之一,占地 7825 平方米,其中 6775 平方米为陆地,1050 平方米为维多利亚湖水域。盖塔区分为 7 个单位,27 乡 163 村。

(一)坦桑尼亚矿产资源与经济发展

坦桑尼亚矿产资源丰富,包括金矿、钻石、磷酸盐、宝石、石膏、煤矿、铁矿等储量都具有世界性的战略意义。尽管有文献显示坦桑尼亚矿产的勘测和开发始于德国 19 世纪 80 年代的殖民统治,但有证据表明,在殖民统治前几个世纪,当地居民已经运用传统手段来勘探并采掘矿物。

1998 年 4 月,坦桑尼亚政府颁布新矿业法以引导外国投资。为响应 1985 年实施的自由贸易政策和 1990 年施行的国家投资法案,矿业生产 1991 年增长 51%,1992 年增长 24%。坦桑尼亚新矿区大多集中在维多利亚湖黄金带。

《坦桑尼亚经济研究》中指出,国家矿产销量急速增长是产业自由化主导的结果。其中最为显著的成果是,1984 — 1991 年,宝石产量由 400 吨增至 29600 吨,黄金产量从 39500 吨增至 3851000 吨。如今,坦桑尼亚是第三大黄

---

① Kitula A.G.N.,"The Environmental and Socio-Economic Impacts of Mining on Local Livelihoods in Tanzania:A Case Study of Geita District",*Journal of Cleaner Production*,No.14,2006.

金产出地区,仅次于南非和加纳。矿产产量的增加使得矿业部门对国家 GDP 的贡献增加,从 1989 年占比 1.1%增至 2000 年的 2.3%。但矿产对 GDP 的贡献较小,因而,不论其对吸引外资有多少影响,坦桑尼亚政府仍允许引进的矿业公司出口大量的加工处理后的产品。这一研究证实,矿业能为矿区周边的群体提供边际贡献。

尽管采矿是引起坦桑尼亚污染的主因之一,但越来越多的人认为,矿产开采应是一种模式:经济贡献最大化,社会环境提高,对环境的破坏最小化。该国的主要矿产企业集中在卡哈马和盖塔区,主营黄金及其他宝石的开采。

传统的方式是,当地居民以种植业、渔业、狩猎和养殖为生。手工矿业在矿产资源极为丰富的盖塔地区有着相当长的历史。随着工业不断发展,矿业成为当地居民的主要收入来源,吸引了一大批其他地区的劳动者。一些当地居民投身矿业是因为气候环境影响使得粮食产量不高,或是农忙季节结束后可以获得额外的家庭收入。落后的采矿技术是导致矿区复原不可预估的主要原因,因此,当地居民最终选择从事农业生产(因为农业的生产更具有可预估的周期性)。开挖矿井和地底采掘通常更具有更高的事故风险,使得大部分人放弃从事矿业生产。总的来说,在盖塔地区,矿业生产并非当地人从事的主要经济活动,但是是一项相当重要的收入来源。矿业活动为盖塔地区的居民提供了多样的就业机会,同时,通过为农产品提供广阔的市场,矿业活动也提高了当地农业从业人员的收入。

(二)采矿的影响

1. 环境影响

(1)土地结构被破坏。矿区主要存在的问题是水银和氰化物对水源的污染,浮尘,挖掘矿井导致建筑坍塌。矿产的萃取包括挖掘地下矿井和爆破分解岩石,这些会导致原生土地的退化,农业、牧业用地遭到破坏。此外,筛选提炼后的矿石被堆放在矿区营地。在矿工看来,废弃的矿井尽管已经扰乱了原住居民和农民的生产生活,但并非严重的问题。从地方层面来看,不加节制的挖掘和矿井的废弃,已经引起经济技术再利用之外的土地破坏。矿井闲置后不仅使得土地不适于农业生产,而且多方面影响到家畜和野生动物资源,最终影响到依附能源和动物肥料为营生的人们。在坦桑尼亚伊琳加和姆贝亚地区的农牧系统中,家畜直接为食品生产提供肥料(粪肥和能源)、奶和肉。

(2)水银污染。由手工采矿活动造成的典型环境问题包括河流改道、泥沙淤积、土地退化、森林退化、水生生物系统破坏以及大面积水银污染。因为混汞法简单易操作,价格低廉,且不需熟练技工操作,所以成为当地矿工冶炼时的首选。其过程主要用金属水银将黄金从岩浆中吸取出来。在这一过程中,水银通常是随有污染的尾矿一同排放出去;而通常的应对措施是露天燃烧这些含汞混合物。在这一过程中,水银在矿工的肺和肾沉积。金属水银通过空气、水和尾矿排放到自然环境中,并产生一系列生化反应转变为甲基水银。这一元素很容易利用并高度集中于食物链的较高层,而以鱼类为生的种群很容易因此积累过量的甲基水银。由此造成的甲基水银易通过母体转移给胎儿,对其造成不孕、无意识流产以及不同程度的神经类疾病。

(3)尾矿浪费及污染。类似于盖塔金矿区开凿矿井的活动,可能会造成每克再生黄金的大量浪费:每5—8克再生黄金,可能造成约1吨废弃矿石,这些矿石被分解后排放到自然环境中。以美国金矿产业为例,每吨金矿造成300万吨的废弃物,其中包含的有毒物质和矿物可能排放到水源后变成污染流体,进而污染土壤、河流以及更大面积的水体,如维多利亚湖。遇到暴雨后,通过依附在废弃矿石上,这些高碱性且包含多种氰化物的流体很可能排放到维多利亚湖中。尽管尾矿通常被存放在有内衬的设备中保护起来,不太可能发生泄漏事故。

(4)酸性矿业废水污染。维多利亚湖周边大部分金矿区在冶炼时都需要用到硫化物。在提炼黄金时,硫化矿石的分解会以酸性矿物废水的形式释放酸水。这种废水排放在现在的盖塔老矿区中还很常见(20世纪60年代独立前开设的矿区)。在其停业后的上百年里将继续污染周围的溪水和地表水源,盖塔地区常年多降水且高温的气候特点,加剧了酸性矿业废水的形成。这种酸能够过滤尾矿中的重金属元素,矿产垃圾场提出这一解决含重金属等有毒物质的方法。

(5)氰化物污染。大型矿区中使用氰化物可能导致盖塔地区的污染问题。当暴露在阳光下,氰化物的结构被分解得极易复原和再生,但其他元素则会在自然环境中继续存在数十年。而在开放的环境中,水银会蒸发到大气里污染环境,对矿区周边居民造成严重的健康威胁。尽管水质标准在严格的监测下被提高了很多,但含有重金属和氰化物的尾矿和废矿,仍会给水生物带来危害。因为潮湿的环境中生物体内积累了金属,一旦食用了这些被污染的食物和鱼类将存在极大的危险。

氰化物、水银的泄漏和矿区废弃物的不当处理,对人类来说是致命的威胁,它们毒化了地表水、农田以及苏库马人部落地区赖以生存的水体资源。由于矿区大部分水资源被用作饮用水和其他生活用水,水资源中氰化物和水银的污染会对女人和孩子造成健康负担(农村地区此人群会自汲水作生活用水)。

2. 社会文化影响

盖塔地区矿业对其社会文化影响也很大,包括离土失业、事故和偷盗。盖塔金矿的开业使得大批移民因求职流入本地,这造成了卖淫现象的出现,增加了偷盗发生的概率,挑战了本土的生活方式,加剧了当地居民对自然资源的竞争压力。

3. 利益共享的需求

矿产开采已经对坦桑尼亚(包括盖塔地区)的一些矿区造成了严重的社

会和环境的影响,包括土地退化、水质污染、对牲畜和野生动物的生物多样性造成的损害。尽管坦桑尼亚矿业利益相关者和政府越来越意识到环境管理的重要性,但缓解策略可能会被中央和地方的政治和经济利益冲突所抵消。因此,解决途径是:

第一,政府应向当地矿业利益相关者提供技术支持,例如向当地利益相关者提供便利和管理方面的培训,开发一种新技术使提取和处理过程中能使用较少的化学物质,矿山废弃物也必须进行无公害处理后再排放进垃圾池。

第二,加强立法,强制性要求坦桑尼亚地区的采矿活动,无论大矿小矿在被授予采矿许可之前,都必须提供环境影响评估报告。

第三,杜绝非法采矿,拓宽创收来源,减少采矿压力,有助于改善自然资源的社会、经济、环境管理。

第六章　矿产资源：广西大新县锰矿开发利益共享实践

广西大新县矿产资源丰富，有锰矿、铜矿、铅锌矿等20多种矿产资源，其中锰矿储藏量1.36亿吨，占全国锰矿储量的1/4，位居全国第一、世界第五，有"中国锰都"之称，案例选取具有代表性。为了深入了解大新县锰矿资源开发利益共享问题，课题组于2010年6月28—30日、2015年8月23—27日两次对大新县锰矿资源利益分享问题进行跟踪调查，分别走访了大新县工业与信息化局、地税局、下雷镇政府、中信大锰大新锰矿分公司、新振锰业集团以及下雷社区和宝贤村价屯社区，试图探讨中央政府、地方政府、企业、居民之间"利益共享、四方共赢"问题。①

一、大新县矿产资源开发情况

（一）大新县经济发展现状

大新县隶属广西崇左市。崇左市辖5县1市1区。从人均GDP、财政收

---

① 陈祖海：《民族地区资源开发利益共享机制研究——以广西锰矿资源开发的"大新模式"为例》，《中南民族大学学报（人文社会科学版）》2016年第6期。

入、城镇居民人均可支配收入、农村居民人均纯收入4项指标来看,大新县在崇左市的县市中处于中游水平。2018年,大新县人均GDP、财政收入、城镇居民人均可支配收入、农村居民人均纯收入分别为45967元、37400万元、32242元、12526元,其中农村居民人均纯收入、城镇居民人均可支配收入均高于邻近县市(天等县、龙州县、宁明县),但与凭祥市、江州区相比,还有一定差距。

表6-1　广西崇左市经济发展状况

	人均GDP（元）		财政收入（万元）		人均财政收入（元）		城镇居民人均可支配收入（元）		农村居民人均纯收入（元）	
	2007	2018	2007	2018	2007	2018	2007	2018	2007	2018
江州区	14381	64421	51282	80537	1485	2348	11580	33166	3909	13494
扶绥县	12231	52734	55436	140200	1275	3489	11515	32457	3862	13873
宁明县	7233	43477	31073	62200	749	1758	8915	27724	2981	11786
龙州县	10040	56797	23180	48500	839	2135	9550	29027	3001	10769
大新县	10136	45967	40828	37400	1113	1217	11055	32242	3464	12526
天等县	4689	18969	12136	29500	287	883	8817	26906	2716	10487
凭祥市	17545	75051	30041	66263	2786	5550	12786	34630	3094	12207

注:1. 龙州县、天等县为国家级贫困县。大新县、宁明县为广西区贫困县。其中,龙州县已于2017年实现脱贫,宁明县于2019年实现脱贫。
　　2. 人均财政收入=财政收入/年末总人口数。
资料来源:根据《广西统计年鉴2008—2018》整理。

（二）大新县锰矿资源开发概况

半个世纪前,在"大炼钢铁""全民找矿"的建设热潮中,位于中越边境的大新县下雷镇的一位村支部书记带领全村社员挖出"黑乎乎"的石头送到铁厂,可总炼不出铁来,经过专家、技术人员化验后,证实为锰矿。不久,经过地质工作者艰苦勘探测定,挖出"黑乎乎"石头的地方,竟是一个储量达1.3亿吨、世界罕见的特大型锰矿场!几十年来,大新县锰矿业不断发展壮大。

目前,大新锰矿冶炼企业总装机容量已达 203500 千伏安,年生产能力达 47 万吨,有 17 家规模以上锰加工企业。

2014 年,大新锰矿产值 72.67 亿元,同比增长 1.6%,占全县工业总产值 的 68.66%,完成工业增加值 31.24 亿元,同比增长 1.59%,占全县工业增加值 的 69.30%;锰系铁合金产量约 14.72 万吨,电解金属锰产量约 11.13 万吨,电 解二氧化锰产量 2.63 万吨,硫酸锰产量 2.58 万吨。2014 年锰业提供税收 2.43 亿元,占财政收入的 26.41%。经过多年发展,大新县已成为广西最大的 区域性锰业生产加工基地,在全国占有重要地位,锰业也是大新县域经济发展 的第一大支柱产业。锰业为大新县贡献税收 2.43 亿元,占财政收入的 26.41%。2011—2015 年资源税大幅增加(见表 6-2)。

表 6-2　大新县地方税务局 2011—2015 年度资源税缴纳情况

	2011		2012		2013		2014		2015(1—7 月)	
	数量 (万吨)	税款 (万元)	数量 (万吨)	税款 (万元)	数量 (万吨)	税款 (万元)	数量 (万吨)	税款 (万元)	数量 (万吨)	税款 (万元)
石灰石	49	98	49	98	70	139	1059	2118	1043	2086
锰矿石	152	912	133	795	204	1222	205	1227	106	634
矿泉水								1		1
其他		229		242		54		24		1
合计		1239		1135		1415		3370		2722

注:石灰石单价为 2 元/吨,锰矿石单价为 6 元/吨;2015 年数据仅为 2015 年 1—7 月统计数据。

二、矿产资源利益共享形式

(一)分配主体: 中央政府、地方政府、企业和居民

弗里曼认为利益相关者是能够影响一个组织目标的实现,或者受到一个

组织实现其目标过程影响的人。[1] 利益相关者分为核心利益相关者、次核心利益相关者、边缘利益相关者。广西大新锰矿资源开采的利益主体涉及中央政府、地方政府、企业、居民。

（二）受益种类

中央政府——增值税(分享75%)、企业所得说。

地方政府——资源税、增值税(分享25%,其中广西区8%、大新县17%),以及营业税、个人所得说、城维税、房产税、印花税、土地使用税、教育税等。

企业——利润。

居民——征地补偿,其余为打工收入、运输收入、社区收到捐赠等。

表6-3　中央政府、地方政府、企业、居民受益种类

中央政府	地方政府	企业	当地居民
(一)税收收入	(一)税收		(一)收益
1.增值税(75%)	1.增值税(25%)	利润	1.土地补偿费
2.消费税	2.营业税		2.企业捐赠
3.企业所得税(分享60%)	3.企业所得税(40%)		3.劳务收入
4.个人所得税(分享60%)	4.个人所得税(40%)		4.生态移民费
(二)非税收入	5.资源税		5.基础设施改善
1.矿产资源补偿费(分享40%)	6.城建与教育附加		(二)成本
	7.耕地占用税		1.土地占用
	8.其他税收收入		2.环境污染
	(二)非税收入		3.资源耗竭成本
	1.矿产资源补偿费(分享60%)		4.发展的机会成本
	2.探矿权、采矿权价款		
	3.探矿权、采矿权使用费		

---

[1]　Freeman R.E.,*Strategic Management:A Stakeholder Approach*,Pitman Press,1984.

续表

中央政府	地方政府	企业	当地居民
	4. 矿区使用费		
	5. 教育费		

（三）两个企业案例

1. 案例一：上市公司（国有控股）——中信大锰

（1）企业概况

中信大锰是一家集采、选、冶为一体的锰系产品生产和研发的国有企业，2011 年 11 月 18 日在香港挂牌上市。公司总部设在广西南宁，总资产 70 亿元，员工 8700 人，拥有 16 家分公司和控股公司。

课题组选择中信大锰的采矿基地开展调查，即大新锰矿分公司，其地处大新县下雷镇，前身是广西大新锰矿公司。大新锰矿始建于 1963 年，是中国已探明储藏量最大的锰矿山之一，锰矿地质储量 1.31 亿吨，其中氧化锰储量 951 万吨，碳酸锰储量 1.2 亿吨，排在世界前列。大新锰矿分公司主要产品有电解金属锰、电解二氧化锰、硫酸锰、冶金锰精矿、天然放电锰粉、化工锰粉、碳酸锰粉等。

资源开采情况——目前大新锰矿开采量为 130 万吨/年，其中露天开采 80 万吨/年，地采 50 万吨/年。露天开采预计 2 年内结束，将全部转入地下开采，2014 年地采产能达到 60 万吨/年。

深加工情况——公司在大新锰矿区域的产能为电解金属锰 13 万吨/年、电解二氧化锰 3 万吨/年、硫酸锰 2.5 万吨/年。还有在天等县电解金属锰 3 万吨/年；田东电解金属锰 2 万吨/年。

（2）利益分享情况

上缴税收情况——中信大锰大新区域 2006—2014 年上缴税收合计为

1277877184 元(即 12.78 亿元),其中地方地府分享资源税、增值税(分享 25%,其中广西区 8%、大新县 17%),以及营业税、个人所得说、城维税、房产税、印花税、土地使用税、教育税等。

从缴纳税额情况看,2011 年公司缴纳税额最高,达到 2.04 亿元,是锰矿发展的鼎盛时期。

从大新分公司情况看,由表 6-4 和表 6-5 可知,2014 年大新分公司所缴纳税额 1.58 亿元,其中地税为 2897.54 万元。

表 6-4 中信大锰 2006—2014 年缴纳税收情况(集团、大新区域)

单位:元

年份	大新分公司	大宝公司	大新锰业	桂南化工	大新区域合计	集团合计
2006	40240558.37	1307995.01			41548553.38	73504811.65
2007	173844519.64	4654282.17			178498801.81	261148473.90
2008	157178491.68	3678250.55			160856742.23	535921660.67
2009	124167148.31	1625943.20			125793091.51	236972969.36
2010	158868996.04	2439374.39			161308370.43	330213814.99
2011	200690657.54	3175287.97			203865945.51	436717304.79
2012	71700026.07	386895.46	3278595.86		75365517.39	210469999.21
2013	155276927.04	223294.21	1679235.68		157179456.93	267788959.23
2014	157872607.93	103425.06	7080653.66	8404018.42	173460705.07	305972095.52
合计	1239839932.62	17594748.02	12038485.20	8404018.42	1277877184.26	2658710089.32

资料来源:中信大锰大新分公司。

表 6-5 中信大锰大新锰矿分公司缴纳地税情况

单位:元

地税	2011	2012	2013	2014	2015 (1—6月)
营业税	16030.00	16432.50	17481.91	10532.50	9500.00
个人所得税	2069534.58	833549.50	1036830.10	1467744.18	360274.01
资源税	7455238.92	7618156.50	10918924.82	10809325.80	5005475.82
城维税	6052236.84	1906158.25	6065666.49	6297945.72	475.00

续表

地税	2011	2012	2013	2014	2015（1—6 月）
房产税	681274.06	899121.38	1249491.74	1363730.91	901015.58
印花税	952350.15	744413.70	1011921.40	871510.10	366691.20
土地使用税	265043.10	434528.70	412266.61	337219.20	168609.60
教育费	3631342.10	1109934.45	3639399.90	3778767.44	285.00
罚没收入防洪费	50	30		79.65	75.00
其他税收	4144341.91	2458264.33	3915063.59	4038496.29	814151.00
合计	25267441.66	16020589.31	28267046.56	28975351.79	7626552.21

资料来源:大新县地税局。

除了地方政府分享税收外,中信大锰大新锰矿分公司还在提供就业机会、承担社会责任、环境保护等方面发挥积极作用,很多农民工成为产业工人。农民工从事工种有车间管理、电解板操作、包装工、运输工、宾馆服务、物业管理等。

表 6-6　中信大锰大新锰矿分公司与当地利益分享情况

利益分享分类	途　径
就业	员工 3077 人,农民工占 1/3,农民工本地就业、不外出务工,亦工亦农。农民工从事工种:车间管理、电解板操作、包装工、运输、三产业等
企业社会责任	2006 年至今,累计捐款 3000 万元奖金支持教师安居工程、新农村建设、文化教育、珍稀动物保护、赈灾等各类公益事业。大新县下雷中心小学中信大锰教师安居工程、天等县东平中学中信大锰教师安居工程
补偿性收入	征地补偿

征地补偿——以布东锰深加工项目为例,此项目为 2015 年规划项目。项目选址在大新县下雷镇布东村,总用地规模为 1200 亩,其中厂区占地 887 亩,渣库占地 313 亩。第一期计划用地 210.242 亩,其中耕地 99.509 亩,林地 110.733 亩,涉及农户 51 户。

征地补偿分为土地补偿、土地安置补偿和青苗补偿。土地征收价格,耕地

41211 元/亩、林地 26999 元/亩,平均价格约为 33652 元/亩。地上附着物补偿价格,除黄皮果蔗以 5800 元/亩外,其余均按大新县政府《关于印发大新县被征收(用)土地拆迁补偿标准的通知》(新政发〔2013〕24 号)文件规定予以补偿。第一期征地补偿费共计 7990032.78 元,当地居民已在征地协议上签字,但要求进驻企业在环保、道路、饮用水方面作出承诺并签订协议后才可领取补偿款。县乡两级工作组多次沟通协调,等待中信大锰大新锰矿分公司给予明确答复。在课题组调研期间,此项工程还在协调准备阶段。

(3)社会反响

一是促进矿地关系和谐。近年来不断提供就业岗位,促进地方经济发展,为实现国家矿产资源的合理开发利用和民族地区稳定与繁荣发展作出了重要的贡献。2006 年以来,累计捐款近 3000 万元积极支持教师安居工程、新农村建设、文化教育、珍稀动物保护、赈灾等各类公益事业,取得了良好的经济和社会效益。

二是打造和谐劳动关系。恪守"以人为本、以锰为源、创造财富、创造生活"的核心价值观,充分发挥党委在生产经营中的核心政治优势,以及工会组织的桥梁纽带作用,激发员工干事创业的激情,重视员工成长与关爱,维护员工合法权益,营造员工与企业共同成长的发展氛围,努力打造和谐劳动关系。被人力资源和社会保障部、中华全国总工会等部门授予"全国模范劳动关系和谐企业"称号,成为全国锰行业唯一获此殊荣的企业。

2. 案例二:民营企业——广西新振锰业集团有限公司

(1)企业概况

广西新振锰业集团公司是本地一家民营企业,主要从事锰矿勘探开采、锰系合金生产销售、工程总包施工以及相关进出口贸易的业务。集团注册资金 9803 万元,下属 13 家子公司及厂矿,总资产 23 亿元、净资产 16 亿元,年销售收入 20 多亿元,是中国十大锰系合金产品供应商,也是广西民营经济 50 强企业。广西新振锰业集团有限公司的前身是 1988 年成立的大新县新振锰粉厂，1996 年改制后成立广西大新县新振锰品有限责任公司，2008 年 1 月组建成立广西新振锰业集团有限公司，简称新锰集团。

近年来，新锰集团在不断打造和提升企业竞争力的同时，积极承担社会责任，支持地方经济建设和社会文化建设，为公益事业捐款捐物达 3000 多万元，先后投入 5000 多万元支持价屯社区新农村建设，按照"产业兴旺、生态宜居、乡风文明、治理有效、生活富裕"目标要求，以"工业化驱动、农业产业化带动"思路，推动大新乡村振兴战略发展。

（2）利益分享情况

一是参与就业。新锰集团职工总人数 2500 人，农民工占 80%。农民工本地就业、不外出务工，亦工亦农，减少出行成本，务工、种地两头照顾。公司与员工签订劳动合同率达 100%，员工参加社会保险参保率达 100%。

二是公司帮助当地改善基础设施。过去宝贤村（价屯、其乐、侬香等 8 个屯）交通不便，车辆不通，严重制约地方乡村经济发展。为了彻底改变村民出行难的问题，新锰集团修通了由国道通往价屯的水泥混凝土公路；在价屯成功打建水井 2 口，并接到各家各户，让村民喝上了干净卫生的自来水。其中，2006 年投资 897 万元修建价屯公路、打建水井；2007 年投入 250 万元修建公司至大中水泥路；2008 年投入 400 万元修建、拓宽大中至西门公路。建成 92 栋别墅式楼房，面积 320 平方米/户。新建社区办公大楼，较高标准的灯光篮球场等。

三是带动产业发展。（1）合股兴办编织袋厂。2008 年 4 月，价屯以集体土地 15 亩为形式入股，新锰集团投资 700 万元，合资建成年产 60 万条编织袋厂，可安置 100 个劳动岗位，入厂的当地农民工月收入 1800 元左右。（2）建万头养猪场。投资 1800 万元建设专业种猪场；专业养猪场占地 60 亩，种猪存栏 600 头，年产猪苗 14000 头。（3）发展石斛种植。价屯将"小块并大块"土地整合后，由新锰集团投资建成的大棚种植基地，以 800 元/亩出租给广西大新新力石斛开发有限责任公司，发展铁皮石斛种植。2014 年底至 2015 年春进入收割期，第一年亩产达 150—200 公斤，亩产值 9 万—12 万元；进入丰产期后，亩产可达 300—350 公斤。将鲜品全部加工成干品，产值可翻 1.5—2 倍。基地可长期为 20 名群众提供就业机会，月工资 1800 元以上，带动当地农民增收致富。

四是提供养老保险。2008 年 1 月起，全屯 70 名年满 60 周岁（女性 55 周岁）以上的老人从工厂利润中每人每月领到了 200 元的养老金。2011 年养老金标准提到 700 元/月/人，同时，群众每人每年还可领取 2000 元左右的红利。

五是承担社会责任，扶贫捐助。参与"美丽广西、清洁乡村"活动，资助价屯"绿化系统、亮化系统、清洁系统、文化系统"建设；资助桃城镇小学"两基"建设等。

六是补偿性收入。

（3）社会反响

一是村企共建，助推农村社区协同发展。广西新振锰业集团公司致富思源、回报社会，投入 5000 多万元支持大新县桃城镇宝贤村价屯社区"美丽乡村"建设。价屯社区美丽乡村建设得到广西自治区相关主要领导的高度赞扬，价屯社区于 2015 年 2 月被中央文明委授予第四届"全国文明村镇"称号。

二是广西新振锰业集团公司赢得了社会的广泛关注和高度赞誉。董事长先后被授予"全国关爱员工优秀民营企业家""广西自治区劳动模范""自治区优秀中国特色社会主义事业建设者"等荣誉称号。企业先后获得"全国诚信守法乡镇企业""广西强优民营企业""县域经济发展特别贡献奖"等称号。

三、利益共享的做法

（一）利益共享主体关系

在资源开发利益共享过程中，无疑需要政府、企业和当地居民的共同参与

和积极合作,"政府主导、企业主体、居民参与"的"三位一体"的资源开发利益
共享模式(见图6-1)。

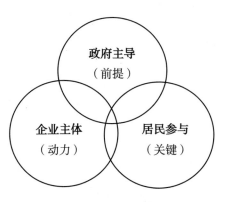

图6-1　利益分享主体关系图

　　政府主导是前提。由于企业和当地居民在资源开发信息、谈判能力、污染
监控等方面存在不对称性。因此,无论是基础设施等公共服务,还是污染监管
和资源产品标准制定,都应以政府主导为主。但是,政府主导不是政府包办,
所谓主导乃是从规划、财力、法规、标准、示范入手,积极推动资源开发利益共
享机制的建设。对于广西大新县锰矿开采而言,政府积极推进锰业工业园区
建设,整合资源,提供优势平台,加强园区基础设施建设,保障企业发展环境,
同时,完成了矿产开发环境监测系统、矿产产品质量监管体系,保障当地居民
生态环境。

　　企业担责是主体。资源开发利益共享的实现,除了建立现代企业制度外,
积极履行社会责任,从解决就业、基础设施建设、带动相关产业发展、提供养老
金、社会捐赠、补偿收入等方面,积极探索与当地居民资源开发利益共享途径,
建立和谐的企地关系。

　　居民参与是关键。在现有资源开发利益分配框架中,资源开发形成的利
益主要在政府和企业之间进行分享,分配方案多是中央政府、地方政府受益;
资源所在地社区居民并没有被纳入资源开发的利益分配体系之中,利益分配

机制不完善。当地居民属于真正的弱势群体,对资源开发所形成的利益基本上没有分配参与权,除了分享部分低级的运输、基础设施建设的劳务用工外,当地居民所获得的就业机会和收入既不稳定,比例也不高。大新县积极探索居民参与机制,采取规范企业行为、培植居民就业能力、谈判能力。在政府和企业的支持和引导下,当地居民参与矿业开发项目,支持企业发展,配合园区建设。一方面,在矿区开采、加工园区建设予以配合政府、企业行动;另一方面,参加职业培训,提升就业能力,回乡打工创业,分享锰矿开采带来的好处。

(二)具体做法

1.政府主导

正确处理政府与市场的关系,是深化体制改革的重要内容。大新县政府根据"到位而不越位、引导而不强迫、服务而不代办"原则,主要解决"公司办不了,居民办不好"的事情,改变过去"命令式的计划模式",制定锰矿资源开发与发展规划,完善相关的配套政策,加大基础设施投入,营造宽松的发展环境。

(1)制度牵引。通过市场准入制度与管理制度建设,保留并加强原有锰加工企业,加强技改投入,不再增加高耗能企业进驻,鼓励低能耗、高附加值锰企业发展,对新上项目严格把关,防止重复建设。

(2)平台助力。一是园区规划。推进规划建设大新县锰产业工业园(下雷工业园和桃城工业园),限定锰业新上项目必须落户于下雷和桃城工业园区,且项目仅限于高产值、高附加值的锰系合金及锰系下游产品项目(主要是电解金属锰、四氧化三锰、锂离子电池材料、电解二氧化锰、锰系铁合金、无汞碱锰电池、锰锂电池、锰锌软磁铁氧体、催化剂、着色剂、印染剂、杀菌剂、200系列不锈钢等项目),对于其他不符合高产值、高附加值条件的锰业项目不予准入和备案,对入园高产值、高附加值的锰系合金及锰系下游产品项目给予优惠政策扶持,使大新锰业规划、布局更合理、科学,引导产业层次不断向高端化发展。二是加快基础设施建设,为锰矿企业提供发展环境。实施园区水、电、路、通讯等基础设施建设,将大新锰产业工业园建设成为我国锰业循环经济发展示范基地、锰系铁合金加工基地、区域性重要电解锰生产基地及锰系高端下游产品加工生产基地。

(3)监管规范。坚持节能减排与产业结构调整优化相结合,加快重点节能企业、重点行业落后工艺、技术、设备的淘汰步伐,推广应用先进节能减排设备和技术,发展循环经济。做好锰矿资源开发利用规划,提高环境保护力度,提高"三废"的综合治理和利用水平,做到适度开采,合理开发,研究出台符合当地锰资源开发利用政策,严格审核新上项目,对于偷盗、乱采乱挖矿产资源的,坚决予以打击。大力推广中信大锰大新分公司利用硫酸生产线产生的余热供应硫酸锰、电解二氧化锰生产所需的蒸汽和广西新振锰业集团公司锰矿热炉由交流电改造成多回路直流供电等节能技术,降低锰加工能耗。同时,继续深入开展涉锰行业环境专项整治活动,确保锰加工企业清洁生产,实现"绿色锰业"。

(4)补贴奖励。对于技术创新、节能降耗予以财政补贴支持。2011年大新县财政安排276万元资金表彰奖励工业生产先进企业,为企业提供融资担保贷款1.84亿元。

2. 企业主体

(1)吸纳居民共管,提高利益分享度。除了土地补偿款外,企业更多地吸纳当地居民参与和共同管理资源开发项目,为当地居民就业、扶持相关产业发展创造条件,让当地居民分享实实在在的好处。如广西新振锰业集团80%员工为农民工,中信大锰大新锰矿分公司1/3为农民工。2007年以来,新锰集团先后出资5000多万元在价屯进行基础设施建设,实施道路架设及饮水工程、村民危旧房推倒重建工程、合股办工厂工程、种草养牛、建万头养猪场工程、文化广场、舞台工程和百亩无公害果菜基地等。

（2）承担社会责任，扩大企业影响力。国际社会推出了企业社会责任标准（SA8000）、社会责任指南标准（ISO26000），这些标准成为企业和所有社会组织经济活动的行动指南，也成为社会监督组织行为的工具。企业履行社会责任有助于解决就业问题、保护资源和环境、有助于缓解贫富差距。当地居民伴随企业开发资源，从中获得实实在在的利益，从而减缓贫困。资源开发企业的社会责任包括：解决当地劳动力和资源闲置的问题，增加当地居民收入；通过捐赠、帮扶措施，促进当地教育条件、社会保障、文化事业发展，帮助落后地区逐步发展社会事业，改善基础设施，促进当地经济发展；企业在资源开发过程中注重污染控制，承担环境保护责任。这样有助于构建企业与当地居民的和谐发展关系，提升企业的形象和消费者的认可程度，为企业创造良好的发展环境，提升企业市场竞争能力。近几年，大新县锰矿企业履行社会责任，为锰矿资源利益共享发挥了巨大作用，如中信大锰积极与中科院、中南民族大学等高校合作开展尾矿污染治理等项目研究；新振锰业集团加大投入支持价屯社区美丽乡村建设以及编织袋、石斛种植等相关产业发展，这些举措不仅拓宽了居民利益共享途径，而且扩大了企业社会影响力。

（3）加强信息公开，尊重居民参与权。以往资源开发未能充分考虑资源地的利益和经济发展，缺少地方政府和当地居民的参与，忽视地方利益的诉求，导致后者利益无法得到合理保障。大新县改革自然资源开发决策程序，探索地方政府、当地居民参与资源开发决策，确保资源地居民的利益分享。在锰矿园区建设、矿产堆放、污染控制信息等方面广泛征求社区居民意见，要求企业信息公开、规范管理，尊重居民参与权。

（4）加快技术创新，提供持久驱动力。中信大锰公司承担的"高性能电解二氧化锰的研制与生产"及"热能回收型软锰矿微波焙烧还原新工艺研发"两项国家 863 计划课题顺利通过科技部专家组验收，标志着公司技术创新能力得到了充分的认可和持续增强，相关课题成果已工业化生产并取得良好的市场反馈;大力开展技术攻关,电解金属锰生产的降成本、促减排工作连年取得突破;动力电池级电解二氧化锰、锰酸锂、四氧化三锰等锰系新能源新材料的研发和产业化,填补了广西锰业的空白;积极开展"糖锰结合"技术攻关,有关湿法治炼工艺技术取得重大突破并应用于生产;公司已成为电解金属锰等8个锰产品国家和行业质量标准的起草和审定的主要单位。以上这些举措为资源开发利益分享提供了持久驱动力。

3.居民参与

(1)提升能力促就业。参加职业培训,提升就业能力,回乡打工创业,分享锰矿开采带来的好处。

(2)支持企业促发展。在政府和企业的支持和引导下,当地居民参与矿业开发项目,支持企业发展,配合园区建设。在矿区开采、加工园区建设予以配合政府、企业的行动。

四、启 示

（一）矿产资源开发经历了单一开发—利益冲突—利益共享阶段

大新采矿区主要集中在下雷镇,起初的采矿活动比较单一,以采矿为主,引起一系列水污染,20世纪90年代,大量的采选废水未经任何处理直排入河,使下雷河及其支流受到严重污染,引起当地居民不满。[①] 早期比较有影响的采矿公司是广西大锰公司,是广西壮族自治区一家国有企业,在锰矿开发过程中征地、矿区开发与当地居民产生利益冲突。起初广西大锰公司对此没有

---

① 铁合金在线:《靖西、大新锰矿采选废水污染下雷河问题列入广西挂牌督办环保案》,2005年8月1日,见 http://www.cnfeol.com/news/internal_summary/20050801/0903006180.aspx。

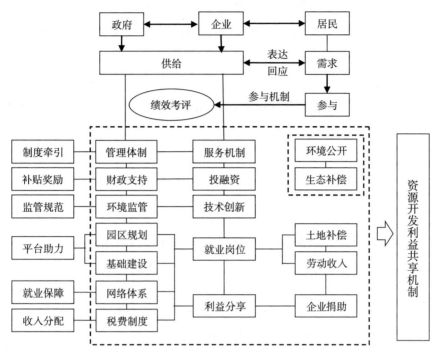

图6-2　利益共享运作示意图

引起足够重视,作为自治区国有企业,采用从上至下层层下压的处理方式,多以谈判、教育等方式处理问题,没有解决深层次的利益分配矛盾,导致问题越积越深。之后,政府、公司、居民一起商讨征地、采矿、污染、就业等一系列问题,三方从利益冲突走向利益共享阶段。以上两个案例,可以说是资源开发利益共享比较好的案例。

(二)民营企业与股份制企业比较——基于利益分享程度

新振锰业——80%农民工就业、乡情意识浓厚、带动相关企业多一些,尤其对当地农村居民分享多一些;经营灵活,遇到行情不景气时容易停产;但在建立现代企业制度上有差距。

中信大锰——作为上市公司,吸收1/3农民工就业,与新锰集团比较,带动农民工就业比例要少些;但国际化程度高、现代企业制度比较完善,不轻易停产。中信大锰对当地政府最大贡献是税收,其生产量占大新县全部矿业的比例达95%,是纳税大户。

(三)中央政府与地方政府税收分享情况

从大新分公司情况看,2014 年所交税额为 1.58 亿元,其中地税为2897.54 万元,由此看来国税还是占大头。即使按照增值税(大新)17%的分享比例返还,中央政府所占税收比例还是高些。

(四)矿产开发带来的生态环境问题仍是一个难题

尽管矿产企业在积极推动"绿色锰都",但生态环境问题仍是锰矿产业持续发展的难题。当地政府和居民也认为环境问题不可能完全解决,且多数认为经济发展比环境问题重要。课题组在访谈过程中发现,大家不愿意谈及生态环境问题。当地居民一旦有了收入,环境问题、生态问题往往被忽略,更多的情况是被眼前的收益所掩盖,暂时也不会去追究。

锰矿产业加工也是一个高耗能产业,大新矿产行业节能减排压力比较大。就新增"布东锰深加工系列项目"而言,通过"能评、环境"压力大,难以满足"两高"现有要求。2015 年 5 月 27 日节能报告评审意见认为项目用能量和崇左市"十二五"能源增量计算的 m 值较高,对崇左市影响较大,要求崇左市考虑如何解决本项目能源增量指标问题。因此,大新县建议尽快将本项目增补为 2015 年广西壮族自治区层面统筹推进(新开工)重大项目,以便解决项目用能指标、用地指标、环境容量等问题。

作为地方政府来说,既要管住企业"废渣子",又要盯住企业"钱袋子"。一方面,通过严格准入条件,加大节能减排力度等措施淘汰高耗能设备,促进企业增加设备、改进工艺、提高效能;另一方面,从政策上采取补贴和增加用能指标办法,促进产能扩大。例如,大新县对锰矿企业每 5000 度电给予 200 元补贴。所以,在这种"两难"的指挥棒下,大新锰矿产业面临较大环境压力。

(五)地方经济发展存在对资源开发的高度依赖

根据大新县工业和信息化局提供的资料显示,锰业为大新县贡献税收2.43亿元,占财政收入的26.41%,反映当地经济对锰业的高度依赖。地方政府、当地居民与锰矿企业可谓"同呼吸、共命运"。2015年以来,受全球经济增长放缓影响,下游需求萎缩,钢铁企业停产减产,锰矿价格持续低迷,锰加工企业开工率偏低,多数锰矿企业处于停产或限产状态。2015年8月,硅锰合金6517产品销售价格为5000元/吨,与2014年同期的6600元/吨相比,下降了1600元/吨;硅锰合金6014的价格为4000元/吨,与2014年同期的4600元/吨相比,下降了600元/吨;电解金属锰价格为9600元/吨左右,与2014年同期的12700元/吨相比,下降了3100元/吨。一旦企业不景气,就会裁员,那么首先裁掉的便是农民工,同时地方财政收入也会相应下降。因此,无论是地方政府,还是当地居民都希望矿产企业能够健康发展。这为建立和谐的矿地关系、实现利益共享提供了基础。

第七章　水电资源：湖北长阳县清江流域开发利益共享实践

一、长阳县清江水电资源开发概况

清江是长江出三峡进入湖北省后的第一条大支流,发源于利川市的齐岳山,流经利川、咸丰、恩施、宣恩、建始、巴东、鹤峰、五峰、长阳、宜都 10 县市,在宜都市陆城镇汇入长江,干流全长 423 千米,流域面积 17000 平方千米。清江流域已建成隔河岩、高坝洲、水布垭、招徕河 4 个大中型水电站。

隔河岩水电站位于长阳县龙舟坪镇,距离县城较近且处于县城上方,系清江流域梯级开发的第二级。隔河岩水电站是清江流域最早建成的大型水电站,于 1986 年开工,1993 年 4 月下闸蓄水,同年 6 月第一台机组发电。总库容 37.7 亿立方米,最大坝高 151 米,坝顶高程 206 米,正常蓄水位 200 米,防洪库容 5 亿立方米,装机容量 121.2 万千瓦,年发电量 30.4 亿度。

高坝洲水电站位于宜都,距离隔河岩水利枢纽工程 50 千米,高坝洲至隔河岩坝址之间流域面积 1220 平方千米,是清江梯级开发的第一级。高坝洲水电站于 1997 年开工,2000 年 5 月下闸蓄水发电。总库容 4.86 亿立方米,防洪库容 0.5 亿立方米,最大坝高 57 米,坝顶高程 83 米,水库面积 31.44 平方千米(长阳 18.86 平方千米),正常蓄水位 80 米,防洪库容 0.5 亿立方米,装机容量 27 万千瓦,年发电量 8.98 亿度。

水布垭水利枢纽工程位于巴东县与长阳县交界处,坝址在巴东县境内,部分坝区地跨长阳县,是清江流域的龙头电站,同时也是清江流域滚动开发中最上一级工程,也是清江开发的第三级,距下游隔河岩电站 92 千米。水布垭水利枢纽工程于 2002 年开工,2006 年 10 月下闸蓄水,2007 年 7 月第一台机组发电。总库容 45.8 亿立方米,最大坝高 233 米,坝顶高程 409 米,正常蓄水位 400 米,防洪库容 5 亿立方米,装机容量 184 万千瓦,年发电量 40 亿千瓦时。

招徕河水利枢纽工程位于长阳县境内,处于清江支流招徕河的出口处,工程于 2001 年开工,2005 年蓄水发电。工程的主要功能是发电,总库容 0.7 亿立方米,最大坝高 109.5 米,坝顶高程 305.5 米,水库面积 2.3 平方千米,正常蓄水位 300 米,汛期限制水位 266 米,装机容量 3.6 万千瓦,年发电量 1.12 万千瓦时,工程总投资 3.26 亿万元。

隔河岩、高坝洲、水布垭、招徕河四大水泥工程梯级开发,长阳县均处于关键位置。其中,隔河岩、招徕河水利工程大坝以及水库区域均在长阳县境内;高坝洲水库面积在长阳县境内有 18.86 平方千米;水布垭水电站涉及工区征收 424.8 亩土地。

二、水电资源带来的效益和影响

(一)水电资源带来的效益

水电资源的开发对社会经济的发展会有巨大的推动作用,主要表现为发电效益、防洪效益、改善航远、带动旅游业等产业发展。

1.发电效益

清江流域水电开发主要由湖北清江水电开发有限责任公司负责经营管

理。湖北清江水电开发有限责任公司于 1987 年 1 月经湖北省人民政府批准成立,由国家和湖北省共同出资组建,主要负责清江流域各梯级水电工程的开发建设及电站建成后的经营管理,是我国第一家按现代企业制度组建的流域性水电开发公司,也是国务院批准的第一家水电"流域、梯级、滚动、综合"开发试点单位,拥有隔河岩、高坝洲、水布垭三座水电站产权,在基本完成清江干流三大梯级电站建设任务后,2007 年 12 月变更为湖北能源集团股份有限公司全资子公司,2015 年 12 月中国长江三峡集团控股湖北能源,清江公司并入央企系列。三座水电站总装机容量 336.23 万千瓦(含 5 座自备保安电源电站4.03 万千瓦),其中,隔河岩为 121.2 万千瓦、高坝洲为 27 万千瓦、水布垭为184 万千瓦,设计年发电 80 亿千瓦时,截至 2017 年,清江梯级电站累计发电过 1100 亿千瓦时,产值超过三座电站总投资的两倍,税收近 80 亿元。①

　　水电是一种清洁、可再生的能源,作为我国能源的重要组成部分,在调整能源结构和促进能源产业的可持续发展中占有举足轻重的地位。据测算,如果把长阳县的水电资源全部开发并运行 50 年,相当于全国现有煤炭资源延长一倍寿命,还能减少因使用化石能源排放的二氧化碳,是一种可持续性的发展。

2. 防洪效益

　　防洪是水利枢纽工程另一重要功能。清江是长江中下游防洪体系的重要组成部分,水布垭水库和隔河岩水库均留有 5 亿立方米防洪库容,即两水库共有 10 亿立方米防洪库容,可以有效削减清江下游洪峰,错开清江洪峰与长江洪峰的遭遇,减轻对长江险段荆江河段的洪水威胁。根据有关统计,清江洪峰流量最大可达长江的 15%,清江洪水每增加 1000 立方米/秒,长江荆江河段水位就会上涨 8—10 厘米。1998 年长江发生大洪水,汛情严峻,进入 6 月以后,连续几次洪峰首尾相连,荆江水位居高不下,清江流域亦大面积降雨,造成洪

---

① 清江水电公司,见 http://www.qdc.com.cn/Category_17/Index_1.aspx。

水猛涨。1998 年 8 月 8 日,为确保长江荆江大堤安全,根据国家防总和省防指指令,隔河岩水电站关闸控制泄洪,在入库洪水高达 5000 立方米/秒,隔河岩水库仍控制下泄流量 1000—2500 立方米/秒,致使水库水位高达 203.94 米,超过正常蓄水位 3.94 米。隔河岩水库连续采取超水位拦洪蓄水措施,有效地减低了荆江河段水位 33—37 厘米,确保了荆江不分洪,确保了分洪区人民生命财产安全。

3. 航远效益

八百里清江,从东到西,流经鄂西及宜昌市的十余县市,在没有公路或公路不发达的年代,清江两岸的人民主要靠清江这条通道来运送物资,沟通与外界的物资交流。但清江滩险急,又因其"大滩套小滩,滩滩都是鬼门关"的客观条件,航运十分困难。隔河岩水库的兴建成功,致清江水位上浮,广阔的江面形成 92 千米的深水航道,大大改善了航运条件。据县统计局资料,2000 年,全县拥有机动船舶 78 艘,总功率 3772 千万,拥有驳船 44 艘,净载吨位 5816 吨位。

4. 旅游业效益

对清江流域进行梯级开发,长阳境内形成了"一坝(隔河岩大坝)两库(隔河岩水库、高坝洲水库)"的独特景观,水域面积的扩大,百岛沉浮风光的凸现,使得清江长阳秀丽的山水风光更显妖娆,清江已变成绵延数百千米的梯级长湖,为绝佳的观光旅游、休闲度假胜地。2012 年,清江画廊景区被批准为国家 5A 级旅游景区,"清江画廊"与神农架、武当山、长江三峡并称"湖北四大甲级旅游资源区",长阳被命名为"湖北旅游强县"。长阳县民风淳朴,民族风情浓郁,民俗多姿多彩,山歌、南曲、巴山舞等具有浓郁的民族民俗风情。秀丽的风景与独特的土家文化使得长阳旅游业方兴未艾。库区以旅游、餐饮、服务等为主体的相关产业得到迅速发展。2017 年旅游产业综合收入达到 75 亿元,

占当年地区生产总值的 55.42%。旅游业不仅成为县域经济的支柱产业,而且也为移民经济增添了新亮点:

一是餐饮业。长阳移民从事餐饮经营活动者达 1200 多户,其中在工商管理部门登记注册的有 460 多户。库区武落钟离山既是土家族的发祥地,也是风景秀丽的旅游区,景区 30 多户移民,家家从事旅游、餐饮等服务,每户年平均收入达万元以上。武落钟离山旅游业开展起来以后,杨德梅率先办起了饮食旅店业,挂上"溯源饭庄"的招牌。凭一手农家饭菜的好手艺,招徕远近来客,生意越办越红火。

二是购物业。土家族特色产品的生产与销售给库区移民提供了商机。库区开发的名优产品有"岩松坪牌"清江椪柑、"清江绿茶""清江香椿""清江银鱼""清江烤鱼""清江豆豉鱼""清江虾"等。此外,开发的土家族传统特色产品还有长阳腊味香肠、羊肉、腊肉、豆瓣、豆豉、长阳野生葛粉、干土豆片等。另外,"清江奇石"业也作为一种新兴产业在移民村中得到发展,它以其高雅品位已被越来越多的寻常百姓乃至文人学者、国外友人所珍藏、传颂。

三是旅店业。在县城和旅游胜地附近,相继建起上百家大中型宾馆和旅社,专供客人食宿和娱乐。为满足不同层次旅客的需要,县城建起了三星级的隔河岩度假村、30 余家二星级的清江花园酒店及宝山宫宾馆、锦龙宾馆、益丰宾馆等。在库区武落钟离山土家族发祥地则建有民族宾馆、财苑山庄;在水布垭坝址有电站宾馆、温泉度假村;天柱山道教圣地有林业宾馆;等等。

四是水上运输业。库区已发展有大小船只 2060 条,其中库区的单位有客货船 302 条;农户自建小船 1758 条,其中,移民户有小船(大多数为木制的)1160 条。在 2060 条船中,钢制的 280 条,木制的 1780 条,共核定载客 1522 人。不论是单位或是农户的船只,都已纳入乡镇人民政府的统一管理,并把安全运输放在重要位置。这些船只已成为库区运销业的主力军。[1]

---

[1] 向大法:《长阳移民志》,湖北人民出版社 2007 年版,第 232 页。

表 7-1　历年旅游接待人数与旅游综合收入

年份	接待人数 （万人次）	旅游综合 收入（亿元）
1990	0.5	0.03
1991	2.0	0.15
1992	6.0	0.25
1993	8.0	0.26
1994	13.0	0.32
1995	20.4	0.39
1996	26.9	0.41
1997	40.2	0.50
1998	50.7	0.63
1999	60.3	0.84
2000	70.9	2.18
2001	81.2	2.96
2002	70.6	2.65
2003	41.6	1.25
2004	68.2	1.98
2005	80.1	2.75
2006	94.3	3.40
2007	108.8	4.21
2008	122.0	5.04
2009	135.8	5.81
2010	165.4	9.09
2011	226.2	12.76
2012	302.0	18.10
2013	401.0	32.00
2014	500.4	40.53
2015	600.5	50.14
2016	702.0	58.30
2017	805.0	75.00

资料来源:1990—2017 年长阳土家族自治县国民经济和社会发展统计公报。

（二）资源开发带来的影响

1.淹没土地和移民

淹没土地和移民安置是水电资源开发带来的重要影响之一。隔河岩、高坝洲、水布垭和招徕河4个大中型水库淹没长阳县土地面积42290亩，其中：隔河岩水库淹没31615.6亩，高坝洲淹没10149.7亩，水布垭工区征收424.8亩，招徕河淹没100亩。

由于水电建设，长阳县搬迁和安置移民共40508人，其中隔河岩水库30061人（施工区1640人、库区28421人），高坝洲库区10111人，水布垭工区83人，招徕河水电站67人，三峡库区186人。在所搬迁安置的移民中，农民居民32311人，集镇居民4328人，工矿企业工人3869人。移民安置主要有农业就地安置、"农转非"和外迁三种方式，其中农业安置20135人，"农转非"安置5528人，外迁安置6648人。

表7-2　淹没土地和移民安置情况

	淹没土地（亩）	占总淹没比（%）	移民安置（人数）
隔河岩	31615.6	99.6	30061
高坝洲	10149.7	61.0	10111
水布垭	424.8		83
招徕河	100.0	100.0	67
三峡工程			186
总计	42290.1		40508

据长阳县移民局统计，隔河岩水库淹没土地及影响7个乡镇、36个村，淹没耕地、山林、柴草山等共31615.6亩。淹没线下农户4654户19486人。淹没原区级集镇4个、乡级集镇8个，行政事业单位658个，企业49家，村组及个体副业设施357个。淹没影响公路606千米，输电线703千米，邮电线440

千米,广播线 690 千米,水电站 12 座。

2. 生态环境的影响

（1）水库滑坡

水库蓄水后,由于库岸水文地质、工程地质条件的改变,局部近岸低段出现滑坡、坍岸、浸没、孤岛导致溶蚀洼地水情灾害加重等,受淹没影响区域,有34 处大中型滑坡、4 处危岩体,滑坡总方量达 1.4 亿—1.6 亿立方米,尽管对大坝安全不会造成威胁,但是对航道、居民住所、工矿、交通、通信设施及农田等都存在一定的潜在威胁,同时,对移民及整体库区的发展规划都有影响,滑坡也会诱发次生地震。隔河岩水库从 1993 年 4 月 24 日至 2005 年 12 月 31日,区内共发生地震 1666 次,可定出震中位置的 316 次。位于库区鸭子口乡杨家槽集镇西侧的康家包,就是滑坡比较频繁和严重的区域,该滑坡于 2002年被发现,2004 年范围逐渐扩宽,滑坡体下缘距离清江仅 150 米。2008 年夏,湖北省水文地质勘察队对此进行了地质勘探,滑坡体横宽 185 米,纵长 200米,平均厚度 8 米,体积约 30 万立方米。滑坡区域有农户 24 户,人口 60 人,其中 9 户房屋受损,经济损失近万元。

（2）水土流失

隔河岩库区水土流失面积 1155.07 平方千米,占全县的 60%左右。据长阳县环保局统计,长阳全县有大小滑坡体 247 处,总滑坡体达 54577.84 万立方米。隔河岩水库自蓄水以来,受库水浸泡和涨落的影响,部分滑体变形,库边松散堆积体也有小范围的变形或做坏。全县坡耕地流失面积达 320.31 平方千米,占 17.8%;坡耕地年侵蚀总量达 218.36 万吨,占总侵蚀量的 26.4%,年侵蚀模数达 6800 平方千米/吨。

（3）气候变化

湿地被称为"地球之肾",具有美化环境、调节气候的作用,水电开发中的水库会影响河流两岸的湿地,严重的话会使部分湿地消失。根据长阳县环保局的报告显示,隔河岩大坝建成后,春冬季的月平均气温增高了 0.2—0.5℃,夏季月平均气温降低了 0.7—0.9℃,年平均水汽压增加 160 帕,水库建成后,当地的夏季气温降低,冬季气温升高,湿度减小,冬雾形成约为往年的 94%。通过以上数据看出,大坝的建设对当地的气候影响是比较明显的。

(4)生物种类减少

长阳野生动物品种繁多,仅鸟、兽、两栖、爬行、昆虫 5 纲有重要价值的就有 17 目 72 科 120 属 1000 多种,列入《国家重点保护野生动物名录》的有 18 种,省级保护动物 45 种;植物家族繁茂昌盛,除国家重点保护的野生植物和古树名木外,还有许许多多的常见植物别具特色,为美化人们的生活发挥着巨大的作用。长阳植物乔、灌、草、竹、藤兼备,共 3000 余种。比较常见的木本植物有 90 科、253 属、561 种。列入《国家重点保护野生植物名录》(1999 年第一批)的有 28 种。生物多样性标志着地球上的生命和谐共存,水库建设后,改变了河流水温,使水库的水温出现分层现象,水库下层的水温常年维持在低温状态,难以恢复,这会对植物、动物的生活和繁衍产生不利影响。① 主干河流上的梯级水坝将阻断水生生物的生活走廊,水库蓄水将淹没原始森林,库区道路设施的建设和新城镇的建立破坏了野生动物的栖息地,这些都将威胁生物多样性的存在。

三、水电开发利益共享问题

(一)水电税收收入分享不高

水电资源的开发对社会经济的发展会有巨大的推动作用,也增加了当地的财政收入。但地方政府在清江水电税收中认为还有分享的空间。水电开发

---

① 张博庭:《用科学的态度对待水库的低温水问题》,《水利发电》2006 年第 10 期。

财政收入与库区未来成本预算还有差距。

以国税为例,1996—2008年,隔河岩创造的国税收入占到了长阳县国税税收收入的比例都在70%以上,最低为1994年的53.64%,最高为2002年的85.62%。地处长阳的隔河岩水电站隶属湖北清江水电开发公司,总部在宜昌市。按照企业属地管理原则,水电开发增值税由宜昌市征收。增值税为中央与地方共享收入,中央分享75%,地方分享25%。所以,湖北省将清江水电开发增值税留成25%。根据湖北省与长阳县关于增值税返还协议,湖北省与长阳县又按照各50%比例分成,即长阳县实际分享到增值税比例12.5%。

表7-3 长阳县国税局1994年以来国税收入情况 单位:万元

项目	税收收入	其中:隔河岩	剔除隔河岩电厂后国税收入	隔河岩电站占国税收入比例
1994 年	3356	1800	1556	0.5364
1995 年	7156	4560	2596	0.6372
1996 年	12207	9092	3115	0.7448
1997 年	18662	15276	3386	0.8186
1998 年	20645	17204	2441	0.8333
1999 年	21623	18243	3380	0.8437
2000 年	20001	16465	3536	0.8232
2001 年	15364	11598	3766	0.7549
2002 年	23446	20232	3214	0.8562
2003 年	25810	22098	3712	0.8561
2004 年	28899	24012	4887	0.8309
2005 年	33324	25968	7356	0.7793
2006 年	37477	28923	8554	0.7718
2007 年	42411	30391	12020	0.7166
2008 年	56190	39678	16512	0.7061

资料来源:长阳县国税局统计数据。

（二）资源开发的收益与成本不均衡

资源开发的收益主要为地方政府和相关部门性收入:增值税（返还）、营业税、企业所得税、个人所得税、城建税、房产税、印花税、水资源费等。以2008年为例,隔河岩工程带来地方性收入为3300.166万元。[①]

水电资源开发带来的生态治理和公共治理主要为移民后续安置费用、地质灾害治理、库区基础设施、移民危房改造、库区安全饮水工程等。经测算,投资预算为20271.92万元。水电资源开发治理工程还不包括移民牺牲发展的机会成本,还有移民后的可持续发展能力建设等投入。当然,工程治理是逐年进行。即使这样,资源所在地在水电资源开发中的收益与成本严重不均衡。

1. 水电资源开发带来的地方性收入

增值税。地处长阳的隔河岩水电站隶属湖北清江水电开发公司,总部在宜昌市。按照企业属地管理原则,水电开发增值税由宜昌市征收。增值税为中央与地方共享收入,中央分享75%,地方分享25%。所以,湖北省将清江水电开发增值税留成25%。根据湖北省与长阳县关于增值税返还协议,湖北省与长阳县又按照各50%比例分成,即长阳县实际分享到增值税比例12.5%,即1415万元。

营业税、城建税等地方税收。清江开发总公司、发电分公司、湖北清能（分）公司,所上交地税分别为1337万元、437.709万元、95.457万元,总计为1870.166万元。

水资源费。清江隔河岩水电站清能公司征收水资源费15万元,其他为地方小水电水资源费。水资源费为地方使用经费。目前存在的问题:(1)隔河岩发电厂水资源费返还比例偏低。湖北清江水电开发有限责任公司所属的隔

---

① 陈祖海、陈莉娟:《民族地区资源开发利益协调机制研究——以清江水电资源开发为例》,《中南民族大学学报(人文社会科学版)》2010年第6期。

河岩发电厂装机 120 万千瓦,年发电量 30.4 亿千瓦时,年均征收水资源费 900 多万元。2003 年以前由湖北省水利厅委托长阳水电局征收,1997—2005 年返还到县的比例为 40%,2003 年改由宜昌市水利水电局征收,自 2006 年起,返还改变为市和县共 40%,其中市 15%、县 25%。1997—2002 年,按照"自留 40%,交省 60%"的政策,长阳共征收 2526.319 万元,返还到长阳 1000 多万元,但 2003 年至今由宜昌市征收期间实际返还长阳只有 370 多万元。由于返还比例的下降和征收的不足额,长阳县每年返还的水资源费直接减少 100 多万元。同时,还存在返还不及时问题。2006 年水资源费返还了 87 万元,2007 年、2008 年未予返还。(2)高坝洲水电站每年应收取水资源费 240 万元,返还地方 90 多万元,高坝洲库区水资源长阳占 60%,长阳县提出了应返还 50 万元诉求。(3)招徕河水电站水资源费征收问题。湖北长阳招徕河水电投资有限公司所属的招徕河水电站装机 3.6 万千瓦,年发电量 1.124 亿千瓦时,年均征收水资源费约 30 万元。招徕河水电站是长阳县利用日元贷款建设的一个重点水电项目,2004 年 9 月转为民营企业,2005 年 5 月底正式投产发电。而水资源费却由宜昌市水利局征收,长阳县从未享受到招徕河水资源费返还政策。按照以上计算,每年水资源费缺口应为 $900 \times 40\% + 50 + 30 - 15 = 425$ 万元。以上三项为水电资源开发带来的总地方性收入,即增值税、营业税、城建税等地方税收和水资源费,合计 $1415 + 1870.166 + 15 = 3300.166$ 万元(见表 7-4)。

表 7-4　2008 年隔河岩工程带来地方性收入　　　　　单位:万元

公司 项目	清江开发 总公司	发电分公司	湖北清能 (分)公司	
增值税(返还)	1415.000			
营业税		0.630	7.776	
企业所得税		0.420		
个人所得税		436.385	49.331	

续表

项目＼公司	清江开发总公司	发电分公司	湖北清能（分）公司	
城建税	919.000	0.128	20.785	
房产税			2.535	
印花税		0.006		
其他	418.000	0.140	15.030	
水资源费			15.000	
总计	2752.000	437.709	110.457	3300.166

2. 水电资源开发工程成本

主要包括：(1)移民问题，包括滑坡移民搬迁、后靠移民二次搬迁(严重缺地)、淹地不淹房失地搬迁；(2)地质灾害治理；(3)库区基础设施建设；(4)移民危房改造；(5)库区安全饮水工程。

表 7-5 2008 年水电资源工程成本预算　　　　单位：万元

项　目		人数	工程预算
移民问题	滑坡移民搬迁	877	3508
	后靠移民二次搬迁(严重缺地)	700	2800
	淹地不淹房失地搬迁	800	3200
	应作安置处理而未处理	769	1167.3
地质灾害治理	津洋口排水泵站增容 500 亩耕地		422.72
	丹水撇洪渠地质灾害治理		738.9
	潘家塘污染治理		1317
	红岩溪滑坡治理工程		336
	康家包滑坡治理工程		522
	乱石窖滑坡治理工程		410
库区基础设施	黄陵洞——州衙坪公路		1735
	峡洞岩大桥		1193

续表

项　目	人数	工程预算
移民危房改造（户）	1810	2172
库区安全饮水工程		750
合计		20271.92

资料来源：根据 2009 年、2010 年长阳县人民政府办公室、移民局提供资料整理。

（三）移民解困回顾

移民问题是水电资源开发存在的主要问题之一。尽管有不同程度的补偿，但是移民中贫困人口比重还是相对较高。

与现在三峡移民、丹江口库区移民不同，隔河岩库区移民概算是在计划经济体制下编制完成的。1994 年之前，对农户的补偿是企业与长阳县政府进行协商，再以包干形式签订协议而框定的。长阳县根据 1987 年联合调查组核实的各类指标，以长江委规划投资概算处理确定的补偿标准为依据，下发了《县移民开发指挥部关于库区移民农户实物指标补偿标准的通知》（长移指文〔1988〕3 号）。隔河岩移民安置正处于国家从计划经济向市场经济转型时期，补偿标准制定与计划经济时代，而实施却已步入市场经济时代，由于价格因素的影响，部分移民补偿未达到预期。

表 7-6　隔河岩库区移民农户实物指标补偿标准

项目	单位	单价（元）
一、房屋	平方米	—
正房：砖混	平方米	60
砖木	平方米	45
土木	平方米	35
楼房：砖木	平方米	15
土木	平方米	10

续表

项目	单位	单价（元）
偏房	平方米	25
附属物	平方米	15
二、附属建筑	平方米	—
围墙	平方米	7
水泥晒场	平方米	8
三合土晒场	平方米	4
水井	处	10
水池	处	20
粪池	处	30
三、搬迁费	—	—
村内	人	70
乡内	人	90
县内	人	100
县外	人	120
搬迁损失费	户	150
误工补助费	人	30
宅基平整费	户	200
四、零星经济林	—	—
柑橘：结果	株	20
未结果	株	5
其他果树	—	—
结果	株	10
未结果	株	3
茶树	株	0.5
二类其他	株	1
桐子（大树）	株	2
三类其他	株	0.5
竹园	亩	450
五、鱼塘	亩	600

资料来源：《县移民开发指挥部关于库区移民农户实物指标补偿标准的通知》（长移指文〔1988〕3 号）。

课题组在湖北长阳土家族自治县调查，清江水电资源开发存在问题：一是库区移民耕地不足。由于移民大多数实行了就近后靠安置，加上地理环境恶劣，山高坡陡，耕地有限，致使移民耕地不足，人均耕地仅 0.65 亩，需要搬迁人口 3717 人。二是库区低收入人口比重大。库区移民中绝对贫困人口、低收入人口 6800 多人，占安置移民人口 34%。①

从水电站分享直接收益看，除了分享部分运输、基础设施建设的劳务用工外，居民所获得的就业机会和收入总体不高。就隔河岩工区龙舟坪的三个村移民而言，除了当地农民 18 人招工就业外，其他都需要转岗就业。尽管国家对工区移民每月给予基本生活保障 170 元，但这只是女性年满 55 岁、男性年满 60 岁才享有。尤其移民人均土地少，导致生计困难。在女性 30—55 岁、男性 30—60 岁之间出现两类人群：一类文化水平相对较高或者掌握一定技能的人，出去打工挣钱，生活尚可；二类是文化水平相对低下或者无一定技能的人，则会面临持续生计问题。从农民的愿望来讲，土地、山林用来建设水电站了，就应该过上好日子。然而，事情不是当初想象的日子，这样就容易造成与企业、地方政府的之间利益分配的矛盾。

故土难离，对于移民来说，极易产生心理压力。长阳县的资丘、渔峡口、鸭子口、都镇湾、磨市、大堰等乡镇是居住的家园，也是祖祖辈辈生存繁衍的地方。很多移民搬到新的居住地，需要很长的时间进行适应。美国心理学家利兰（Leland）和科恩（Cone）认为社会适应性是社会合体对价值观、社会观、生活方式的应对能力，是个体与社会环境在交互过程中产生的心理适应。② 其主要表现在人们对生存发展的自然环境、人文环境、生活方式、生活习俗在认知方面的认同、在情感上的融入、在行为上的适应。移民的社会适应性，不仅直接影响到移民的生活质量，还深刻地影响到他们的身心健康，并在一定程度上影响着社会的和谐稳定。

---

① 陈莉娟、张岚参与课题组调研。
② 杨彦平、金喻：《社会适应性研究述评》，《心理科学》2006 年第 5 期。

移民的持续生计能力困境。原因在哪里？关键在于移民的持续生计能力较弱。大多数移民生活在高山峡谷，文化程度不高，缺乏劳动技能，就业机会少。传统的移民补偿方式多是一次性的物质补偿为主。因此，除了对当地居民给予物质补偿和经济补偿外，最重要的是为其提供技术支持，提高移民的科技素质，增加居民的就业机会和自主创业的扶持，"授人以鱼，不如授人以渔"，这是移民脱贫致富的关键。结合各个行业特点及移民的具体情况，实施分层培训。对有一定文化基础知识的移民进行科技技能培训，开设知识含量高、就业前景广的培训内容，增强移民自身造血能力。这种方式成本低、收益大，既可以开发经济资源，又可开发移民的人力资源。同时，政府应搭建就业相关信息平台，积极组织和引导剩余劳动力向城镇转移，实施劳务输出，并为移民提供维权保护，创造异地就业的条件，可以降低移民安置压力。鼓励"乡贤能人"创业，在资金、税收、注册等政策方面予以支持，实现长效就业。

水电移民安置，要以土地为依托，以农业安置为主要形式，在异地提供相当数量的土地资源，帮助添置生产工具，维持原有的生产生活方式，完成移民的快速转换。有一部分农村移民自我造血功能弱，对他们不可能通过项目培训等方式在短期内解决生计困难，要维持他们的生计，实施一定范围的"低保政策"兜底，同时消除移民的依赖心理，避免出现"移民懒汉"，催生移民尽快走出贫困的信心，激发其自力更生的意愿。

四、做法与启示

（一）以人为本，完善移民安置

为了维护移民合法权益，保障工程建设的顺利进行，2006 年国务院出台了《大中型水利水电工程建设征地补偿和移民安置条例》，明确征收土地补偿费和安置补助费之和为该耕地被征收前三年平均年产值的 16 倍。为了做好大中型水利水电工程建设征地补偿和移民安置工作，2017年国务院对《大中型水利水电工程建设征地补偿和移民安置条例》进行了修改，将土地补偿费和安置补助费，实行与铁路等基础设施项目用地同等补偿标准，按照被征收土地所在省、自治区、直辖市规定的标准执行。

长阳县十分重视移民安置工作，移民安置先后经历隔河岩库区、高坝洲库区、水布垭坝区、招徕河库区四大水库移民安置。根据工程占地和淹没区实物调查结果以及移民区、移民安置区经济社会情况和资源环境承载能力，严格制定移民搬迁方案，实施开发性移民。比如在隔河岩库区移民中，首先确定了"大分散、小集中""三为主、三同步"指导思想。"三为主"指移民安置形式以就地就近为主，安置门路以大农业为主，移民兴办企业以"小、集、轻、矿"为主。"三同步"指分批安置与工程进度同步，生活安置与生产安置同步，生活生产安置与公益设施建设同步。按照"先规划、后安置"原则有序推进，移民工作进展顺利。

据《长阳移民志》资料，隔河岩水库移民安置方式有六种：一是以土为本，实施农业安置。以农为本，调整责任田，垦荒造田，无地移民二次搬迁，是隔河岩库区移民安置的主要形式。二是投亲靠友，外迁安置。先后迁往县外安置共438户、559人，一般选择在平原地区，交通方便，生产条件较好的地区。三是"农转非"，自谋职业安置，隔河岩库区前后共1010户、2907人，有效实施农转非。"农转非"移民安置以补偿到位、解决移民吃平价粮、自谋生活出路为前提的，当时看来，在国家实行计划经济体制下，是一种受移民欢迎的移民方式。四是招工招干，劳务输出安置，政策初衷是为每个农村移民户解决一个子女外出就业。先后16次输出移民，劳动力到县外17个企业、就业1017人，其中正式招工645人，临时合同工426人。五是扶持办企业，移民务工安置。扶持发展乡镇企业，不仅可以解决移民就业，也是农民实现脱贫致富的一种途径。六是其他形式安置，如对五保户、个体经营户的安置等。这一批人数量不多，是移民安置的一种补充形式。

（二）加强库区基础设施建设和地质灾害治理，改善库区生活条件

加强库区基础设施建设是改善民生的重要途径。库区基础设施建设包括架桥修路、移民危房改造、移民饮水安全工程。2009 年出台了《大中型水库移民后期扶持库区基金单列项目规划报告》，加强库区基础设施建设。重点工程：(1)黄陵洞—州衙坪公路。鸭子口乡鸭子口村是 2001 年由清江岸边原鸭子口、木溪、州衙坪和柑橘场 4 个小村合并而成，隔河岩水库蓄水之前有条县级干道通过，水库蓄水后未复建公路，成为长阳县唯一没有通公路的村。公路标准为山岭重丘四级，长 17 千米，路基宽 4.5 米，路面宽 3.5 米，服务人口 1.1 万人。(2)峡洞岩大桥。隔河岩水库蓄水后，落雁山成为一个大孤岛，给区域内高桥、樟木垒两村 1.5 万多移民群众生产生活物资及农、林、特、畜、水产品的运输带来极大不便。据长阳县交通勘察设计院资料，峡洞岩大桥桥长 150米，净跨 80 米，桥宽 9 米，荷载公路二级。(3)移民危房改造。库区移民搬迁已有 20 余年，当年修建的房子质量一般较差，长阳县对 1810 户危房实施改造。(4)库区移民安全饮水工程，涉及 120 个移民安置村。

地质灾害治理是库区管理的重要工作。主要工程：(1)津洋口排水泵站增容。津洋口防护区排水泵站是津洋口防护工程的重要组成部分。因泵站排量过小，每遇大雨，需三天以上时间才能将水位降到耕地以下（多数在 82 米高程）。洪水回壅，区内 500 多亩耕地经常被淹没，农民难以正常开展生产，严重影响其收入。将原装机 220 千瓦的机组改为 1500 千瓦的机组，确保排水通畅。(2)丹水撇洪渠地质灾害治理。2004 年 8 月 23 日左岸上段长约 70 米的边坡发生坍滑，4000 多方土石坍入渠道。(3)潘家塘污染治理工程。由于防护区内治污问题在工程设计和施工中没有得到较好的处理，护区内的污水全部汇集于潭中，蚊虫泛滥，臭气熏天，严重影响了附近群众的生产生活，成为津洋口地区的一大公害。(4)红岩溪滑坡治理工程，位于隔河岩库区大型滑

坡之一的杨家槽滑坡的上缘。(5)康家包滑坡治理工程。康家包滑坡体于2007年8月4日发生坍滑,2008年4月19日由于暴雨西侧再次发生坍滑,公路路面拉裂、沉陷,最大沉陷高度0.3米。(6)乱石窖滑坡治理工程。该滑坡位于资丘镇集镇西侧300米处的顺向单面灰岩斜坡之上,受威胁农户32户和212人。

(三)扶持产业发展,促进库区农民增收

1.培植特色产业,提高生存竞争力

为增加库区群众和移民经济收入,长阳县立足当地资源优势,因地制宜,扬长避短,积极推行"科技兴库"战略,大力培植地方特色产业,加快农业产业化进程,逐步形成了高山蔬菜、肉羊产业、清江水产、柑橘产业、茶叶产业、中药材产业"六大特色产业"。这些特色产业的兴起,大大促进农村经济的发展,使长阳在扶贫开发、产业结构调整取得显著成效,其中,库区的柑橘、茶叶、栀果(药材和色素)占据十分重要的地位。怎样才能使库区摆脱贫困?怎样促进库区协调发展?长阳县围绕库区特色产业做文章,主要经验:一是大力扶持龙头企业,推进农业产业化。建立了以牧业公司、水产公司、高山蔬菜公司、清江椪柑公司、夷水色素厂、建鑫公司(中药材)、维特魔芋胶公司、土家嫂特色食品公司等龙头企业,不断延伸企业链条,带动了一大批农民进入产业化经营,搞活了农产品流通渠道,开拓了农产品外销市场,开辟武汉、深圳、广州、福建等异地"窗口市场",完善和调整产地批发市场,形成"龙头企业+基地+农户""外贸公司+农户"等产、供、销等农业产业化格局。二是坚持标准认证,树立"绿色品牌"。面向国际市场生产农产品,建立和完善农产品标准体系,实现产品标准化。在农产品优势产区,率先推进市场准入制度和产品质量安全例行检验制度,实现农产品全供应链的质量安全可追溯监管体系,开展有机、绿色及质量体系认证,推出长阳精品,打响长阳品牌。"火饶坪球白菜"

"清江椪柑""清江冻银鱼""钟离山牌涮羊肉""贺家坪老雾冲茶园"等品牌和基地被认证为"绿色食品"。三是培育农业新型经营主体。随着经济全球化,不能关门来讲特色。要拿出来竞争,竞争还是靠人才。这个人才是乡土人才、乡村能人。不是农民都会种地,要培养职业农民。面临小生产和大市场的矛盾,通过培养"家庭农场、种植大户、农业企业"等农业新型经营主体,带动农民创市场,涌现出长阳廪君茶叶合作社、长阳汇丰生态种植合作社、长阳磨市柑橘合作社等一批新型农业经营主体。四是促进农村电子商务发展,促进乡村振兴战略。发展电商是拓宽农产品市场的重要渠道。从全国看,宁夏枸杞、新疆哈密瓜、福建铁观音销往全国,更重要的是实行产品追溯系统、私人定制、满足个性需求,实现效益翻番,如新疆哈密瓜通过私人订制由本地1个20—30元卖到北京可以达到50—90元。长阳县抓住机遇,顺势而上,积极推动农村电子商务发展,2018年11月出台了农村电商工程三年(2018—2020年)行动方案,在电子商务平台和销售网络建设、培育农产品加工电子商务应用一体化龙头企业、流通基础设施、冷库仓储、冷链物流等基础设施等方面给予政策支持,为新时代乡村振兴战略提供新动能。

2. 打好生态牌,促进库区旅游业发展

"八百里清江美如画,三百里画廊在长阳。"清江水电资源开发后,长阳县利用独特水库资源禀赋,打好生态牌,推动当地旅游业发展,在库区旅游资源上做足文章,清江旅游成为长阳一张响当当的名片。清江画廊境内峰峦叠嶂,数百岛屿星罗棋布,灿若绿珠,人称清江有长江三峡之雄,桂林漓江之清,杭州西湖之秀,已成为5A级景区。与此同时,通过清江画廊旅游业的龙头地位,带动了天柱山、丹水漂流、麻池古寨等景区发展,促进了长阳全域旅游发展。清江方山景区2015年9月开放,2017年晋升国家4A级旅游景区,长阳卓尔国际旅游度假区等2017年8月相继开放,还有以龙舟坪镇长峰公社、磨市镇山

野水寨、大堰乡清江渔村等五星级为代表的农家乐 700 多家带动乡村旅游。通过推动区域联动、资源整合、整体开发、互利共赢，促进清江生态文化发展，实现生态保护、文化传承、旅游惠民。2017 年长阳县旅游产业综合收入达到 75 亿元，占当年地区生产总值的 55.42%，毫无疑问，旅游业已成为长阳县战略支柱产业。

（四）做好移民生产生活扶持，让库区群众分享资源开发收益

为了帮助移民改善生产生活条件，国家先后设立了库区维护基金、库区建设基金和库区后期扶持基金。2006 年发布《关于完善大中型水库移民后期扶持政策的意见》（国发〔2006〕17 号），要求加强后期扶持力度，对纳入扶持范围的移民每人每年补助 600 元，扶持期限为 20 年。具体内容是对 2006 年 6 月 30 日前搬迁的纳入扶持范围的移民，自 2006 年 7 月 1 日起再扶持 20 年；对 2006 年 7 月 1 日以后搬迁的纳入扶持范围的移民，从其完成搬迁之日起扶持 20 年。此后，2007 年国家将原库区维护基金、原库区后期扶持基金及经营性大中型水库承担的移民后期扶持资金进行整合，设立大中型水库库区基金，简称库区基金。2017 年 10 月财政部出台《大中型水库移民后期扶持基金项目资金管理办法》，明确项目资金支出范围是支持库区和移民安置区基础设施建设及经济社会发展，以此加强后期扶持基金的监管。

长阳县每年从隔河岩水电站提取库区基金，主要用于库区移民生产生活困难补助、水库防护工程维护、库区移民的人畜饮水、提水灌溉工程和交通设施的维护等。隔河岩库区基金由清江水电开发有限责任公司支付，1993 年 6 月至 1995 年 12 月提取标准为 3 厘/千瓦时；1996 年 1 月后提取标准为 5 厘/千瓦时。此后，长阳县政府向省政府申请按三峡水库库区基金 8 厘/千瓦时的标准征收。总之，库区基金对于扶持移民生产生活与可持续发展发挥了重要作用。

（五）严格环境保护，促进清江库区可持续发展

1. 建章立制，科学规划，创新推动库区可持续发展

为了保护清江生态环境，根据民族区域自治法，长阳县先后出台了《长阳土家族自治县清江库区管理条例》及《实施细则》《长阳土家族自治县河流保护条例》，制定《重要河流流域综合规划》《水资源保护规划》，划定生态保护红线，实施严格的环境保护措施，加强水污染防治和节能减排工作，从严核定河流水域纳污容量，严格控制入河湖排污总量，禁止向水库倾倒、排放工业废渣、残油、废油、垃圾、尸体及其他废弃物，禁止以任何方式向水库排放未经处理的有害工业废水等，保证水库水质达到国家地面水环境质量标准Ⅱ类标准。这些法律规章为清江生态环境保护起到有效的法律保障。坚持突出生态优势，推动绿色发展，把生态文明建设放在突出位置，正确处理好经济发展与库区生态保护的关系，珍惜库区生态优势，守住环境底线，在保护中开发，在开发中保护，积极探索绿色发展模式，实现生态效益、经济效益、社会效益共赢。

2. 加强锰矿环境问题督查督办

长阳锰矿开采威胁清江水质一直受到政府和民众关注，也是清江库区保护绕不过的坎儿。2014 年 3 月 20 日人民网转载《湖北清江流域最大污染源调查》，据称在沿溪河上游小溪峡上的王家棚村，有一个近 60 米高的长阳蒙特尾矿渣坝，引起媒体关注。① 随着环保督查深入，资源开发与环境保护的矛盾越来越突出，是巩固财政收入，还是加强环境保护？面临两难抉择，长阳政府积极转变发展观念，践行"绿水青山就是金山银山"发展理念，深深体会到清江是土家的母亲河，是长阳最大的生态资本，痛下决心关停污染严重的企

---

① 刘涛:《湖北清江流域最大污染源调查》，2014 年 3 月 20 日，见 http://env.people.cn/n/2014/0320/c1010-24686602.html。

业，狠抓矿区污染治理。2018 年长阳县政府领导督办长阳铠榕电解锰有限公司和长阳古城锰业有限责任公司两家公司锰矿环境问题整改，[①]促进锰业节能减排，加强尾矿库环保措施，推动长阳绿色矿业发展。

3. 清理拆除水库网箱养鱼，保护清江水资源

为改善库区移民生活，长阳县 1997 年开始发展库区水产养殖业，建设清江水产养殖基地，鼓励发展网箱养鱼，一时间，"清江鱼"名声大振，成为中国名牌农产品。然而饵料投放造成水质富营养化，威胁清江生态。于是长阳县决定清理拆除水库网箱养鱼，保护清江水资源。2016 年以来，当地政府组织相关部门对境内 143 万平方米的养殖面积实施拆除，共计清理 7 万多只网箱、865 个工作用房、504 艘渔船。[②] 保护清江水资源已是长阳县广大干部群众的共识。当地政府积极推动大户转型上岸，按照环保标准引导渔业转型升级，并提供资金、政策鼓励小户发展茶叶、柑橘、核桃等特色种植产业。

---

① 宜昌市人民政府网：《长阳县领导督办河长制落实及锰矿环境问题整改情况》，2018 年 8 月 10 日，见 http://www. yichang. gov. cn/html/redianzhuanti/shengjihuanbao/xianshiqu/2018/0810/1002806.html。

② 湖北省人民政府门户网站：《长阳清江库区全面告别网箱养鱼》，2018 年 3 月 30 日，见 http://www. hubei. gov. cn/zhuanti/2017zt/zhongyanghuanbaoducha/2018hbdc/201803/t20180330_1268554.shtml。

第八章 自然保护区：星斗山和七姊妹山保护区利益共享实践

　　星斗山、七姊妹山两个国家级自然保护区是国家重点生态功能区,被列为禁止开发范围。国家禁止开发区域要依据法律法规和相关规划实施强制性保护,严格控制人为因素对自然生态和文化自然遗产原真性、完整性的干扰,严禁不符合主体功能定位的各类开发活动,实现污染物"零排放",提高环境质量。同时,又规定在不影响自然保护区主体功能的前提下,对范围较大、目前核心区人口较多的,可以保持适量的人口规模和适度的农牧业活动,确保人民生活水平稳步提高。那么,自然保护区必定面临自然保护与改善生活"两难"矛盾。

　　星斗山、七姊妹山自然保护区位于全国 14 个集中连片特困区的武陵山片区,保护区所在县市原为国家级贫困县,是贫困山区、生态系统脆弱区、少数民族地区的叠加区,研究样本具有典型代表性,其研究结果对于建立社区利益共享机制具有重要现实意义,也对全国 2750 个自然保护区提供参考借鉴。

　　鉴于此,研究团队于 2012 年 6 月、2013 年 8 月、2017 年 8 月连续深入星斗山、七姊妹山两个国家级自然保护区社区,采取实地访谈、问卷调查、文案调查等方法,对自然保护区内的 6 乡镇、14 村进行跟踪调查。通过调查研究,破解"两难"困境,建立利益共享机制,改善社区生活状况,促进自然保护区生态建设,构建和谐社会。①

一、两个自然保护区概况

(一)星斗山国家级自然保护区概况

1.自然环境

星斗山自然保护区位于鄂西南利川、恩施、咸丰三市县境内,分为东部星斗山片和西部小河片。东部星斗山片,位于利川、咸丰、恩施三县市交界之处;西部小河片,位于利川市境内。星斗山自然保护区总面积68339公顷。根据自然环境和生物多样性资源情况,将保护区规划为核心区、缓冲区、实验区。

表8-1 自然保护区面积与分区情况
单位:公顷

名称	星斗山片(东部)	小河片(西部)	合计	比例(%)
核心区	10120	11045	21165	30.97
缓冲区	6611	8321	14932	21.85
实验区	25840	6402	32242	47.18
合计	42571	25768	68339	

资料来源:星斗山国家级自然保护区管理局。

(1)核心区。核心区分为东片和西片,总面积为21165公顷,占保护区总面积的30.97%,其中,东部星斗山片核心区面积为10120公顷,占东片总面积的23.77%,以珙桐、秃杉等群落的主要栖息地和分布地点为中心,完整地保

---

① 陈祖海、李扬:《破解"两难"冲突推动自然保护区良性发展》,《环境保护》2013年第2期。

存原星斗山省级自然保护区核心区的部分。西部小河片核心区面积为 11045 公顷,占西片总面积的 42.86%,以水杉群落的主要栖息地和分布地为中心,完整地保存水杉植被垂直分布的原始次生林。

(2)缓冲区。核心区外围地区,面积为 14932 公顷,占保护区总面积的 21.85%。其中,东部星斗山片缓冲区面积为 6611 公顷,占东片总面积的 15.53%。西部小河片缓冲区面积为 8321 公顷,占西片总面积的 32.29%。

(3)实验区。主要位于缓冲区外围,面积为 32242 公顷,占总面积的 47.18%。其中,东部星斗山片实验区面积为 25840 公顷,占东片总面积的 15.53%。西部小河片实验区面积为 6402 公顷,占西片总面积的 24.84%。

根据资源特点、科学价值和自然条件分为 5 个功能分区(小区):多种经营分区;森林植被恢复分区;经济林培育分区;珍稀濒危树种繁殖栽培分区;生态旅游分区。

2. 生态价值

(1)地理位置独特,生态地位重要。星斗山自然保护区位于我国阶梯地形的第二阶梯东缘,地质历史悠久,自然条件优越,地形复杂,适合于古老、珍稀、孑遗树种的生长和繁衍。北有大巴山、巫山作屏障,在第四纪冰川时期未直接遭受冰川危害,成为第三纪植物的"避难所"。保护区水资源丰富,是长江中下游第二大支流——清江的源头,为重要的水源涵养区,被列为国家重要生态功能区之一。

(2)生物资源丰富,保护价值巨大。植物区系复杂,起源古老,被誉为"华中植物园"。据调查,保护区共有维管束植物 200 科、843 属、2033 种,其中国家一级保护植物有水杉、红豆杉、南方红豆杉、珙桐、光叶珙桐、银杏、钟鄂木、莼菜 8 种,国家二级保护植物有金毛狗、黄杉、金钱松、厚朴、连香树等 29 种。起源古老珍稀濒危植物达 40 余种,属世界性、全国性特有树种 7 种。星斗山花板溪原生秃杉种群是湖北唯一分布区。区内现存的"水杉王"是世界水杉的模式标本树,水杉原生种群是世界唯一仅存的集中分布区,野生莼菜是中国的主要分布地区,具有巨大的保护价值。

境内有野生动物 1746 种,其中列入国家一级重点保护动物有金钱豹、云豹、金雕、林麝 4 种,国家二级重点保护动物 46 种。

3.历史沿革

星斗山自然保护区演变是随着人们对生态保护的重视逐步形成的。东部星斗山片最初是 1979 年湖北省恩施州批准成立的星斗山自然保护区,1988 年湖北省人民政府批准将其升级为省级自然保护区。西部小河片最初是利川县人民政府设立的小河水杉母树管理站,1981 年被湖北省人民政府批准为小河自然保护点,重点保护世界上少有的古水杉群及其生存环境。

湖北省恩施州政府及州林业局从保护和改善生态环境,实现山川秀美,促进区域经济可持续发展的角度出发,考虑到星斗山片和小河片在地理上仅相距 40 多千米,为统筹协调、规范管理,2001 年将二者合并为"湖北星斗山自然保护区",2003 年由国务院批准成为国家级自然保护区。

4.自然保护区社区概况

星斗山国家级自然保护区地跨利川、咸丰、恩施三县市,涉及毛坝、元堡、忠路、汪营、黄金洞、白果坝、盛家坝 8 个乡(镇)。

表 8-2　自然保护区社区概况

	面积(公顷)	蓄积(万立方米)	乡镇	户数	人数
核心区	21165	104.77	5	2642	10307
缓冲区	14932	47.03	6	6809	25153
实验区	32242	74.2	8	15335	58410
总计	68339	226	8	24786	91870

（二）七姊妹山国家级自然保护区概况

1. 自然环境

七姊妹山国家级自然保护区位于湖北省恩施州宣恩县境内,地处我国生物多样性和水土保持重点生态功能区,属森林生态型自然保护区。

七姊妹山自然环境属鄂西南山区,为云贵高原的东北延伸部分,地处武陵山脉余脉。全境地势表现为西北高西南低,最高峰火烧堡为全县最高峰,海拔2014.5 米,最低海拔650 米。保护区境内由喀斯特地貌发育而成,地貌类型丰富多彩。境内山系主要由七姊妹山、秦家大山和八大公山三个大的山脊绕贡水支流和酉水源头构成。总面积34500 公顷,其中核心区11560 公顷、缓冲区11700 公顷、实验区11290 公顷,森林覆盖率68.97%。

保护区属中亚热带季风湿润型气候,气候呈明显的垂直差异。保护区以中部的鸡公界、龙崩山为分水岭,形成全县相对独立的南北两大水系:北部贡水水系流归清江后入长江;南部酉水水系流进湖南省沅江,汇入洞庭湖。保护区属中亚热带季风湿润型气候,气候呈明显的垂直差异。海拔800 米以下的低山地带年均气温15.8℃,无霜期294 天,年降雨量1491.3 毫米,年日照时数1136.2 小时;海拔800—1200 米的二高山地带年均气温13.7℃,无霜期263天,年降水量1635.3 毫米,年日照时数1212.4 小时;海拔1200 米以上的高山地带年均气温8.9℃,无霜期203 天,年降水量1876 毫米,年日照时数1519.9小时。保护区土壤类型主要有黄壤、黄棕壤、棕壤、水稻土、石灰土和紫色土等6 种土类。

2. 生态价值

七姊妹山生物资源丰富。根据七姊妹自然保护区管理局资料显示,七姊妹山共有维管束植物183 科、752 属、2027 种,占全国维管束植物科、属、种数的 53.82%、23.69% 和 7.29%。保护区地处我国"川东—鄂西特有现象中心"的核心地带,珍稀濒危物种繁多,共有中国特有种子植物属 32 属,保护区内有特有植物宣恩牛奶菜(Marsdeniaxuanenensis)和宣恩盆距兰(Gastrochilusxuanensis)等。区内有 28 种野生植物被列入 1999 年公布的《国家重点保护野生植物名录(第一批)》,包括银杏、红豆杉、南方红豆杉、莼菜、伯乐树、珙桐、光叶珙桐 7 种国家 I 级保护植物和黄杉、篦子三尖杉、连香树、水青树、花榈木、红豆树、香果树等 21 种国家 II 级保护植物。同时,保护区内有 29 种珍稀植物被列入《中国植物红皮书(第一册)》,上述受国家明文保护的珍稀濒危植物共计 41 种。

野生动物种类繁多。目前已查明的陆生脊椎动物有 355 种,其中两栖类 2 目 8 科 26 种、爬行类 3 目 10 科 37 种、鸟类 15 目 40 科 225 种,哺乳类 8 目 24 科 67 种。据初步统计,保护区有鱼类 2 目 4 科 24 种,昆虫 22 目 177 科 1312 种。属于国家 I 级重点保护的野生动物有云豹、金钱豹、华南虎、林麝和金雕共 5 种;国家 II 级重点保护的野生动物有金猫、斑羚、红腹角雉和大鲵等 51 种。保护区内有 216 种陆生脊椎动物被列入《国家保护的有益的或者有重要经济、科学研究价值的陆生野生动物名录》。

亚高山泥炭藓沼泽湿地地质特殊,价值巨大。保护区的东北部海拔 1650—1950 米的范围内,分布着 810 公顷亚高山泥炭藓沼泽湿地。这片湿地为酉水的发源地,属正在发育的低位泥炭沼泽湿地,在亚热带的华中地区实属罕见,对维持酉水流域水源稳定,防止水土流失,起着关键性的作用,实为酉水源头的一座绿色环保"水塔",加强对这片亚高山泥炭藓沼泽湿地的保护和监测,对研究整个华中地区气候变化、地质年代演变都具有十分重要的意义。①

---

① 湖北七姊妹山国家级自然保护区管理局:《亚高山泥炭藓沼泽湿地简介》,2017 年 2 月 13 日,见 http://www.qzms.com.cn/2017/0213/373966.shtml。

3.自然保护区社区概况

保护区有宣恩县长潭乡、椿木营乡和沙道沟镇及国有雪落寨林场等25个行政村152个村民小组。现有人口2739户、9890人，常住人口5683人，其中外出务工人员4207人，人均年收入4800元。其中核心区408户、1326人，其中外出务工人员550人，人均年收入3300元；缓冲区1088户、4033人，其中外出务工人员1809人，人均年收入4500元；实验区1243户、4531人，其中外出务工人员1848人，人均年收入5489元。

表 8-3   七姊妹山自然保护区情况

名称	面积（公顷）	户数（户）	常住人口（人）	务工（人）	人均年收入（元）
核心区	11560	408	1326	550	3300
缓冲区	11700	1088	4033	1809	4500
实验区	11290	1243	4531	1848	5489
合计	34500	2739	9890	4207	4800

二、自然保护区资源保护利益关系

如何处理好保护与发展的关系，是自然保护区可持续发展的重要课题。自然保护区建设是推动生态文明的有效措施，而和谐发展是自然保护区的永恒主题。在自然保护区的发展过程中需要处理好保护区与周边社区居民的关系，一个规划合理、管理有序、健康发展的自然保护区离不开社区居民的参与和支持。

我国自1956年设立第一个自然保护区以来，经历五十多年的发展，初步建立了比较齐全的自然保护区体系。截至2017年底，我国自然保护区数量已经达到2750个，其中国家级463个，自然保护区总面积为14703万公顷，占陆地国土面积的 14.84%。89%的国家重点保护野生动植物种类以及大多数重要自然遗迹在自然保护区内得到保护。

由于在设立自然保护区上采取的是"早划多划、先划后建、抢救为主、逐步完善"的政策,政策管理工作滞后,致使保护区内存在很多亟待解决的问题。按照《自然保护区条例》,核心区禁止任何单位和个人进入;也不允许进入从事科学研究活动。在实验区内,仅可以进入从事科学试验、教学实习、参观考察、旅游以及驯化、繁殖珍稀、濒危野生动植物等活动,并不可以从事农业生产活动。但现实情况是,星斗山自然保护区内共有农户 24786 户,人口91870 人,其中核心区人口 10307 人,在资源保护与社区人口发展之间形成严重的利益冲突。

(一)社区和自然保护区之间的关系

保护与发展的矛盾普遍而深刻的存在于保护区与社区居民之间,由于争夺一些资源如土地、森林、矿产等其他资源的利用权常常发生一系列冲突,不仅影响了保护区的生物多样性保护功能,也导致社区居民的可持续发展难以实现。随着国家主体功能区战略的逐步实施,这一系列冲突也逐渐加剧。生物多样性保护和可持续发展是辩证统一的,保护是发展的前提,为发展提供了大量的生态资源,保护促进了更好的可持续发展;而发展是保护的基础,为保护区生物多样性的目标提供服务,向保护提供了各种类型的支持,例如人力、资金以及基础设施等。保护区内的社区居民世代生活于此,保护区与社区居民的生产和生活息息相关,保护区自然资源的有效保护和管理离不开周边社区居民的参与和支持。要提高自然保护区的有效管理,达到生物多样性保护的目标,这就要求社区居民参与和支持自然保护区的管理和建设,通过宣传教育提高社区居民对生物多样性的认识,充分发挥他们的积极作用和主人翁态度。自然保护区和社区之间应该和谐相处,树立起统一的目标,达到保护与发展的双赢。如何使保护区和社区居民形成一种人与人,人与自然之间的和谐关系,成为国内自然保护区面临的一个现实问题。

(二)利益主体关系

利益主体:政府(中央、地方)与社区居民。

建立自然保护区的目标是保护自然环境和自然资源,自然保护区属于公益林范畴。国家实施森林生态效益补偿政策,"林业国家级自然保护区补贴主要用于保护区的生态保护、修复与治理,特种救护、保护设施设备购置和维护,专项调查和监测,宣传教育以及保护管理机构聘用临时管护人员所需的劳务补贴等支出"。根据《中央财政林业补助资金管理办法》(财农〔2014〕9号),国有的国家级公益林平均补偿标准为每年每亩5元,其中管护补助支出4.75元,公共管护支出0.25元;集体和个人所有的国家级公益林补偿标准为每年每亩15元,其中管护补助支出14.75元,公共管护支出0.25元。

然而,作为集体林权,一旦列为自然保护区后,每亩14.75元的管护收益,与一亩生态效益价值是极不相称的。何况农民认为,砍一棵树就能获得70—80元。

关键问题:保护禁伐后如何解决居民生计问题。

三、促进自然保护区社区和谐共生
发展的做法

(一)加大宣传教育活动,社区居民的生态保护意识明显增强

社区生态环境保护意识的高低,直接关系到自然保护区的资源保护。在星斗山国家级自然保护区建立之初,保护区管理局编印材料在保护区内各村落进行巡回宣传教育活动,组织干部职工队伍深入保护区周边社区向群众宣传自然保护区的意义以及必要性,让社区居民了解到建立自然保护区对当地发展的好处。在《星斗山国家级自然保护区管理条例》颁布实施后,保护区管

理局专题讲解宣传条例具体内容。通过多年以来的持续宣传教育，保护区内居民的资源保护意识得到明显提高，认识到建立自然保护区对当地发展的好处，并开始理解、支持、配合保护区的工作。

（二）发展生态产业，社区居民生活明显改善

发展生态产业是实现经济发展与资源保护、自然生态与人类生态的高度统一和可持续发展的有效途径。保护区建立以来，星斗山及七姊妹山周边社区的基础设施不断完善，为社区经济的发展创造了良好的条件。在保护生态的前提下，因地制宜发展生态产业，改变过去靠山吃山、靠水吃水的传统落后的经济发展方式，从而解决社区居民生活来源问题。通过调研发现，在利川市毛坝镇芭蕉村及茶塘村，当地社区将以前的水田改造为茶园，发展茶叶种植，开办制茶工厂，茶叶种植已经成为星斗山保护区当地居民的主要产业。在七姊妹山自然保护区，当地居民主要开展养蜂、种植树苗，其中养蜂成为其主要的收入来源，例如长潭河侗族乡后河村村民张永升养蜂收入每年约4万元，占年收入的2/3。通过发展生态产业，解决了保护区部分居民的生活来源问题，从而减少由于生活所迫带来的生态资源的破坏行为。

（三）落实生态补偿政策，社区居民生态保护积极性增强

自保护区建立以来，星斗山及七姊妹山保护区积极落实国家天然林保护工程、退耕还林工程等，确保惠民政策落到实处，将补偿资金按照规定程序足额兑现给农户。星斗山毛坝镇芭蕉村村民周文祝拥有较少的生态公益林48亩，每年获得生态公益林补偿资金612元。七姊妹山两溪河村村民刘海林拥有生态公益林760余亩，每年获得生态公益林补偿金9700余元。实施生态补偿制度使社区居民深切感受到"绿水青山就是金山银山"。社区居民由"被动"保护变为"主动"保护。生态补偿改善了民生，凝聚了人心，提高了社区居民保护生态的积极性。

四、在保护自然生态前提下社区
面临的难点

（一）管理体制不顺，导致统一管理与属地管理的冲突

星斗山自然保护区地跨利川、咸丰、恩施3县市、8个乡镇、87个村，社区复杂，行政跨界，管理松散。

《湖北星斗山国家级自然保护区管理条例》第五条规定：在省自然保护区行政主管部门、自治州人民政府领导下，自然保护区实行统一管理和属地管理相结合的管理体制。星斗山国家级自然保护区管理机构是湖北星斗山国家级自然保护区管理局，实行两级管理，下设黄金洞管理站、白果管理站、毛坝管理站、汪营管理站。其中这四个基层站点是"一套班子、两块牌子"。人事、财务隶属于地方林业局管理，只是业务上部分属于星斗山自然保护区管理局管理。现在的问题是"统一管理和属地管理"职责不明确，无法实行统一管理。管理局深有感触，"有体无制""管不到票子、管不到帽子"，上下脱节，缺少中间层，缺少指挥层，无法实行综合管理，有利益时属于统一管理，有责任时属于属地管理，"什么都可以管，什么也管不好"。

其一，统一管理和属地管理之间没有一个明确的划分，最终难以形成综合管理，导致管理效率不高。

其二，由于保护区管理局和地方政府的目标取向不同，对自然保护区政策支持也不同，地方政府为了政绩往往忽视生态保护，而保护区管理局强调生态保护而无力有效兼顾社区居民的生计安全。

由此可见，双重管理的弊端已经严重阻碍了生物多样性的保护和社区经济发展。尽管在保护区成立之初，恩施州政府提出"资源共管、责任共担、发展共商、成果共享"的共管方针，但是现实离此目标还有相当差距。

(二)社区人口过多,生态保护与经济发展面临"两难"

保护区人口过多,总人口为91870人,其中核心区人口10307人。过多的人口增加了资源供给压力,直接威胁自然保护区的生态安全。按照主体功能规划区要求和自然保护区管理条例,核心区禁止任何单位和个人进入,也不允许进入从事科学研究活动。而星斗山自然保护区现实人口状况直接与自然保护条例相冲突,人口问题与社区发展成为保护区管理工作中的难点。

根据环保部生态司关于星斗山农田监测情况报告,遥感监测表明,星斗山国家级自然保护区人类活动有农田、城镇居民点、道路3类,农田占保护区总面积的18.81%,核心区农田占10.34%,人类活动明显,已引起国家环保部的关注,环保部于2012年3月14—15日委派华南环境保护督查中心核查组到星斗山保护区核查保护区人类活动情况。

表8-4 星斗山国家级自然保护区人为活动信息统计表

区域	农 田			城镇居民点			道路
	面积公顷	百分比（%）	数量	面积公顷	百分比（%）	数量	长度（米）
核心区	7164.53	10.34	48	104.64	0.15	27	53589
缓冲区	5658.31	8.16	68	119.02	0.17	25	33105
实验区	216.65	0.31	160	214.65	0.31	59	103074

注:(1)百分比为各区域内人为活动斑块面积与整个保护区的总面积之比。
  (2)数据为人为活动斑块的面积、百分比及其数量。

保护区所在社区经济结构长期以农业为主,农业经营方式单一,居民生产和生活对林业资源的依赖程度相当高。据调查显示,利川市毛坝乡林业收入占农民总收入的30%—40%,楠竹采伐是当地村民收入的主要来源之一,而这些活动在保护区受到严格的限制,由此使保护区的生计和生产发展受到影响。

(三)集体林权与自然保护区条例相关规定矛盾

在自然保护区面临的众多的社区问题中,权属纠纷非常明显。保护区内土地和林木资源权属分国有、集体两种,以集体为主。国有面积为 4953.45 公顷,其余 63385.55 公顷为集体所有(包括集体林场)。星斗山集体林权占 92.75%,国有林权仅占 7.25%。七姊妹山集体林权占为 100%。

集体林权比例过高,直接影响农户收益。划入自然保护区后,集体林权的经营权、使用权和受益权丧失。按照国家自然保护区条例第二十六条规定,禁止在自然保护区内进行砍伐、放牧、狩猎、捕捞、采药、开垦、烧荒、开矿、采石、挖沙等活动。也就是说,自然保护区,生态公益林范围内的,一律禁止砍伐。这样,集体林权与自然保护区条例相关法律规定产生矛盾。当保护区管理局对保护区林地行使管理权的时候就会遇到一方要求保护而另一方要求发展的冲突。林地是当地农民重要的自然资源和经济来源,而自然保护区的政策基本限制了农民对林木的采伐,致使农民事实上对集体林权的丧失,随着土地价值的升高,围绕保护区土地、林地上的冲突会更加凸显。

木材的砍伐是自然保护区管理部门与社区居民的一个主要冲突。世代居住在保护区内的居民习惯了靠山吃山的生活,建筑用材、烤烟用材、楠竹采伐一直是当地居民的基本生计活动,这些活动一旦按照相关法律法规来管理就会被严格禁止,社区居民的生产生活将会受到影响。在调查中发现,自然保护区内居民对生产生活用材采伐的诉求时常发生,咸丰县 2012 年 5 月专门以 39 号文件的形式向自治州林业局请示解决星斗山国家级自然保护区内农村居民生产生活用材专项采伐计划每年 2000 立方米。恩施州林业局批复是不予支持,须由省林业主管部门审批。显然,这样增加了管理与保护区发展的难度。

(四)补偿标准偏低、保护区发展被"边缘化"

自然保护区为全社会提供生态产品,这是一种典型的公共物品,产生很大的正外部性,应该受到补偿。目前星斗山自然保护区社区居民享受的补偿标准仅仅只有生态公益林 15 元/亩。调查发现,农民普遍反映补偿标准偏低,不足以弥补牺牲的成本;相反,不纳入保护区范围,砍一棵树就有 70—80 元,远远超出 15 元/亩补偿标准。同时,纳入保护区还要受到诸多限制,没有多大好处,因此呈现热情不高。利川市忠路镇林管站介绍,保护区划定后,只有保护责任,而且受益不高,农民这样的心态可以理解。同时,保护区外生态公益林也享受同样的补偿标准,这样就无法体现自然保护区的特殊补偿和优待。

保护区发展被"边缘化"。在保护区条例的约束以及政府 GDP 政绩考核体系影响之下,自然保护区不仅没有得到足额的补偿,反而社区发展还被政府边缘化。正是因为在保护区内,很多投资项目禁止发展,这些"约束"正好给了政府不愿意投资的理由,加上保护区交通闭塞,所以政府不愿意将"政绩项目"和"形象工程"放在保护区内。例如,在保护区内的盛家坝乡麻茶沟村,新农村建设项目、土地整治项目等没有在当地实施,资金投入等方面明显少于保护区外的其他村寨;麻茶沟村危房改造也仅 2 户(补助标准 6000 元/户),而保护区外的石门坝村有几百户,那么,这样就很难提高社区居民对自然生态保护的积极性,保护与发展是自然保护区持续发展的重要课题。

(五)保护区林权复杂,管理难度大

为了最大限度保护生态资源,避免产生保护区的破碎化和岛屿化。地方政府在申报国家级、省级自然保护区时,将周边的集体林、责任山、自留山、人工林和农地划入保护区范围,为此,社区居民利益受到一定影响。在星斗山自然保护区,小河片内分布有水杉原生母树 5764 株,这些水杉多生长于当地农民的房前屋后,为典型的四旁树,而这些水杉又属于国家一级保护植物,由小河水杉母树管理站专门负责宣传、挂牌管护,但林地和土地的使用权长期归个人所有。按照集体林权规定,个人可以自行采伐更新、利用买卖、流转和抵押,收益归林权所有者个人所有。因此,这种人树共生的局面增加了政策协调和管理协调的难度。

五、自然保护区利益共享的政策建议

（一）完善管理体制，建议现有管理局直接设立为县级行政机构，更名为"星斗山自然保护区管委会"

自然保护区的保护和建设是一个复杂的系统工程，保护区管理局现有管理机制和管理模式已经不太适应自然保护区事业的发展，完善管理体制是保护区进一步发展面临的重要课题。一是明晰产权，完善管理体制。双重管理存在的主要问题是责任权利不明确，建议在现有体制下，完善社区共管机制，民主协商机制和监督管理机制，促使保护区管理局和地方政府有效行使各自的管理职能。二是将现有管理局直接设立为县级行政机构，更名为"星斗山自然保护区管委会"。保护区管委会统筹兼顾社区的保护和发展，提高管理效率，增强居民的凝聚力，实现自然保护区的保护功能和保护区内居民的自身发展。三是推行目标责任考核制度，调动管理人员的工作积极性，提高管理水平，加强对外交流，制订长期、中期和短期的培训计划，提高保护区管理人员的业务水平和综合素质。

（二）改革保护区集体林权制度，协调集体林权与自然保护区矛盾

一是分级保护、宽严有别，在保护区内适度放开对集体林的利用。在不破坏生态功能的前提下，按照可持续经营的原则，适度开放主要经济林的利用，增加社区的经济收入。比如，楠竹不纳入禁采范围。事实上，不管禁用的政策有多严厉，社区对森林资源的高度依赖和刚性需求从来就没有让村民停止过对森林的利用，"非法"之下的结果是对森林资源的枯竭性使用。① 因此，在非

---

① 甘庭宇:《自然保护区集体林权改革探索研究》,《经济体制改革》2011 年第 1 期。

核心区适度开放对集体林的经营，引导村民采取轮伐（间伐）等形式利用林业资源，增强村民对集体林的所有感，提高可持续生存竞争能力。

二是编制可持续经营方案。鉴于保护区集体林权复杂，应当充分调研，先行试点，循序渐进，政策出台不宜过快过急。星斗山应抓住机遇，将林权改革纳入新一轮十年规划，一并实施。林改的核心是还利、还权给所有者和经营者。

三是借鉴浙江省经验，实行国家对集体林权租赁。2008 年浙江省在古田山国家级自然保护区开展政府租赁集体林试点，以每年每亩 33.2 元的价格租赁保护区核心区集体林 2.172 万亩，租赁期与山林权证承包期一致，5 年来林农还是比较认可政府这种做法。① 鉴于星斗山自然保护区跨区的复杂性，可以选择东片核心区进行试点，然后逐步推广。

（三）提高自然保护区生态公益林补偿标准，完善生态补偿机制

保护区补偿标准要与公平原则保持一致。生态补偿的目的是使生态服务的供给者的收入水平不低于其他地区的收入水平。为实现自然保护的预期目标，政策设计必须考虑参与农户的激励相容问题，保护区生态补偿金额应该超过农民放弃生产的机会成本，使得农户从事生态生产有利可图。在自然保护区生态补偿标准设计中，应遵循区域福利均等化的"帕累托"改进原则，即达到禁止砍伐后和禁止砍伐前的收益均等的目的，使自然生态保护与发展经济能够享有并实现相同发展权，达到共同发展、共同富裕。

生态资源是稀缺的不可替代的自然资源，是人类生存和发展的物质基础，是社会经济发展的制约因素。过去以人为中心的资源价值观，过分追求经济增长，忽视资源和环境的保护，导致环境恶化、资源耗竭，使资源与环境对经济

---

① 张辉：《浙江将扩大保护区集体林租赁范围》，2012 年 3 月 16 日，见 http://www.green-times.com/green/swdyx/2012-03/16/content_172708.htm。

发展的支撑能力越来越薄弱和有限。生态补偿旨在修复生态功能,增加环境资源"存量",偿还生态"欠债"。所以生态补偿要有利于环境资源的可持续利用。生态补偿要注重对社区可持续发展能力的问题,变"输血补偿"为"造血补偿",把环境与贫困问题联系起来。在注重生态补偿的同时,还要注重发展生产,提高生活质量和福利水平,注重社区基础设施建设和生活条件的改善。

(四)科学规划,适度调整自然保护区面积

星斗山自然保护区分为东部星斗山片和西部小河片,地跨三县市,东西片不相连。小河片内分布有水杉原生母树 5764 株,这些水杉多生长于当地农民的房前屋后,形成人树共生的局面。为了保护水杉将其划入保护区内,直接导致核心区内人口数量偏大,给保护区的管理增加了很大的难度。适度调整保护区规划,促进社区的可持续发展。

根据区域特点,开展综合科学考察,评估生物多样性影响,重新编制总体规划。一是将有人类活动、景观资源好的集体林地从核心区和缓冲区调整到实验区;二是将生产活动频繁、失去保护价值的耕地、村庄、自留山和人工林调整出自然保护区,以保护林权所有者的利益。

(五)在核心区实施生态移民,尽早规划

星斗山自然保护区内人类活动给生态环境的承载力带来了挑战,为了保护和改善生态环境,进行适度的生态移民很有必要,将核心区、重点保护植被区、生态脆弱区的居民迁移到保护区外。实施生态移民搬迁,可以减少对区内生物多样性资源的破坏和威胁。同时,通过封山育林工程,快速有效地恢复植被,从而减少水土流失,更好地涵养水源,改善保护区珍稀动植物资源的栖息环境。实施生态移民,使农户的居住区域相对集中,将大大改善其生产、生活条件,提高生产效益,缩短与市场的距离,提高农民收入,促进当地经济发展。

浙江省已在乌岩岭国家级自然保护区开展生态移民试点,保护区涉及泰顺县罗阳、司前、三魁、竹里4个乡(镇)、12个行政村、8000多人,其中核心区、缓冲区1849人。泰顺县结合农房改造集聚建设,提出了"无区域生态移民"的概念,将居住在自然保护区、水源涵养区以及具备其他条件的农户纳入无区域生态移民功能区安置对象,以宅基地置换到县城新社区居住的形式,实施无区域生态移民工程,取得了较好的效果。① 湖北神农架自然保护区也开展生态移民试点工作,近3年共安排生态移民385户1545人,资金总额465万元。② 这些试点工作对于其他类似区域提供重要借鉴意义。

生态移民是一项综合性的长期大型工程,在实施之前需要做充分的测算和考察,实施过程中由点到面、分阶段逐步实施。由核心区到实验区分批进行。国家应当通过财政转移支付、异地项目开发、贷款贴息等多种形式支持保护区的生态移民工程。

(六)探索社区共管模式,提高社区居民参与意识

"社区共管"指当地社区和政府共同参与自然资源管理、决策制定、实施和评估的整个过程,强调以社区群众为核心进行保护管理。社区共管已经成为自然资源管理的一种趋势,但这种模式在我国仍处于探索阶段。社区发展与生态保护要充分尊重当地农民的意见,让当地农民参与自然保护区日常管理工作,参与重要方案和计划的制订和决策,如自然保护区内集体林地的划界确权、权益处置、价值评估、实施补偿或征收等。

社区参与的基本思路是:根据当地自然环境的实际情况以及当地群众生存发展的需要,通过制订参与利益共享计划,改变居民生产和生活方式来换取

---

① 乌岩岭保护区:《全省首个实施生态移民工程,浙江省乌岩岭国家级自然保护区网站》,2011年7月16日,见 http://www.wyl.org.cn/E_ReadNews.asp? NewsID=491。

② 湖北省人民政府扶贫开发办公室:《神农架林区扶贫办组织专班对生态移民搬迁项目落实情况进行检查》,2012年5月11日,见 http://www.hbfp.gov.cn/structure/zwdt/dfkxzw_12762_1.htm。

居民对生态建设和环境保护的合作,使周边群众和社区从生态环境的破坏者变成共同管理者,把孤立的自然生态系统变成开放的生态经济系统,从而达到长期有效、持续利用的目的。

(七)适度开发保护区生态旅游,推动绿色发展

生态旅游是依托自然保护区得天独厚的生态环境以及独特的生态系统,以保护生态环境为前提,适度开展生态教育、健康养生的一种生态友好的旅游活动。生态旅游既可以促进生态环境的保护,又可以增加社区居民经济收入,更好地推动生态保护工作,保护与发展双赢,相得益彰。索特和莱森(Sautter and Leisen,1999)利用利益相关者理论研究了旅游资源开发与社区关系,认为只有考虑利益主体相关者的利益,减少相关者之间的冲突,旅游业才能快速协调地发展。一些学者从社区共管的角度研究自然资源的管理,主要体现在自然保护区、森林保护、旅游资源开发等方面。在生态优先原则下,适度开发保护区生态旅游。

星斗山保护区内有被誉为"国宝"的水杉,在国际交往中享有崇高地位,是和平和友谊的象征;有佛宝山水库等广阔的水域;有土家儿女母亲河—清江的发源地,有奇特的洞穴资源;区内海拔高差在 1000 米以上,实验区的大部分地区处在高速公路、铁路出入口的附近和恩施大峡谷、利川腾龙洞和咸丰坪坝营等 4A 级景区的连接线上。交通便利,区位特殊,资源丰富,体现生态文化禀赋的"山、水、洞、情"等旅游资源特色明显,既可以推出地质博物馆、标本馆等特色科普观光旅游,也可以适度发展休闲养生旅游。七姊妹山国家级自然保护区拥有良好完整的森林生态系统,拥有 810 公顷亚高山泥炭藓沼泽湿地生态系统,气候条件优越,生态资源丰富,具有发展生态旅游的条件。宣恩县长潭河侗族乡的两溪河村居民依托保护区良好的生态环境,发展生态旅游,提高了当地居民的生活水平,带动了当地社区的经济发展。目前主要以卢家院子为代表的民宿旅游项目,现已有 14 家农家乐,其中村支书张兴红一家拥有

农家乐一处,年收入三四万元。"卢家院子"已经成为当地居民开展民宿旅游的品牌项目。

(八)推进国家公园建设

国家公园是指由国家批准设立并主导管理,边界清晰,以保护具有国家代表性的大面积自然生态系统为主要目的,实现自然资源科学保护和合理利用的特定陆地或海洋区域。2013年11月,党的十八届三中全会决定首次提出建立国家公园体制,2016年3月三江源国家公园体制试点全面展开,2017年国务院出台《建立国家公园体制总体方案》。全国现有三江源、神农架、武夷山、钱江源、南山、长城、香格里拉普达措、大熊猫、东北虎豹、祁连山、海南热带雨林11个国家公园体制试点地区。

说是"最严格的保护",不如说"是一种出路"。也可以说,国家公园是自然保护区升级版。国家公园首先是姓"公",即国家所有、国家管理(中央政府)。国家公园是属于全国主体功能区规划中的禁止开发区域,纳入全国生态保护红线区域管控范围,实行最严格的保护,维护自然生态系统的原真性、完整性,除不损害生态系统的原住居民生活生产设施改造和自然观光、科研、教育、旅游外,禁止其他开发建设活动。同时,国家公园体现共有共建共享,体现全民公益性,在有效保护前提下,为公众提供科普、教育和游憩的机会。倡导社区共管,和谐发展,其中提出引导当地政府在国家公园周边合理规划建设入口社区和特色小镇。

神农架国家公园十分注重社区和谐发展。"世界那么大,我想去神农架"这句广告语吸引无数游人前往游憩纳凉,国家公园和当地社区现在开展有休闲、度假、科普、滑雪等主要旅游项目,旅游业成为当地社区的主要收入,比如木鱼镇门楼街,聚集了100多家民宿,每家都有20多间客房,一个夏季的收入一般都在20万元左右。神农架国家公园发展旅游业经验可供借鉴。

第九章　南水北调：中线工程
对口协作实践

一、南水北调及其影响

（一）南水北调中线工程概况

1. 建设南水北调中线工程具有十分重要的战略意义

南水北调中线工程是解决我国水资源不均衡和推进我国可持续发展的重大战略决策。我国水资源总储量大，但人均占有量相当低。我国水资源总量居世界第 6 位，但是由于人口众多，人均占有河川径流量为 2300 立方米，为世界人均占有量的 1/4，仅居世界第 88 位，亩均占有水资源量为世界平均水平的 3/4。我国水资源地区分布不均匀、南多北少，年际、年内季节变化大。长江流域及其以南地区，水资源量占全国的 18%，而耕地占 64%。我国位于世界著名的东西季风区，降水和径流的时间分布很不平衡。从年际看，年际间水量变化大，丰水年与枯水年交替持续出现。南方丰水年的降水量为枯水年的 1.5—3 倍，北方为 3—6 倍。从年内看，由于受到季风影响，全年的降水量多集中在 5—8 月，并且往往以暴雨形式降落，在北方地区这种特点尤为突出。这个特点造成了我国水旱灾害频繁发生，而且给开发利用水资源带来困难。

尽管环境条件受限颇多，但我国社会经济却迅速发展，人口急速增加，成为世界经济发展最快的国家之一。

京津冀地区国土面积占全国的 2%，2019 年常住人口数占全国的 8.1%，地区生产总值占全国的 8.5%，是我国北方最大的城市群和经济核心区，对周边地区有巨大的吸引力和辐射带动效应，也是支撑经济增长和引领结构转型的第三大城市群。该区域资源丰富、工业基础良好、科学技术发达、交通便利，是从太平洋到欧亚内陆的主要通道和欧亚大陆桥的主要出海口，具有优越的区位条件，也是我国参与国际政治、经济、文化交流与合作的重要枢纽与门户。近年来，京津冀城市群发展迅速，借助自然资源、政治中心、经济产业、交通枢纽和地理区位等优势，已成为我国经济增长最快、经济发展水平最高的地区之一。一方面经济不断增长，另一方面水资源需求压力增大。近年来，京津冀地区水资源供需矛盾日益突出，由于长期干旱缺水，这一地区有 2 亿多人口存在不同程度饮水困难，700 多万人长期饮用高氟水、苦咸水，一批重大工业建设项目难以投资落产，制约了经济社会的发展。由于过度利用地表水、大量超采地下水，挤占农业及生态用水，造成地面下沉、海水入侵、生态恶化。

以可持续发展观点分析，这种社会经济发展的趋势是否能够持续下去，必定受到自然资源不足及滥用的制约。为缓解京津冀地区日益严重的水资源短缺状况，改善生态环境，促进京津冀地区的人口资源环境经济社会协调发展，国家决定在加大节水、治污力度和污水资源化的同时，实施南水北调工程。

2. 南水北调中线工程概况

南水北调工程，是从长江最大支流汉江中上游的丹江口水库调水，从加坝扩容后的丹江口水库陶岔渠首闸引水，沿线开挖渠道，经唐白河流域西部过长江流域与淮河流域的分水岭方城垭口，沿黄淮海平原西部边缘，在郑州以西李村附近穿过黄河，沿京广铁路西侧北上，可基本自流到北京、天津。输水干线全长 1431. 945 千米（其中，总干渠 1276. 414 千米，天津输水干线 155. 531 千米）。南水北调中线工程于 2003 年 12 月 30 日开工,2014 年 12 月 12 日正式通水。南水北调中线工程,主要为京、津、冀、豫省(市)供应城市生活和工业用水,兼顾部分地区农业及其他用水,以缓解华北地区水资源严重短缺的问题。

（二）南水北调中线工程对水源地的影响

以十堰市郧阳区(郧县)为例,说明南水北调对水源地的影响。十堰市郧阳区位于鄂西北,地处丹江口水库中上游,汉江过境 136 千米,是国家限制开发功能区、南水北调中线工程核心水源区、古人类发祥地、恐龙“龙蛋”共存地,面临水质保护和巩固脱贫成果双重压力。2014 年 9 月 9 日经国务院批准整建制改设为十堰市郧阳区。郧阳区面积 3863 平方千米,辖 19 个乡镇(场)和 1 个经济开发区,总人口 63 万人。2020 年 4 月郧阳区宣布脱贫摘帽。南水北调对水源地的影响主要表现为:

1. 水资源保护压力增大

郧阳区境内河流均属汉江水系,过境长度 136 千米,水资源较为丰富,拥有滔河、堵河、曲远河、将军河等大小河流 769 条。建有各类水利工程 4 万多处,其中水库 90 座,水塘 3483 口,饮水水窖 27790 口,旱地水窖 5500 口,饮水渠道 3900 多条。年平均降雨量 814.4 毫米,年平均过境客水达 310 余亿立方米。南水北调工程启动前,汉江沿岸 50 多个提水泵站因多种原因没有使用,农业用水没有明显变化,工业用水增长较快,水产养殖面积近 20 万亩,主要集中在柳陂南湖投饵性网箱养殖基地和安阳网拦半精养无公害水产养殖基地。就目前来看,南水北调中线工程水源区郧县段汉江主要干、支流虽然不同程度地受到生活污水、工业废水和农村面源的污染,由于汉江水流量大,稀释能力强,总体水质良好。而中线调水后,大片土地被淹,人口密度提高,土地资源减少,库区群众为了维护生产生活,必将加剧对土地、矿产、生物等资源的过度开发,如耕地总量不足,承载量加大,将加重水源水质的污染负荷。

2.生态系统稳定性面临风险

新中国成立初期,郧阳区森林覆盖率高达60%以上。丹江口水库初期工程、二汽、十堰市、襄渝铁路、黄龙滩水库等国家大型工程建设,郧阳区无偿提供木材5亿多立方米,占用和淹没山林34万亩,毁坏山林30多万亩,加上历史原因,森林资源遭受严重破坏。中线工程再次淹没郧阳区林地6.4万亩,移民后靠,基础设施重建,同时征用、占用林业用地5万亩左右,林地面积大幅减少,必将导致森林调节气候、涵养水源、防风固土的功能明显减弱,导致森林涵养能力减弱,在一定程度上导致水土流失加剧,洪涝、干旱等自然灾害频繁发生。南水北调中线工程大坝加高后,水位的上升和库容增加引起的山体滑坡等地质灾害可能性进一步加大。同时,生态气候、生物资源、生物多样性、景观多样性等受到不同程度的影响。据水利部长江水利委员会2004年遥感资料统计,郧阳区水土流失面积2067平方千米,占总面积的53.5%,由于水土流失,年冲走有机质达12.1万吨,氮、磷、钾15.9万吨。水土流失侵蚀类型为水力侵蚀,年土壤侵蚀模数为4600吨/平方千米,年水土流失量高达950吨。

3.库区产业发展受限

郧县因南水北调工程水源保护,被国家列入限制开发功能区,产业发展受到极大的限制。(1)工业项目受限。为了调水水源安全,不能发展任何污染性产业,工业项目的环保"门槛"提高,使当地放弃了一批大型项目。如作为矿产资源富集的山区县,拒绝了20余个铁矿、重晶石矿开采和钢铁冶炼项目;关闭医药、造纸等原有的支柱产业。(2)农业发展环境恶化。土地是农业发展的根本。郧阳区作为山区县区,一方面,农业种植业发展空间缩小,在大量土地因调水被淹没后,传统产业发展受到极大限制;另一方面,因水位加高、水库正常蓄水位上升到170米后,库容增大,不断向北方调水使库区的水流交换加快、水体生物量相对减少,从而导致渔业产量下降、收入减少。(3)文化旅游产业受损。郧阳历史悠久,是全国文物大县,"郧县人""辽瓦店子"等考古发现享誉世界,南水北调工程,将淹没 107 处文物古迹,还有更多尚未发现的文物也将永沉江底。

4. 财政收支压力加大

一是原有财源受损严重。据统计,因南水北调导致全县关闭、停产和搬迁工矿(乡镇)企业 73 家,减少财政收入;小水电发电企业年减少税收。二是产业发展空间受限。实施南水北调工程后,郧阳区作为南水北调中线工程核心水源区,被列为国家限制开发主体功能区,产业发展的空间受到较大限制,共否决五氧化二钒开采冶炼、小炼铁、小煤矿开采等 20 多个不利于生态环境建设的投资开发项目。三是财政支出大幅增加。因服务南水北调建设,原来的公路、电网、水系都遭到破坏,基础设施需要重新布局建设,增大了成本和支出。企业关停破产,需要增加社会保障、污水处理、垃圾清理及处理、林业生态建设、农业土壤改良、地质灾害防治等支出。

就十堰市而言,十堰市因关停、搬迁 700 多家企业,税源损失严重,直接减少财政收入 6.4 亿元,生态建设和水污染项目等增加支出 55.2 亿元,共计增支减收 61.6 亿元,财政收支矛盾十分突出。[①]

5. 对库区群众生产生活的影响

一是土地容量减少,发展空间受限。郧阳区土地容量十分有限,库区人均耕地 0.8 亩,少数乡镇人均耕地仅有 0.6 亩,耕地占有量低。中线工程实施后,将直接淹没耕地 3 万余亩、林地和特色产业基地 2 万余亩,仅安置后靠移民一项就新增耕地 5 万余亩,进一步加剧了土地供需矛盾。同时,由于被淹没

---

① 程小旭、张孔娟:《建立南水北调对口协作机制》,2012 年 3 月 13 日,见 http://lib.cet. com.cn/paper/szb_con/134599.html。

土地的基础设施条件较好、交通便利、区位优越、地力肥沃、产出率高,是农业效益最好的地区,受淹后影响农业产业化水平,使农民增收致富渠道变窄,制约库区经济社会的发展。二是基础设施受损严重,恢复难度较大。在农田水利设施上,直接造成城区供水取水任务的自来水公司固定式取水泵站被全部淹没,淹没乡镇集镇供水 3 处,井、窖、池供水工程 972 处,集中供水工程 230 处,水库 5 座,水塘 130 口,渠道 95 条 235 千米,堰渠 793 条 1628 千米,泵站 113 处,灌溉机井 1400 口;在道路交通上,境内的重要出境道路 209 国道、郧丹路、郧漫路和大量通村路受淹,原沿江客货运码头全部淹没;在通信设施上,大量的输电线路和电信、广播电视设施被淹。

二、利益共享相关主体

(一)利益相关者

按照利益相关群体在补偿中的利益关系,以及他们对库区流域保护的影响程度,可以将其分为三大类:(1)核心利益相关者:供水区的居民和企业,包括丹江口库区上游林地农民、退耕还林的农民、水源区的农民、调水库区下游的农民和工业企业,以及库区及上游流域工业城市的市民、渔民、自来水公司和污染企业;以及南水北调中线工程受水区华北地区的居民和企业。(2)次要利益相关者:供水区和受水区的地方政府职能部门,包括丹江口库区上下游地区以及受水区的林业局、农业局、水利局和环保局等政府职能部门。(3)边缘利益相关者:包括各级政府部门和环保等非政府组织,还包括流域外的其他受益部门和个人。[1]

---

[1] 王怀臣:《四川水电资源开发及其补偿机制研究》,硕士学位论文,电子科技大学管理科学与工程系,2006 年,第 45—50 页。

（二）区域之间利益主体

1. 受水区

受水区为河北省、北京市、天津市、河南省。主要解决四省（市）的水资源短缺问题，为沿线十几座大中城市提供生产生活和工农业用水，包括沿线的南阳、平顶山、许昌、郑州、焦作、新乡、鹤壁、安阳、邯郸、邢台、石家庄、保定、北京、天津等城市。

按照南水北调中线工程一期规划调水总量为 95 亿立方米。水量分配为河南省 37.7 亿立方米、河北省 34.7 亿立方米、北京市 12.4 亿立方米、天津市 10.2 亿立方米。

其中，河南省出台《河南省南水北调中线一期工程水量分配方案》显示，除了刁河引丹灌区 6 亿立方米外，其他具体为分配水量指标为南阳市 39940 万立方米，平顶山市 25000 万立方米，漯河市 10600 万立方米，周口市分 10300 万立方米，许昌市为 22600 万立方米，郑州市为 54000 万立方米（其中郑州航空港经济综合实验区 9400 万立方米），焦作市 26900 万立方米，新乡市 39160 万立方米，鹤壁市 16400 万立方米，濮阳市 11900 万立方米，安阳市 28320 万立方米，邓州市 9200 万立方米，滑县 5080 万立方米。

中国水利部的数据显示，截至 2020 年 6 月 3 日，南水北调中线一期工程已经安全输水 2000 天，累计向北输水 300 亿立方米，已使沿线 6000 万人口受益。[①] 北京市水务局资料显示，截至 2020 年 8 月 26 日，北京市南水北调工程水量达到 56 亿立方米，其中向水厂直接饮用供水 37.04 亿立方米，水库储存备用 14.27 亿立方米，向城市河湖等补水 4.69 亿立方米，实现"喝、存、补"三大功能。

---

① 中央电视台：《南水北调中线累计向北输水 300 亿立方米》，2020 年 6 月 3 日，见 https://tv.cctv.com/2020/06/03/VIDEHKZSXwNur9LLfGXm3Wjw200603.shtml。

2. 供水区

供水区指水库所在汉江中上游广大地区，供水区域的丹江口库区及其上游河长 925 千米，集水面积为 9.52 万平方千米，占汉江全流域面积的 60%。供水流域覆盖湖北省、河南省和陕西省。

按照《丹江口库区及上游地区对口协作工作方案》《丹江口库区及上游水污染防治与生态建设规划》，两部文件中所指范围有所差异，对口协作方案中所指的范围增加了神农架林区。

水源区分为水源核心区和水源影响区。

水源区核心区是指距离丹江口水库水面较近，城市及工业污染对水库水质直接影响的地区。包括，河南省南阳市 4 县市（淅川县、西峡县、邓州市、内乡县），湖北省十堰市 5 县区（张湾区、茅箭区、丹江口市（含武当山特区）、郧阳区、郧西县）。

水源区影响区是指水源区除核心区以外的范围，包括河南省洛阳市栾川县和三门峡市卢氏县，湖北省十堰市竹山县、竹溪县、房县和神农架林区，以及陕西省安康市汉滨区、镇坪县、平利县、旬阳县、白河县、汉阴县、石泉县、宁陕县、紫阳县、岚皋县和汉中市汉台区、南郑县、城固县、洋县、西乡县、勉县、略阳县、宁强县、镇巴县、留坝县、佛坪县以及商洛市商州区、洛南县、丹凤县、商南县、山阳县、镇安县、柞水县共 34 个县市区。

三、南水北调中线工程的成本分类

南水北调中线工程的成本主要为工程建设成本、移民成本、水源地保护成本。

（一）工程建设成本

南水北调中线工程建设项目包括水源工程、调蓄工程、输水总干渠、汉江中下游补偿工程和穿黄工程等。南水北调中线一期工程可研总报告批复,按照 2004 年第三季度价格水平,中线一期主体工程静态投资为 1365 亿元,丹江口水库及上游水污染防治和水土保持工程投资 70 亿元,合计静态投资 1435 亿元。按照建设期物价上涨指数 2.5%、贷款利率 6.84% 计算,动态投资为 388 亿元。静态和动态投资合计,中线一期工程总投资为 1823 亿元。另按 2008 年 1 月 1 日开始实施的耕地占用税暂行条例,增加耕地占用税约 190 亿元。①

(二) 移民成本

丹江口水库大坝加高后,导致土地淹没,需要移民安置原住居民。中线一期工程可研报告显示,根据实物指标调查,建设用地总面积 122.48 万亩,其中耕地 82.30 万亩(永久征地 48.72 万亩,临时用地 33.58 万亩),园地 7.08 万亩(永久征地 4.91 万亩,临时用地 2.17 万亩),林地 9.61 万亩(永久征地 7.92 万亩,临时用地 1.69 万亩),其他用地 23.49 万亩(永久征地 18.75 万亩,临时用地 4.74 万亩);拆迁各类房屋面积 969.44 万平方米。规划生产安置人口 49.93 万人,规划搬迁建房人口 41.1 万人。

其中,南水北调中线工程建设淹没涉及十堰市郧阳区 10 个乡镇,118 个村(居)委会,606 个村民小组,淹没面积 50.42 平方千米,淹没工矿企业 45 家,淹没公路 335.4 千米,大中桥梁 8 座,码头 43 处,船运停靠点 150 处,以及电力、电信、电缆等大量基础设施,淹没各类文物古迹 107 处,淹没田地 5 万多亩,淹没县城近 1 平方千米。南水北调中线工程动迁总人口 60484 人,占湖北省总动迁人口的 38.3%,其中外迁 7453 户、31667 人,内安 7229 户、28817 人。2010 年 11 月 21 日,郧阳区完成全部外迁移民,安置到 11 个安置县(市、区、场)、37 个乡镇、71 个移民安置点。内迁移民于 2012 年 9 月 18 日结束,国务

---

① 水利部南水北调工程管理司:《南水北调东、中线一期工程投资》,2013 年 8 月 26 日,见 http://nsbd.mwr.gov.cn/zw/gcgk/gczs/200308/t20030826_1128053.html。

院南水北调办公室和省委、省政府在郧阳区柳陂镇卧龙岗社区庄严宣布,湖北省南水北调丹江口水库移民搬迁工作圆满结束。

根据湖北省《省移民局关于南水北调中线工程丹江口水库移民内安若干问题的意见》(鄂政办函〔2010〕112号),内迁移民安置费用主要包括生产安置费和基础设施费。生产安置费主要解决农业再生产的生产资料费用,基本口粮田的整理按人均1500元补助,种子、农药、化肥等生产性投入按人均1500元补助,还有人均500元由省掌握,统筹解决生产安置中的特殊问题。基础设施费包括建房征地费(含地面附着物补偿费),居民点内、外基础设施建设补偿、膨胀土处理费等。移民集中居民点均按人均19000元,由各县(市、区)控制使用;农村移民在非集中居民点建(购)房的,直接补助到户,补助标准以2003年实物指标调查公示确认的原有正房、偏房面积之和测算。

(三)水源地保护成本

1. 林木建设与保护工程

(1)退耕还林工程。自1999年以来,全国开始实施退耕还林工程,以此保护生态环境,用以改善丹江口及其上游地区的生态环境状况,防止因南水北调工程造成的生态恶化现象以及对当地居民居住环境的损毁。(2)天然林保护工程。该工程旨在通过天然林禁伐和大幅减少商品木材产量,主要解决我国天然林的休养生息和恢复发展问题。从2000年开始实施以来,取得不错成效。该项工程包括坡改梯工程、造林工程以及疏林补植工程。

2. 水土流失防治工程

水土保持工程可分为山坡防护工程、山沟治理工程、山洪排导工程和小型蓄水用水工程四种类型。细分来说,需要增造沉沙凼、田间道路、谷坊、拦沙坝、河堤、塘堰等。

3.节水工程

"先节水后调水,先治污后通水,先环保后用水"是南水北调的基本原则之一,节水在南水北调工程中占有重要地位。丹江口库区以及其上游流域主要产业为农业。以丹江口市为例,其节水举措主要体现在与当地经济结构相结合的方面,即农业节水。据统计,丹江口市实施节灌项目和节灌措施面积为10.2万亩,渠道防渗337千米,面积8.58万亩,节水2133万立方米,低压管灌25.27千米,面积0.82万亩,节水164万立方米,喷灌5处,面积0.8万亩,节水190万立方米,年均节水2493万立方米,节水率为27.5%,相当于新建一座中型水库,渠系水利用系数由0.4提高到0.6。

4.污染治理工程

污染防治的成本投入包括污水治理、垃圾处理处置、环境检测管理能力建设、推行生态农业和清洁生产、建立汉江生态监测网络等。

5.工业点源治理工程

丹江口库区为保持水质,对库区工业污染源进行了不同程度的治理。

四、水源地生态补偿与利益共享

(一)水源地生态补偿

1.建立水源地生态补偿机制,推动供水区和受水区的协调发展

南水北调中线工程水源地地处秦巴生物多样性生态功能区,是第一批被列为全国25个重点生态功能区之一,具有典型的公共物品属性,同时水源地

保护具有很强的正外部性。水源地保护使库区水质保持良好,为中线受水地区提供了良好的生态服务,具有正外部性。水源地保护既有生态保护的投入也有产业发展的约束,这种水源地保护成本须有供水区和受水区共同承担,通过建立利益补偿机制来协调各方利益,避免由于利益不均而造成库区生态产品供给不足的情况。建立南水北调水源地生态补偿机制,既解决了京津冀地区水资源短缺的问题,也促进了水源地经济结构升级,推动了受水区和供水区的绿色发展,从而实现"成本共担、利益共享"。

2. 构建水源地生态补偿机制,实现环境公平

作为南水北调中线工程供水区,重要任务是保护生态、控制污染,确保水质安全,由此将付出巨大的生态保护成本,这实际上是主体功能的区域分工。按照环境公平的原则,各区域均有享受充分的发展经济和各种区域开发活动的权利,水源地生态保护的成本不能仅由水源地承担,而是供水区和受水区共同承担。与此同时,作为供水区,一旦列为重点生态功能区,那么与生态保护和水质安全功能相矛盾的经济活动将会受到限制,进而影响当地的收入水平。因此,构建生态补偿机制是南水北调水源地保护的关键,也是维护环境公平的需要。

(二)水源地保护成本核算与分摊

采用"保护成本+机会成本"方法确定补偿金额。保护成本主要指水源区为保护水质而直接进行的治理投入,这部分投入是显而易见的,比较容易量化。如小流域治理的投入成本、水土保持的防护成本以及污染治理成本等方面所投入的成本。机会成本指水源区出于保护水质安全的需要,必然受到产业政策的严格限制不能发展某些产业所造成的损失,实质上是水源区为保护水质所丧失的发展机会而作出的牺牲,如关闭某些污染企业和移民搬迁。这部分机会成本可以根据同等条件和发展基础相当的第三地区作为参考来作出估算。

成本核算由两部分构成：$C = C1 + C2$。其中 C 为总成本，$C1$ 实际支出即治理成本，$C2$ 为潜在损失即机会成本。经测算，治理成本为 58.04 亿元，库区损失的经济发展的机会成本为 160 亿元/年。目前，补偿以治理成本补偿为主，机会成本作为今后完全补偿的上限。

水源地保护成本如何分摊？应该主要由国家、受水区、供水区本地三者承担。一是国家补偿。由于水资源属于国家所有，并且南水北调工程是一项由国家主导且外部收益巨大的工程，短期内国家是水源地保护的主要责任承担者。目前主要以中央对地方实行重点生态功能区转移支付形式实施水源地保护生态补偿，专门设有支持南水北调中线水源地生态保护补偿科目，同时还有生态公益林生态补偿，以及前期的退耕还林补偿。受水区以对口协作方式实施水源地保护补偿。目前北京、天津等主要受水区帮助供水区的河南、湖北、陕西三省实行对口协作，解决水源地经济发展与水源保护之间冲突，帮助水源地开发优势资源，加强水土保持，搞好防污治污和生态建设。三是供水区自己承担一部分保护成本和责任。按照"谁污染、谁补偿"的原则，有生产就有污染，水源区对于库区内排污的企业和生活污染，也应承担治理污染的责任，水质改善、环境优美本身也是一种"福利"。"青山就是美丽，蓝天也是幸福。"

（三）南水北调中线水源地纳入国家重点生态功能区转移支付范围

重点生态功能区是指生态系统十分重要，关系全国或较大范围区域的生态安全，具有水源涵养、水土保持、防风固沙和生物多样性维护等重要生态功能，在国土空间开发中需要重点保护和限制开发建设的区域。为了加强重点生态功能区生态保护，改善民生，推进生态文明建设，国家对重点生态功能区实施生态补偿资助。按照国务院《全国主体功能区规划》（国发〔2010〕46 号）划分，我国有 25 个国家重点生态功能区；按照环境保护部与中国科学院联合编制的《全国生态功能区划》(2008 年第 35 号),我国有 50 个重要生态功能区。《国家重点生态功能区转移支付办法》(财预〔2011〕428 号)规定,纳入生态补偿的范围是:青海三江源自然保护区所辖 17 个县、南水北调中线水源地保护区(丹江口库区及上游 40 个县)、海南国际旅游岛中部山区生态保护核心区等国家重点生态功能区;《全国主体功能区规划》中限制开发区域(重点生态功能区)和禁止开发区域;生态环境保护较好的省区。对环境保护部制定的《全国生态功能区划》中不在上述范围的其他重要生态功能区域所属县给予引导性补助,对开展生态文明示范工程试点的市、县给予工作经费补助,对生态环境保护较好的地区给予奖励性补助。

之后,重点生态功能区转移支付支持范围逐步扩大,如"三区三州"等深度贫困地区、京津冀(对雄安新区及白洋淀周边区县单列)、长江经济带等相关地区逐步纳入重点生态功能区补助范围。目前重点生态功能区生态补偿制度仅有中央政府的财政转移支付办法,但横向之间的补偿制度处于探索之中。

自 2008 年以来,国家持续增加重点生态功能区转移支付力度。2008—2020 年中央财政累计安排重点生态功能区转移支付资金 5863 亿元。其中,2020 年资金总额 794.50 亿元,支持南水北调中线水源地生态保护补偿 7.79 亿元,分别为河南省 0.76 亿元、湖北省 1.50 亿元、陕西省 5.53 亿元,所占补偿总额资金比例为 9.76%、19.26%、70.99%,这与水源地所在县市比例是相对称的。

值得一提的是,为了加强保护生态环境和改善民生,落实直达基层直达民生资金方案要求,中央财政将重点生态功能区部分资金纳入直达资金管理,并对直达资金进行系统全程监控,切实提高资金使用效益。

表 9-1　2020 年南水北调中线工程重点功能区转移支付分配情况

单位:亿元

地区	补助总额	其中:直达市县基层部分	其中:支持南水北调中线水源地生态保护补偿	
			金额	比例(%)
河南	22.88	0.21	0.76	9.76
湖北	36.06	1.26	1.50	19.26
陕西	37.22	6.42	5.53	70.99
全国	794.50		7.79	100

(四)水源地生态补偿的问题

自实施生态补偿财政转移支付制度以来,中央财政投入不断增加。尽管不断增长的财政投入在一定程度上改善了我国生态环境,但多年来以政府为主导的生态补偿机制制约了补偿效率,现有生态环境仍然不能满足人们日益增长的优美生态环境需要。党的十九大报告将加快生态文明体制建设列为重要议题,要求不断改善生态环境,不断提供更多优质生态产品以满足人民日益增长的优美生态环境需要,提出建立市场化、多元化生态补偿机制。目前生态补偿制度存在不足:

1. 以政府补偿为主,市场化补偿机制不足

国际上关于生态补偿的方式有政府补偿、市场补偿和社会补偿。市场补偿机制借助市场交易,由补偿双方平等协商与谈判达成补偿交易,主要有配额交易、一对一市场交易和生态标志等方式。我国生态补偿政策基本上以政府补偿为主,如"退耕还林""天然林保护工程""三江源保护工程"都是以工程项目形式由政府补偿,手段单一。上下游区域之间补偿、生态服务付费市场机制还未形成,反映在资源产权界定、生态服务价值的定价机制、定价方法等方面还不成熟。

2. 生态补偿资金单一,多元化投资机制还未形成

从政策实践来看,我国生态补偿每年所需的资金量非常大,而生态补偿资金的来源却极为单一。2008—2017 年中央财政累计安排重点生态功能区转移支付资金 3699 亿元,其中 2017 年投入资金 627 亿元,增长 10%;2017 年中央财政共计安排天然林资源保护资金 533 亿元;2011—2017 年中央安排草原奖补资金 1148.6 亿元;2014 年开始湿地生态补偿试点,到 2017 年中央财政累计安排湿地生态效益补偿试点资金 55.26 亿元。总之,中央安排纵向生态保护补偿资金 6000 多亿元(第六届生态补偿国际研讨会,2017 年 12 月)。但是生态补偿资金投入仍然面临三大问题:一是资金缺口大,各级财政安排的生态补偿资金投入难以满足生态建设和保护需求;二是资金来源狭窄,在非市场化机制下,我国生态补偿对政府的依赖较大,进而造成政府负担过重;三是生态补偿资金缺乏稳定性和长效性。[①]

3. 生态补偿标准难以达成共识,影响补偿的效率及补偿公平

生态补偿标准是生态补偿制度的核心问题,它关系到补偿的效果与政策的可行性。补偿标准过低造成补偿不足,难以满足生态资源所有者的诉求,补偿过高又会增加支付主体的负担,使得生态补偿政策缺乏效率。生态补偿标准至今仍是资源经济学和环境经济学研究的难点,主要体现在以下三个方面:一是环境损失的核算问题。由于环境损失的滞后性、长期性和积累性,现有的核算体系并不能断定具体年份的环境损失量。二是生态系统服务价值的核算问题。由于生态系统本身的复杂性和经济学方法的局限性,尚没有一个成熟的估算方法,估算结果往往差异很大。三是生态补偿标准的差别化,即生态保护补偿标准差别化的依据和影响。因此,生态补偿标准难以取得共识,缺乏权

[①] 沈满洪等:《完善生态补偿机制研究》,中国环境出版社 2015 年版,第 35 页。

威性,政策难以实施。

4. 补偿效率低下,补偿机制有待创新

虽然近年来生态补偿机制建设取得了较大进展,但是在生态补偿政策实施过程中的效率问题仍然值得关注。生态补偿仍以政府补偿为主,由于过多的政府干预和主导造成了地方补偿积极性不高,达不到整体的效益,由于信息的不对称,在生态保护建设行为中可能存在"道德风险",影响补偿资金的应用;由于缺乏相应的资金使用管理办法和监督管理制度,补偿资金实施效果的评估监督薄弱,致使国家拨付的生态补偿资金真正用于环境保护和生态建设方面的资金比重小,补偿效率低下。

(五)生态补偿研究与实践

1. 生态补偿代表性文献

王金南、庄国泰主编的《生态补偿机制与政策设计》(2006),该书是一本国际研讨会论文集。2004 年 10 月由国家环保总局和世界银行联合在北京举办了"生态保护与建设的补偿机制与政策国际研讨会",研讨会围绕国内外有关生态补偿的理论与实践进展、生态补偿机制的政策与法规保障体系、中西部典型区域生态保护和建设的补偿机制、生态补偿机制与扶贫、市场机制在重要资源开发与补偿中的应用等议题展开讨论,对生态补偿的一些关键问题取得了共识,研讨会推进了生态补偿机制的研究。该书也是一本比较早的、相对集中探讨生态补偿机制的论文集,引用率也比较高。

中国生态补偿机制与政策研究课题组于 2007 年出版了《中国生态补偿机制与政策研究》。系中国环境与发展国际合作委员会"中国生态补偿机制与政策研究课题组"的研究成果。课题组由李文华院士和日本卢拉(Imura)教授分别担任中方和外方组长,聘请张象枢教授、任勇研究员、王金南研究员、胡

振琪教授、闵庆文研究员五位国内专家，以及其他一些学者组成课题专家组，给出了中国生态补偿的总体框架和重点领域，并对流域、矿产资源、森林生态效益和自然保护区等生态补偿的重点领域进行了深入研究，其研究结果具有借鉴意义。

靳乐山等 2016 年出版了《中国生态补偿：全领域探索与进展》，系统回顾了中国生态补偿领域的政策法规、实践案例和学术研究，并分领域总结了流域、水源地、森林、草原、重点功能区、大气、农业等生态补偿领域的政策和实践，收集了重要的生态补偿法规政策和案例，可以作为记述中国生态补偿发展历程和最新进展的集成著作。

沈满洪等 2015 年出版了《完善生态补偿机制研究》，其著作第一篇总论系统地阐述了生态补偿机制建设的技术性障碍和制度性障碍，并从补偿主体、补偿渠道、补偿力度等方面提出完善的思路；第二篇分别阐述了流域生态补偿、森林生态补偿、矿业生态补偿和土壤生态补偿的思路和对策；第三篇以千岛湖引水工程为例系统回答了生态补偿的必要性和可行性、补偿金额的测算和确定、补偿渠道的选择等问题，其成果具有借鉴意义。

丁四保 2009—2010 年连续出版了《主体功能区的生态补偿研究》《区域生态补偿的基础理论与实践问题研究》《区域生态补偿的方式探讨》系列著作，总结了国内外与"生态补偿"有关的基本理论，同时系列成果还有针对性的对我国各地在流域上下游地区之间和部分资源开发地区所遇到的生态补偿问题进行研究，探讨了区域生态补偿的具体方式和手段。

李国平 2014 年出版了《矿产资源有偿使用制度与生态补偿机制》，该书为教育部哲学社会科学重大攻关项目和国家社科重大项目的阶段性研究成果，提出在我国矿区应该实行土地复垦保证金制度，完善生态补偿税费制度，构建适合我国国情的土地复垦制度框架。

汤姆·蒂坦伯格（Tom Tietenberg）《环境与自然资源经济学》（第十版）。该著作理论与实证、理论与政策、理论与应用相结合，通过完整的理论分析和有力的经验证据,清楚地向人们阐述了当今世界面临的复杂环境和自然资源问题,并详细讨论了保护环境和自然资源、实现可持续发展的有关政策问题,是一部经典的环境经济、资源经济著作,引入我国十余年,影响甚广,认可度高,已连续修订出版到第十版,中国人民大学出版社和北京大学出版社多次推出中英文版本。

2. 国内生态补偿实践历程

我国生态补偿的研究与实践开始于 20 世纪 80 年代中后期。我国政府在生态补偿实践方面主要概括为两个方面:一方面是由中央相关部委推动,以国家政策形式实施的生态补偿;另一方面是地方自主性的实践探索,形成了一些地方性的生态补偿政策。生态补偿涉及的领域主要集中在森林和草原、自然保护区、流域、矿产资源开发和重要生态功能区等。1990 年国务院发布的《关于进一步加强环境保护工作的规定》,提出"谁开发谁保护,谁破坏谁恢复,谁利用谁补偿"和"开发利用与保护增值并重"的环境保护方针,首次确立了生态补偿政策。之后,国家启动了退耕还林、天然林保护、自然保护区生态环境保护与建设等一系列大型生态建设工程,将我国的生态补偿推向了快速发展的新阶段。2012 年 11 月党的十八大报告提出大力推进生态文明建设,并强调"深化资源性产品价格和税费改革,建立反映市场供求和资源稀缺程度、体现生态价值和代际补偿的资源有偿使用制度和生态补偿制度"。党的十八届三中全会又一次明确提出"加快生态文明建设,实行资源有偿使用制度和生态补偿制度"。2014 年 4 月《中华人民共和国环境保护法》(修订版)第三十一条提出"国家建立、健全生态保护补偿制度","加大对生态保护地区的财政转移支付力度,有关地方人民政府应当落实生态保护补偿资金,确保其用于生态补偿"。2015 年第一轮草原生态保护补助奖励机制结束,实施效果基本达到政策要求,2016 年农业部和财政部发布《新一轮草原生态保护补助奖励政策实施指导意见(2016—2020 年)》。2016 年国务院办公厅发布《关于健全生态保护补偿机制的意见》和四部委发布《关于加快建立流域上下游横向生态保护补偿机制的指导意见》，两个文件出台更进一步推动生态补偿发展。党的十九大报告提出加快生态文明体制改革，建立市场化、多元化生态补偿机制，标志着中国特色生态文明建设进入了新时代。

3. 新安江流域生态补偿模式

"新安江模式"作为国内首个流域横向生态补偿模式受到广泛关注。新安江流域发源于安徽省黄山市休宁县境内六股尖，干流总长 359 千米，近 2/3 在安徽省境内，经黄山市歙县街口镇进入浙江境内，流入下游千岛湖、富春江，汇入钱塘江。千岛湖超过 68% 的水源来自新安江。如何统筹兼顾上下游的利益，破解经济发展与环境保护之间的困境，确保流域生态安全？浙江安徽两省分别于 2012 年 9 月、2016 年 12 月签订生态保护补偿协议，先后启动两期共 6 年试点工作，建立跨省流域横向生态保护补偿机制，开创"新安江模式"。根据《全国首个跨省流域生态保护补偿机制的"新安江模式"》材料，主要经验摘录如下：

（1）建立权责清晰的流域横向补偿机制框架。以省界断面监测水质为依据，通过协议方式明确流域上下游省份各自职责和义务，积极推动流域上下游省份搭建流域合作共治的平台，实施水环境补偿，促进流域水质改善。

（2）流域上下游共建共享，共建平台，共享共治，协同发展。部门之间定期或不定期地举行交流活动，建立起相互信任、合作共赢。以浙江省淳安县环境保护监测站和安徽黄山市环境监测中心站为主体，在浙皖交界口断面共同布设了 9 个环境监测点位，共享信息，共同监测。

（3）流域治理。严格生态源头保护，山水田林湖草作为生命共同体，流域治理要统筹推进山水林田湖草系统治理，缺一不可。强化流域污染防治工作，既要加强对农业面源污染的防治，推进绿色、有机农业的发展，又要加强工业点源污染的治理，推动产业转型升级。协同城乡污染治理，强化城市垃圾污水治理的同时,也要分类推进农村环境综合整治。

(4)创新机制。建立上下游跨省污染防治区域联动机制,统筹推进全流域联防联控,形成水环境保护合力,进一步健全流域管理体系。提高公众的环境意识,动员全民广泛参与生态保护,形成生态治理大众参与机制。

(六)完善水源地保护的政策建议

一是构建多元化市场化水源地生态补偿机制。从生态服务付费(PES)模式、绿色金融模式、融资工具创新、PPP模式创新等方面探讨水源地生态补偿融资多元化途径,除了政府补偿外,动员吸纳社会资本、企业、相关单位共同参与生态补偿,进一步完善资金补偿、对口协作、产业转移、人才培训、共建园区等多种跨区域横向生态补偿模式,按照"谁受益、谁补偿"的原则,推进市场补偿机制。

二是构建多方利益相关主体参与库区水源地利用和管理机制。多方利益相关主体参与管理模式的关键在于信息资源的公示、决策过程的透明和决策执行过程中利益相关方的参与。主要由决策层和执行层组成。决策层,采取理事会形式,组建丹江口库区流域管理委员会,由中央各部门代表、库区水源地所涉及到的各地方三级(省、市、县)政府代表和民选代表、企业、居民和小生产者等利益相关者代表组成,确保各方面代表的适当比例。

三是建立健全流域统筹管理机制,完善突发性污染事件的预警和应急管理。建立一个跨行政区流域环境协调系统领导机构,使其在流域水资源保护、污染防治等工作中担当起组织领导的责任,并拥有环境协调、监督、执法等相关的权力,协调和规范地方利益、部门利益,实现库区流域水资源、水环境的统一管理。同时,建立和完善水污染防治应急与联防机制,提高应急管理水平和应对突发事件的能力,也是保障南水北调水源地水质的一个重要因素。

四是借鉴先进的水环境管理立法经验建立健全相应的法律法规。应参照国外先进的水环境管理和立法经验,结合丹江口水库特点,抓紧制定保护水资源区的相关法规,建立水源地水质保护法规体系,尽快起草《丹江口库区水质保护管理办法》并制定《丹江口库区生态与环境保护条例》,使水源地水质保护有法可依。

五是分区规划,分类管理,精准防控。参照《丹江口库区及上游污染防治与生态建设规划》,按照污染控制区对库区水质的影响程度,将水源地保护区域划分为水源地安全保障区、水质影响控制区和水源涵养生态建设区。

六是从水源公司收益中提取一部分比例作为发展基金,用于支持水源地水质保护,使水源地居民能够直接分享南水北调资源开发利益,有利于建立资源共有、责任共担、利益共享的供水关系。

五、南水北调水价与利益共享

(一)水价制定是供水区与受水区利益协调的重要手段

水价是发挥市场机制和价格杠杆在水资源配置方面的作用,是调节水资源高效率利用、促进节约用水的重要工具之一,也是供水区与受水区的利益协调的重要手段。按照"谁受益、谁付费"的原则。受水区有水资源需求,供水区提供优质水源,那么受益者应该对优质水源供水区支付相应的费用。

可持续利用水资源是经济社会协调发展的客观要求,其出发点主要是在追求人类经济增长的同时,必须保证生态环境平衡,以确保自然资源的永续利用与有效性利用。自然生态环境有其一定的承受力与负荷量,一旦人类过度使用自然资源,超出其开发阈值,它终将以可怕的后果急速反扑。水是十分重要的自然资源,水资源的开发利用应该符合人与自然协调发展,必须有效开发、永续利用。

如何正确处理经济发展与水资源保护的关系。实现经济可持续发展,达到水资源永续利用,其可持续发展内容应包括:(1)在人类方面,当代水资源的开发利用,不应削弱未来的发展机会和能力,在此基础上提高人类生活质量;(2)在经济方面,对任何影响水资源利用的经济活动,必须进行严密的控制和管理,达到事前管制,事后监控的目标,使水资源利用与经济协调发展,保证经济增长达到最大限度;(3)在环境方面,水资源的开发利用必须以保证整个生态系统的正常运作为前提,不仅考虑人类的需求,同时还要保证人类赖以生存的生态环境的完整性;(4)在技术方面,开发和使用清洁、高效的生产工艺、节约用水,提高利用效率。总之,要用生态经济的概念,建立水资源管理模式。深入研究水资源等自然资源与其他经济活动的关系,人们发现:一是长期以来,水资源等自然资源被当作"取之不尽,用之不竭"的天赐资源,因而在投入经济活动时被作为非生产要素,不计任何成本,导致了水资源无偿使用。二是在国民经济核算中很少或没有考虑水资源等自然资源的投入,也没有考虑经济活动产生的外部性,资源的损耗和环境破坏难以从量的角度加以识别和度量,导致决策的失误,引起不良后果,威胁人类自身的生存,制约经济社会持续发展。

传统的资源管理以供给管理为主。当水量不足时,政府则兴建水库、扩大供水设施,一切都由政府来办,不考虑人们的支付意愿,因此带来供水的无效率。消费观念上以供给手段为主,忽视自然生态环境的保护,导致供给与需求严重失衡。现在,我国水资源管理逐步由供给管理向需求管理转变,强调用市场激励促进用水方式的转变。市场激励与可持续利用通过价格关系联系起来,确定合理水价,取消用水补贴,将大大促进水资源可持续利用模式的建立。一方面,通过调水工程解决地表径流分布不均的问题;另一方面,建立和完善水资源有偿使用和转让制度,完善定价机制,加强需求管理,实现资源有效配置。

(二)南水北调水价与城市供水水价

南水北调的水是作为城市自来水的原水使用的。2014 年 12 月,国家发改委确定了南水北调中线一期主体工程运行初期供水价格，分区段制定中线工程各口门价格，干线工程河南省南阳段、河南省黄河南段（除南阳外）、河南省黄河北段、河北省、天津市、北京市6个区段各口门综合水价分别为每立方米0.18元、0.34元、0.58元、0.97元、2.16元、2.33元。2019年4月国家发改委重申，供水价格暂不调整，待中线工程决算后，再开展成本监审，并制定运行期水价。

总体来讲，水价还是普遍偏低，这既不利于水利的发展，也不利于节约用水，助长了水资源浪费。现行水价过低，价格不能准确地反映成本信号导致资源浪费，环境污染。虽然水价已由计划水价向成本水价转变，但仍然没有反映全部外部成本。基于可持续性的边际机会成本定价方法已成为资源经济学中一个重要政策工具，它把边际使用者成本与外部环境成本内部化，这对于资源物质稀缺的北方，还是资源经济稀缺的南方，都是十分重要的。资源的短缺与污染是当前水资源管理中面临的两个最大问题。尽管通过调水引水可以暂时解决用水短缺问题，但要从根本上解决短缺问题还是要提高水价，用经济手段促进用水方式转变。否则，大调水就是大浪费、大污染。总之，改革水价政策，完善差别化阶梯水价，促进节约用水，推动建立合理回报机制，是南水北调持续利用的重要内容。

（三）调水价格制定原则

1. 效率性原则

为什么调水？因为北方缺水。南水北调遵循效率原则十分必要。福利经济学所认为的最有经济效率的状态，一般就是指帕累托最优状态。从社会产品的分配来看，如果产品的分配已经达到这样一种状态，即任何一种分配的变化都会至少降低一个人的满足程度，那么，这种状态就是产品分配的帕累托最优状态或最有效率的状态。从社会生产要素或者生产资源的配置来看，如果已经达到这样一种状态,即任何一种配置的改变,都会至少降低一个企业或一种产品的产量,那么这种生产要素或生产资源的配置就是帕累托最优状态或最有效率的状态。此处所探讨的效率性原则是扩展了的帕累托最优状态。如果调水水价的制定已经达到这样一种状态,即任何重新修订的水价政策都至少降低一个人的消费水平或者资源环境水平,那么这种水价政策称之为最有效率的状态。当然上面所说的最有效率的状态只是一种理想的状态,在实际中也是很难达到的。但这种理想状态为制定水价政策指出了方向,水价制定应该遵循效率性原则。既不能只对受水区富有效率,而损害供水区资源环境,又不能只对供水区富有效率而影响受水区的消费,两者都要兼顾,这才是所追求的效率。

水资源有效率的水价制定方法要求采用边际成本定价法则,边际成本定价是一个十分理论化的概念,在实际中难以操作,必须寻求一个次优的策略。南水北调水价偏低,供水公司难以收回成本不利于水资源开发、利用与保护。与此同时,影响水价制定的因素相当复杂,除涉及经济因素外,还涉及自然、时空分布、社会伦理道德等多因素影响,需要仔细研究、多学科合作,使之有利于水资源优化配置。

2. 公平性原则

传统经济理论研究公平性主要集中在收入分配方面,而这里所探讨的公平性主要指权益的公平。水是人类生产和生活必需的要素,人人都享有拥有一份清洁、卫生水的权利,以满足基本的生活需求。因此,水价制定必须使所有人都有能力承担生活必需用水的费用。除了保证人人都能使用外,价格的公平性必须体现在不同用水量的用户间,即保证用户的支付与其所享用的水服务相等。在中国特色社会主义市场经济条件下,这种公平性还要考虑区域发展不充分不均衡的矛盾,区别发达地区和欠发达地区之间的差别、区别工业和农业用水之间的差别、区别城市和农村之间的差别等条件。

还有一点,那就是水资源作为一种公共资源和共享资源,具有较强的自然垄断性。自然垄断行业买卖双方本身不易处于平等的地位,尤其供水企业在不完全竞争市场条件下,将追求高额利润,使价格高于边际成本,导致资源低效配置;同时损害消费者利益,使部分消费者无力支付过高水价,导致生活水平下降。因此,在相当长时间内水价制定必须在国家宏观指导下定价,严格执行财务成本审计制度。

水价制定是南水北调利益共享的重要内容。由于供水区、受水区涉及利益主体众多,既要保证居民基本生活用水需求,又要兼顾生态效益、社会效益。水价制定的目标是实现水资源配置的经济效率,消除水资源利用的外部性,促进水资源的持续利用,既考虑效率,又注重公平(当代人群之间及世代人群之间),用经济激励促进用水方式的转变,实现人口、经济、资源与环境的协调发展。

3. 可持续性原则

可持续性原则是核心。水资源是稀缺的不可替代的自然资源,是人类生存和发展的物质基础,是社会经济发展的制约因素。过去过分追求经济增长,忽视资源和环境的保护,导致环境恶化、资源耗竭,使资源与环境对经济发展的支撑能力越来越薄弱和有限。因此,水价制定必须在可持续性原则前提下进行,水价要有利于水资源可持续利用。

水资源是人类的共同财富,在开发利用水资源时,不仅仅要考虑当代人的利益,还必须兼顾后代人的需求。这不仅仅是一个伦理道德问题,而且关系到人类社会是否永续发展的大问题。在人类社会再生产的漫长过程中,同当代人相比,后代人对水资源等自然资源应该拥有同等或更美好的享用权和生存权。当代人不应该牺牲后代人的利益换取自己的舒适,应该主动采取"财富转移"的政策,为后代人留下宽松的生存空间,让他们同当代人一样拥有均等的发展机会。当代人应把资源与环境的权利和义务有机地统一起来。可持续性原则也并不是以停止生活水平的提高为代价。经济增长同环境与资源的保护之间并不矛盾,资源的保护也不是必须实行"零增长"。随着节水技术提高,调水引水及雨水工程逐步实施,人均用水量也会逐步提高。不断提高人们的生活质量,满足当代人的发展需要,本身也是可持续原则的要求之一。

(四)水价制定的几个问题

1. 水的供给特点

水的供给有一个共同特点就是资本不可分性,工程建设都是一次性投资。水供给能力少量增加在技术上既不可行也不实际,只有大量增加才是有效的。由于资本不可分性,边际成本概念模糊之处便提出来。因为水供给和消费的成本有时是消费函数有时不是。如果水库的供给能力未被完全利用时,新增消费水量的成本仅是由此新增的运转和维修成本,即是短期边际成本。当水库供水能力被完全利用时,新增消费水量的成本是短期边际成本加上边际增量成本,即长期边际成本。后者指扩大容量,满足增量消费,加高丹江口大坝以及引水工程。由于资本不可分性,严格意义上的边际成本定价将产生一些问题。这是供水工程中存在的典型问题,因为满足南水北调的工程成本是满足多年的长期需要,与运行成本相比,最初的水库建设投资和输水渠工程成本投资是相当高的。所以,严格意义上的边际成本定价将引起价格的剧烈波动。对消费者而言,消费量的不确定性太大,对长期计划投资补偿带来一系列问题。经济学家看来,长期边际成本应该是相对平滑的曲线,即容量微小增量是可行的,但价格剧烈波动意味着容量呈跳跃式增长。为此,对以上问题做适当的扩展处理,用新增产量的平均增量成本定义价格,南水北调工程投入成本平均分摊到每年增加的调水量上。南水北调水价应采用长期边际成本定价,将工程建设成本、移民成本、水源地保护成本以及运营成本综合考虑进来,实施全成本定价。工程建设成本、移民成本、部分水源地保护成本是一次性投入,需要分摊到每一年,可以用30—50年计算。分摊年限长短要根据居民承受能力而定。

经济学家提出全成本定价方法和边际机会成本定价方法。按照王浩院士的三重水价公式计算,调水水价应由资源水价、工程水价和环境水价三部分构成。由于南水北调中线工程建设周期长、工程多、涉及相关主体多,成本核算复杂且工作量大,调水水价具体制定超出了本书讨论范围,不在此讨论。

水价必须将水量与水质完善地整合在统一体中。从生态经济系统考察社会经济系统,经济生产不可避免地投入水资源等生产要素,同时将生产中产生的废弃物排入水体生态系统,使水资源受到污染,使其功能和质量下降,影响生态产品供给能力。为了保持生态经济的稳态平衡,保证优质水资源持续供给能力,则必须对水资源耗竭进行补偿,对生态环境进行保护、恢复、再生,提升社会—经济—生态复合系统的韧性和承载力。

2. 用户的承受能力

水价制定应考虑用户的承受能力,既要体现国家产业经济政策,又要考虑不同行业、不同地区、城乡之间的差别。根据亚太经济和社会委员会建议,居民用水的水费占家庭收入的百分比最大不应超过3%。照此计算,假设北京市一般三口之家城市居民月用水量为20立方米左右,月收入为16939元(2019年人均可支配收入67756元),则水价最大不应超过每立方米25.4元。

3. 用水需求

由于用水需求存在季节波动,为了保证高峰用水,所有供水企业都要在日均供水量基础上再加上一定的备用能力,而备用设备在非高峰时间是基本闲置的。所以,高峰季节供水的边际成本较高,因为所有设备都投入紧张地运行;而非高峰季节的边际成本较低,因为只有最高效的设备在运转。而负荷高峰的额外供水费用(主要是折旧等固定成本)应集中在高峰用水期的三四个月内,这样就形成季节差价。假如武汉市日均供水量280万吨,高峰夏季日均供水量 320 万吨,冬季日均供水量 220 万吨,可以采用夏季高价、冬季低价、春秋平价的定价方式。目前我国水价还没有高峰负荷定价,但可以借鉴电费、电话收费方式实行季节水价,当然也能以日供水的高峰、非峰时间定价。这主要取决于计量成本与高峰负荷定价成本—效益分析。如果收益>计量成本,则完全可以考虑实施;反之,不可贸然行事。

(五)水价、水资源税与节水

南水北调工程是实现我国水资源优化配置、促进经济社会可持续发展、保障和改善民生的重大战略性基础设施,必须坚持先节水后调水、先治污后通水、先环保后用水的原则,加强节约用水。

水资源税是影响供水水价的重要因素之一,也是影响水资源节约使用的手段之一。为了促进水资源节约、保护和合理利用,我国从 2016 年 7 月 1 日起开展水资源税改革试点,率先在河北省进行。2017 年 12 月改革试点扩大到北京、天津、山西、内蒙古、山东、河南、四川、陕西、宁夏 9 个省(区、市)。水资源税的征税对象为地表水和地下水,计征办法实行从量计征。把水资源税改革与水价改革同步进行,从而建立科学合理的水价体系,以此推动南水北调水资源的节约使用,以水定需、量水而行。坚持统筹兼顾,协调好生活、生产和生态用水,兼顾受水区与供水区水量分配、地表水和地下水、当地经济发展与节水等关系,处理南水北调的利用与保护关系。

六、移民持续生计与可持续发展

(一)移民持续生计政策

移民安置和移民后续发展是南水北调中线工程中利益分享的重要内容之一。当然,移民搬迁也为消除贫困改善居民生产生活条件提供了机遇,借助移民搬迁契机,加快小康建设步伐。

梳理移民补助政策,一是国家、当地政府对移民村的帮扶支持,二是移民补助政策。为了帮助移民改善生产生活条件,国家先后设立了库区维护基金、库区建设基金和库区后期扶持基金,努力解决水库移民遗留问题,对保护移民权益、维护库区社会稳定发挥了重要作用。2006 年,国务院《关于完善大中型水库移民后期扶持政策的意见》提出,对纳入扶持范围的移民每人每年补助 600 元,扶持期限 20 年。随着乡村振兴战略的推进,水库移民较好地解决了可持续发展问题。

（二）郧阳区移民内安的做法

1.按新农村标准,科学规划

高起点编制移民内安规划,坚持"五个结合",把移民内安复建规划与郧阳区国民经济发展规划相结合,"一区两带"综合开发等相结合,按照美丽乡村标准,郧阳区的柳陂、城关、茶店等县城规划区内的移民,统一实行"上楼"集中安置,推进城乡一体化建设。柳陂新集镇规划与汉江生态经济带建设、鄂西生态文化旅游圈发展和十堰城区北扩紧密结合,打造汉江旅游名镇。柳陂镇政府将卧龙岗社区与其相邻的柳陂新集镇、挖断岗、青龙山、刘家桥、亮子湾、高岭、黄坪、吴家沟、金矿村实行连片开发,在房屋建筑风格、道路交通线路、基础设施配套、特色产业布局、生态环境保护等方面通盘规划,整体布局,统筹推进,实施美丽乡村建设。在居民点建设上,房屋选择一种房型,达到外观一致。提高居民点规划标准,做到每个移民"五有"(基本生活条件、当家地、经济林、沼气、微耕机),分散小居民点另加"五有"(居民点有活动场地、有人均 1 亩高效经济林、有气象预报电子显示屏、有垃圾设施处理、有体育文化设施),500 人以上的再加"五有"(有村部、卫生室、超市、广场、便民服务中心),确保移民生活方便。

2. 突出生产安置,编制规划试点

坚持把移民建房与土地治理同步推进,采取开山填沟、回填造地、移土培肥等办法,加大土地整治力度,建设设施蔬菜、水浇地等高产地,确保出租安置、移民生产安置,达到大棚菜地0.4亩/人,或水田水浇地、果园1.05亩/人,或旱地1.4亩/人,安排好移民生产用地。按照《规划大纲》要求,需为移民配置生产安置土地20756亩,其中调整土地1244亩,整治土地13991亩,库周回填造地5521亩,需要投入调整及治理土地资金92778.75万元。采取自下而上,再自上而下的方式,把全县移民生产用地明确到171个具体地块。把移土培肥造地项目与移民安置点场平建设有机结合起来,启动了柳陂镇舒家沟—刘家桥、挖断岗两个重点项目区1216亩回填造地移土培肥试点,已利用居民点弃土回填984亩。在安阳、青山两个库区乡镇的6个库区村启动低丘岗地改造项目4500亩,已完成3500亩。

3. 扶持产业发展

紧紧围绕"搬得出、稳得住、能发展、可致富"的目标,创新思路、破解移民村发展瓶颈难题,坚持输血造血结合,激活移民内生动力,促进乡村振兴和持续发展。

柳陂镇沙洲村支持移民发展蔬菜产业。南水北调中线工程的实施,为沙洲村发展蔬菜产业提供了机遇,为沙洲村发展蔬菜产业提供了平台。沙洲村库周采取回填垫高的办法新造高标准大棚菜地380亩,总投资1800万元,其中治理土地1300万元,建设大棚400万元,水利配套设施100万元,用于安置本村移民。同时,柳陂镇政府投资600万元建立高科技育苗大棚10000平方米为移民提供优质可靠的菜苗,建成高标准设施蔬菜大棚近360亩,移民已在大棚里种植有黄瓜、西红柿,每亩地可产黄瓜16000斤,纯收入约8000元,西红柿12000斤,纯收入约5146元,移民年可增加收入约3200元。改善条件,提高蔬菜产业竞争力。沙洲村素有十堰市番茄基地之称,种植番茄时间悠久,为提升蔬菜质量,深化蔬菜质量管理,实施无公害蔬菜种植技术,采用蔬菜标准化生产,通过引进新菜种、新技术、新材料,提升蔬菜品质,推广低残留农药,坚持使用农家肥,从而减少对蔬菜的污染。引进先进的滴灌和喷灌灌溉技术,节约了水源,提高了蔬菜产量,保障了蔬菜质量,产品畅销郧县、十堰,树立良好的蔬菜专业村"沙洲村"品牌。

柳陂镇卧龙岗社区坚持生态优先,发展有机蔬菜和生态旅游观光产业,通过"移土培肥治地"和"招商引资"方式,建成350亩光伏大棚基地和105亩草莓采摘观光园;建设了370亩的油橄榄基地,40亩的小水果采摘基地,成立蔬菜专业合作社,实施农超对接,促进产业融合、城乡统筹,带动184户移民年均增收5000元/人,实现集体经济收入近10万元,确保了移民稳定增收致富。

七、南水北调对口协作

(一)加强区域互动合作,建立利益共享机制

供水区在移民安置和水质保护等方面作出了重大贡献,为保证调水水质长期稳定达标,与生态保护和水质安全功能相矛盾的经济活动将会受到限制,特别是产业发展还将受到一定限制,比如农业的黄姜产业,工业上污染排污标准更加严格,地方的财政收入势必会减少。另外,污水处理投入加大。丹江口库区地处秦巴山区,是老区、库区、贫困地区的叠加区,经济发展相对滞后。为此,为推动水源地和地区经济的发展,2013年国家批复《丹江口库区及上游地区对口协作工作方案》(以下简称《方案》),《方案》明确,受援方为河南、湖北、陕西3省水源区;支援方为北京市、天津市,以及部委有关部门和单位,有关中央企业。北京市对口河南省南阳市、三门峡市、洛阳市和湖北省十堰市、

神农架林区水源地;天津市对口陕西省商洛市、汉中市、安康市水源区。《方案》也说明,河北省是南水北调中线工程受水区,但没有明确与水源区的对口协作结对关系,因为其继续承担保障京津冀地区供水安全任务。

按照《丹江口库区及上游地区对口协作工作方案》和《北京市南水北调对口协作规划》,北京市确定由海淀区、东城区、平谷区、石景山区、密云区、房山区、丰台区、大兴区、通州区分别与丹江口市、郧阳区、郧西县、竹山县、竹溪县、房县、张湾区、茅箭区、武当山特区建立"一对一"对口协作关系。北京作为受水区,积极帮助水源地经济社会发展,开展多层次合作。十堰市是中线工程的坝区、主要库区、核心水源区和移民集中安置区,承担着水源保护的重任。十堰市坚持"生态优先、绿色发展",主动作为,注重水质保护和污染防治,坚持实施最严格的环境监管、最积极的生态建设、最集约的资源利用,确保"一江清水送北京"。2017—2019年,北京市支持十堰市对口协作资金达6.75亿元,实施协作项目216个,涉及水质保护、精准扶贫、公共服务和交流合作四大类。①

(二)北京市东城区与十堰市郧阳区对口协作情况

1. 十堰市郧阳区基本情况

北京市与十堰市创新共享发展,因水结缘,对口协作。北京市东城区与十堰市郧阳区开展对口协作始于2012年,编制规划于2013年,正式启动于2014年。北京市《南水北调对口协作"十三五"规划(2016—2020)》。郧阳区先后编制了《郧阳区南水北调对口协作规划(2013—2015)》《郧阳区2013—2020年对口协作工作路线图》《郧阳区对口协作"十三五"规划》,提出七大协作领域,明确协作目标,确定工作重点和具体措施,做到组织有保障,推进有措施,

---

① 十堰市发改委:《十堰市启动2017至2019年度对口协作项目资金专项审计工作》,2020年5月28日,见 http://fgw.shiyan.gov.cn/xwzx/gzdt/202005/t20200528_2042249.shtml。

考评有依据,发展有规划,年度有目标,精心组织,周密安排,靶向施策,精准帮扶,确保对口协作工作有序推进。

2. 南水北调对口协作途径

(1)项目协作。北京市东城区在项目、资金、技术、人才等方面对郧阳区给予帮扶,其中,2014—2019 年,援助资金 1.15 亿元,实施工业、农业、教育、卫生等领域援助项目 15 个,包括十堰市农产品工业园建设、神定河内源污染治理及生态修复等;引进北京嘉博文、中广核、阳光博雅、北京乡建院、北京网库等知名企业 8 家,引进社会投资 15 亿元,为郧阳脱贫攻坚、绿色产业发展和生态保护提供了有力支持。

(2)部门交流协作。为了增进水源地与受水地相互了解和交流,广泛开展部门协作、技术交流。

一是互派干部交流。两区互派挂职干部 20 余名学习,郧阳区先后选派了区人大副主任徐洪斌等人到东城区机关、企业交流学习;国家南水北调办和东城区先后选派了干部到郧阳挂职。一方面为郧阳区带来了先进的管理经验,另一方面提高了郧阳区干部的领导能力和业务水平。

二是街道交流。对接工作向两区的街道和乡镇延伸,郧阳区谭家湾、刘洞、安阳、五峰、杨溪铺、青曲、城关、南化塘等乡镇主要领导分别到对接的东城街道办开展协作工作。东城区东直门、龙潭、王府井等街道办(管委会)也分别结合对接乡镇的资源禀赋、发展潜力,带着企业家、智囊团和捐赠物质应邀来到郧阳,加强对经济文化的了解。

三是部门交流。①两区教育部门共签订了 10 份教育领域协作协议,郧阳区先后选派了 180 余名教师和教研员到东城区挂职跟岗学习,北京市第25 中学选派了 5 名骨干教师到郧阳指导教学,在网站上开办了教育协作专栏。②东城区 8 家医院分别与郧阳区医院合作。北京市选派国内顶级医学专家 12 人赴郧阳开展义诊,郧阳区先后选派 150 余名医疗人员赴对口协作医院脱岗学习。2019 年 7 月 27 日,协和医院专家资源开通远程医疗为郧阳区人民医院的贫困户疑难杂症免费就诊,救治贫困户 100 人次以上,并为郧阳区人民医院医务人员做免费培训和指导,收到良好效果。③开展科技服务。邀请专家组来到郧阳区开展对口协作科技服务,汽车零部件制造、生物医药、农业农村等相关工作领域的 13 位北京专家,到郧阳区进车间、到田头、召开座谈会,帮助解决科技问题 39 个,给予意见和建议 73 条。

（3）企业协作交流。一是引入一批企业来郧阳区投资。发挥东城区在商业服务业上的领先优势,利用"光彩十堰行"、中国区域经济 50 人论坛、两地商务对接等活动平台,多次邀请北京市餐饮、酒店、娱乐、零售等行业的知名连锁企业到郧阳考察,推介郧阳撤县设区后的发展前景。二是以秦巴产业园为载体,邀请北京企业到郧阳考察、交流、合作。三是通过体育赛事北京媒体等手段宣传郧阳产品。东城区作为支持单位的 2019 南水北调马拉松湖北站——十堰(郧阳)国际马拉松成功举办。协调对接北京日报报业集团所属北京商报社这一重要的财经类媒体,宣传郧阳区社会经济发展及脱贫攻坚成果,推广郧阳扶贫产品。

（4）消费扶贫。一是搭建消费扶贫合作平台,推介郧阳扶贫产品。围绕农特产品进京、推进消费扶贫,东城区积极帮助郧阳搭建合作平台,举办各类展销活动,使郧阳的特色产品声名显赫、身价倍增。让北京的市民品尝到郧阳的优质特产,既满足了消费升级的需求,也为郧阳的贫困群众带来增收效应。同时,打响"郧阳""郧商"地理标识品牌,橄榄油、红薯粉条、苞谷碴、木瓜醋、香菇、酸辣粉等郧阳产品在北京享有了一定的知名度。二是多措并举推动采购扶贫产品。举办第三届南水北调中线工程核心水源区湖北郧阳特色农产品北京展销会,直接拉动郧阳扶贫产品签约销售 1500 余万元。三是搭建郧阳扶贫产品展示窗口,宣传郧阳特色农产品。

（5）社会帮扶。2020 年 8 月,成立"南水北调京堰对口协作助学基金"。该基金由北京市第五批赴十堰挂职团队联合共青团十堰市委、十堰市对口协作办公室、十堰市希望工程管理办公室共同设立,旨在帮助南水北调中线水源区十堰库区移民子女及困难家庭学生顺利完成学业。首批资助 113 名十堰库区贫困学生,资助金额共计 50 万元。2019 年北京商报社带领爱心企业向郧阳区有关学校捐赠 132 万元现金及在线教育资源。

(三)对口协作的启示

1. 对口协作促进了利益共享、互利共赢、共同发展

对口协作贯彻新发展理念,围绕"助扶贫、保水质、强民生、促转型"四大目标,促进了基础设施改善,促进了产业升级,促进了管理水平提高。十堰市郧阳区地区生产总值由 2013 年的 73.62 亿元增加到 2018 年的 120.68 亿元,增长了 63.92%;城镇居民可支配收入由 2013 年的 12902 元增加到 2018 年的 28016 元,增长了 117.14%;农村居民可支配收入由 2013 年的 5165 元增加到 2018 年的 10272 元,增长了 98.88%;经济增长率快于湖北省和全国的平均水平。

开展对口协作工作,不仅是促进水源区转变经济发展方式、推动地方经济高质量发展、增进供水区与受水区的相互了解、维护社会稳定的重要举措,而且是改善水源区和受水区生态环境、加快建设资源节约型和环境友好型社会的有效途径,对于推动水资源的持续利用、促进水源区和受水区社会经济可持续发展,具有重要意义。

2. 筑牢了水源地环境保护的经济基础

人与自然是生命共同体,人与自然应和谐共生、协同进化。人类利用水资源必须遵循自然资本运行规律。当经济增长对自然资源的需求已大大超过了生态更新量,自然资本的供给不能满足人们对美好生活需求时,人类必须依靠社会资本投资,对资源环境进行经济再生产和环境保护,这样,生态产品供给

才能满足人类需求。如果水源地基础设施无法提升,既无财力又无精力加强水源地保护,则影响南水北调的水质及运行效率。南水北调中线工程运行六年来,调水水质保持在Ⅱ类水质以上,得益于水源地生态保护的持续投入。

3. 南水北调对口协作是实施区域协调发展战略的重要内容,是全面建成小康社会进而实现全体人民共同富裕的内在要求

我国幅员辽阔,生态差异明显,国情复杂,水资源在我国分布极不均衡。实施南水北调中线工程是解决水资源分布不均衡、资源利用不充分,推动水资源以及区域经济协调发展的重要举措。南水北调工程建设周期长、涉及利益主体众多,两地政府通过构建南北共建、共享共治、互利双赢的区域协作发展机制,激发区域协调发展新动能,动态优化调整对口协作结构,扎实推进多领域多形式合作,取得显著经济和社会效益。几年来,水源区生态环境持续改善,社会文明和谐,地方经济持续发展。南水北调对口协作为世界水资源跨区持续利用、跨区利益共享提供了"中国方案"。

据《十堰市郧阳区环境质量公报》显示,2019 年郧阳区地表水环境质量优良,其中滔河水库、淘谷河口、青曲断面全年水质为Ⅰ类,东河口、陈家坡、杨溪、王河电站断面水质为Ⅱ类;集中式饮用水源地汉江耿家垭子和谭家湾水库水质达标率 100%。2018 年郧阳区生态环境质量与 2017 年相比,综合考核结果(EI)高出 0.19,在湖北省 32 个重点生态功能区县域生态环境质量考核中排名第六。

南水北调取得了巨大的生态效益,为京津冀地区提供了水资源支撑。据京津冀三省(市)水资源公告显示,2014 年,北京市水资源总量 20.25 亿立方米,到 2018 年,提高到 35.46 亿立方米,南水入京水量 11.92 亿立方米。2014年,天津市水资源总量 11.37 亿立方米,到 2018 年,增长到 17.58 亿立方米,南水入津水量 11.04 亿立方米。2014 年,河北省水资源总量为 106.14 亿立方米,到 2018 年,提高到 164.04 亿立方米,南水入冀水量 23.89 亿立方米。截

至 2019 年 10 月,北京市平原区地下水埋深平均为 22.81 米,与上年同期相比回升 0.63 米,地下水储量增加 3.2 亿立方米。河北省 2016 年浅层地下水水位由治理前每年上升 0.48 米增加到 0.74 米,深层地下水水位由每年下降 0.45 米转为上升 0.52 米,补水后河道沿线 5 千米范围内,浅层地下水水位上升 0.49 米。试点河段补水后,河流恢复了基本功能,为今后总体推进华北地下水超采综合治理行动提供了成功的经验和示范。2018 年,天津 38% 的地下水监测井水位埋深有所上升,54% 的监测井水位埋深基本保持稳定,平原淡水区浅层地下水年末存储量比年初增加 0.62 亿立方米。①

4. 政府推动,多方参与

南水北调工程是我国区域协调发展的重要战略举措。中央及地方政府高度重视,精准组织,全面落实,中央和地方企业积极加大对水源区的投入力度,民营企业如大唐袜业也积极参与库区经济发展,吸收社会广泛参与,生态保护,人人有责,在水源地水质保护已深入人心。在水库工程建设、移民搬迁等方面,充分体现了社会主义集中力量办大事的制度优势;在水源地保护和帮扶上,又充分发挥市场机制的作用;在生态保护上,又充分吸纳居民的广泛参与。

---

① 闫智凯:《提供京津冀协同发展战略的支撑——南水北调工程提升京津冀地区水资源保障能力综述》,2019 年 12 月 13 日,见 http://nsbd.mwr.gov.cn/zx/zj/ts5zn/1/201912/t20191213_1374903.html。

第十章　自然资源开发利益共享机制研究结论与建议

一、主要结论

（一）理论上揭示自然资源开发的特殊性——服务的多功能性、产权的复杂性、消费的竞争性、价值流的时空性

　　自然资源的开采涉及地下和地表部分。矿产资源一般埋在地下,开采地下矿产资源会破坏地表土壤、影响农作物生产、扰动居民生活。因此,自然资源开采特殊性表现为服务的多功能性、产权的复杂性、消费的竞争性、价值流的时空性。服务的多功能性即自然资源所处的生态功能区具有多功能性;产权的复杂性即地下资源属国家所有、地表土地大多属于农民集体所有、土地上的农作物属村民个人所有;消费的竞争性即至少一个服务的价值实现可以被视作其他服务减少的风险,如矿产资源(油气)开采的价值实现可能威胁到水的供给、动物和文化意义的景观维护;价值流的时空性即服务不均匀的跨时间、跨区域的流动,产生的经济上的外部性以及外部成本在不同时间、不同空间人群中的"非均等"分摊。

　　正是因为以上这些特征,使成本与收益、损失与补偿变得异常复杂。因

此,在资源开发利益分配过程中,市场机制是失灵的。这为政府干预提供了理论基础,即为地上地下税收制度、生态补偿、就业、利益共享等政策出台提供操作空间,成为逻辑分析的起点。

（二）以价值链为切入点，提出利益分配主体的不对称性的核心观点

通过价值链分析,探讨资源开发利益分配关系,厘清资源开发利益冲突实质,解决关键问题。

利益分配主体:中央政府、地方政府、企业、当地居民。

资源开发利益分配存在的主要问题是价值链中利益分配主体的不对称性。一是中央政府与地方政府在税收分配上的不对称性。从现有调研情况看,地方政府在税费分享比例上相对较少,诉求比较多。二是当地居民与政府、企业在分配上的不对称性。在资源开发过程中,如何推进共享共建共治,实现国家、当地政府、企业、当地居民四方共享,既是热点问题也是难点问题。三是当地居民与开采企业在资源所有权、资源开发信息、谈判能力、污染监控等方面存在不对称性。

（三）自然资源开发利益共享研究是五大发展理念的重要内容

贯彻新发展理念,围绕自然资源开发中利益共享问题,探讨资源税费改革,资源产权制度改革、生态补偿机制、对口协作等政策举措,建立资源开发利益共享机制,推进共建共享共治,达到生态利益、经济利益、社会利益的均衡,实现国家、当地政府、企业、所在地居民四方共赢,对于推进国家治理体系和治理能力现代化具有重要的学术价值和现实意义。

（四）国内外资源开发利益共享实践启示——政府、企业、公众三者共同担责

以加拿大、澳大利亚、玻利维亚、俄罗斯、苏里南、坦桑尼亚为例,总结国外资源开发利益共享实践的一些经验,得到启示:一是发达国家、南美国家的经验表明,当地居民参与和共同管理资源开发项目已经成为一个趋势,只有当地居民积极参与项目开发,并共享资源开发利益,才能建立良好的企地关系。二是加强信息沟通,获得当地居民知晓和同意,是签订协议的关键。三是环境监控与保护需要政府支持。研究发现,尽管这些国家在资源利益共享上取得一些进展,但在居民参与决策的强制性约束、转变当地居民的弱势地位、企业社会责任约束要求等领域仍然是国际上的难题,期待突破。

国内考察了广西大新县锰矿资源、湖北长阳县水电资源、星斗山自然保护区、南水北调中线工程等自然资源开发利益共享问题。就大新锰矿为例,形成"政府主导、企业主体、居民参与"的"三位一体"的资源开发利益共享模式。具体措施包括:(1)政府主导是前提。大新县政府积极推进锰业工业园区建设,整合资源,提供优势平台,加强园区基础设施建设,保障企业发展环境,同时,完成了矿产开发环境监测系统、矿产产品质量监管体系,保障当地居民生态环境;(2)企业担责是主体。企业积极履行社会责任,从解决就业、基础设施建设、带动相关产业发展、提供养老金、社会捐赠、补偿收入等方面,积极探索与当地居民资源开发利益共享途径,建立和谐的企地关系;(3)居民参与是关键。大新县积极探索居民参与机制,采取规范企业行为、培植居民就业能力、谈判能力。在政府和企业的支持引导下,当地居民参与矿业开发项目,支持企业发展,配合园区建设。一方面,在矿区开采、加工园区建设予以配合政府、企业行动;另一方面,参加职业培训,提升就业能力,回乡打工创业,分享锰矿开采带来的好处。

二、政策建议

（一）改善当地居民受益途径

一是构建利益共享机制，参股分成。建立以"资源入股、产品分成"等资源收益共享模式。如水电资源开发时，赋予被淹没土地的村集体股权；矿产资源开发时，赋予被占用土地的村集体股权，让当地居民分享资源开发的收益。

二是建立资源发展基金，实行资源耗竭补偿。通过发展基金、资源补偿等形式，提升资源所在地生存竞争能力和可持续发展能力，实现"资源补偿，利益还原"。

三是增强企业社会责任，对基础设施建设提供适当的帮助和扶持。资源企业可以直接参与对口帮扶工作，主要是为当地居民的基础设施建设、危房改造、村级公路、通讯条件等基础设施建设提供适当的帮助和扶持，改善居民生活条件，提升当地居民生存竞争能力，让农民感受到实实在在的利益。

（二）继续推进资源税改革

一是资源税的征收范围扩大到森林资源、水电资源、野生动植物资源、渔业资源。现行资源税的征税范围仅包括原油、天然气、煤炭、黑色金属矿原矿、有色金属矿原矿、其他非金属矿原矿和盐 7 个税目大类。2016 年 7 月 1 日，河北省在全国率先开展水资源税改革试点。2017 年 12 月，改革试点扩大到北京、天津、山西、内蒙古、山东、河南、四川、陕西、宁夏 9 个省（区、市）。总体看来，资源税征收范围改革逐步扩大，但仍然有不少拓展空间。现有征收范围既不利于资源保护和可持续利用，也影响资源性产品的定价机制以及比价关系。

二是尽快开征碳税，抑制"碳"消费行为。建议国家成立领导小组，组建专家研究团队，先行试点、逐步实施，可以先从汽油等产品开始，逐步扩大到天然气、煤炭等。列为资源税改的重点项目,宜早不宜迟。开征碳税的实质是通过外部成本内在化,由生产者和消费者承担资源开采和资源消耗的全部成本,通过价格杠杆来反映市场供给状况,从而约束人们的消费行为,节约资源、减少排放,改善大气质量,降低雾霾发生率,改善人民健康生活的环境,促进经济结构的调整和能源结构的调整,促进碳中和、降低预期碳峰值。

三是阶梯式"清费立税"。现在已经取消矿区使用费、矿产资源补偿费。为理顺税费关系,一旦时机成熟也可以取消"探矿权采矿权使用费和价款""石油特别收益金",规范税费制度,阶梯式"清费立税"。

(三)完善自然资源开发中的生态补偿机制

生态补偿是明确界定生态保护者与生态受益者之间权利义务,使生态服务外部效应内在化的一种制度安排。生态补偿通过对参与生态建设的主体所付出的成本与收益之间的偏差进行经济补偿,以弥补其收入损失;或对经济活动主体对生态造成的破坏给予修复或进行的赔偿,以达到维持和改善生态服务的目的。生态补偿也是社会资本和财富的再分配过程,资源输入地和受益群体将部分财富和收益补偿给资源输出地,这将改善资源所在地生产生活条件,缩小地区差距,促进社会公平。

第一,探索生态产品价值实现途径。针对生态产品的"调节服务、文化服务、物质产品供给"三大功能,推进生态产品核算试点,完善政府采购、林权水权交易、旅游产业、绿色生态产品认证等制度,推动"绿水青山"向"金山银山"的转化。

第二,拓宽生态补偿渠道。对于生态补偿来说,政府投资并不是唯一补偿途径。通过建立环境容量制度、节能量制度、碳排放权制度、排污权制度、水权交易制度,发展环保市场,让公众、消费者通过环保市场参与生态环境保护,购买绿色生态产品,等等。最终目的是通过有效的市场化机制,约束和调整自然资源开发利用行为,实现自然资源的高效配置和良性循环,减少和防止经济发展过程中的资源浪费和环境破坏。

第三,拓展横向生态补偿工作。探索重点生态功能区与其他主体功能区之间利益关系及空间分布,核算生态保护者生态服务成本及利益分摊方式,构建横向生态补偿制度框架,从而确定重点生态功能区横向补偿制度的补偿主体、受偿对象、补偿标准、补偿模式、制度保障等内容。理顺生态建设者和受益者之间的利益关系,促进生态保护,协调区域间和群体间的生态利益关系,增强国民生态环保意识,改变和引导人们的生态消费行为,促进区域协调发展。

（四）持续推进对口协作，实现区域协调发展，促进利益共享

对口协作既是我国推动区域协调发展的创举,又是促进资源利益共享的手段。由于历史和地理的原因,资源富集区大多是欠发达地区,经济社会发展相对滞后,加上自身基础薄弱,物力、财力、人力有限,单靠自身力量难以有一个大发展。实施对口支援和东西部协作是国家帮助欠发达地区发展、促进区域协调发展的重要战略举措。有利于共建共享、互利共赢、巩固民族团结,"全面实现小康一个都不能少",对于铸牢中华民族共同体意识具有重要意义。

党和政府十分重视对口协作工作。以南水北调中线工程对口协作为例,2013年国务院批复了《丹江口库区及上游地区对口协作方案》,支援方为北京市、天津市,受援方为河南省、湖北省、陕西省。几年来,通过开展对口协作,构建南北共建、共享共治、互利双赢的区域协作发展机制,激发区域协调发展新动能,动态优化调整对口协作结构,扎实推进多领域多形式合作,水源区生态环境持续改善,社会文明和谐,地方经济持续增长,取得了显著经济和社会效益。南水北调对口协作为世界水资源跨区持续利用、跨区利益共享提供了"中国方案"。

参 考 文 献

1. 汤姆·泰坦伯格:《自然资源经济学》,人民邮电出版社 2012 年版。

2. 沃尔特·艾萨德:《区位与空间经济——关于产业区位、市场区、土地利用、贸易和城市结构的一般理论》,北京大学出版社 2011 年版。

3. 白利萍:《民族自治地方资源权利及利益分享机制探析》,《学理论》2015 年第 31 期。

4. 曹爱红、韩伯棠、齐安甜:《中国资源税改革的政策研究》,《中国人口·资源与环境》2011 年第 6 期。

5. 晁坤、荆全忠:《对我国矿产资源有偿使用制度改革的思考》,《中国煤炭》2010 年第 1 期。

6. 陈建宏:《矿产资源经济学》,中南大学出版社 2009 年版。

7. 陈莉娟、陈祖海:《水电资源开发对利益相关者影响的研究——基于湖北长阳土家族自治县的调查》,《民族论坛》2012 年第 10 期。

8. 陈全、宋荣彩、王承红等:《页岩气资源的开发与利益分配研究》,《山东工业技术》2017 年第 8 期。

9. 陈祖海、陈莉娟:《民族地区资源开发利益协调机制研究——以清江水电资源开发为例》,《中南民族大学学报(人文社会科学版)》2010 年第 6 期。

10. 陈祖海、丁莹:《资源税费制度演进及绿色转型政策选择》,《中南民族大学学报(人文社会科学版)》2018 年第 6 期。

11. 陈祖海、雷朱家华、刘驰:《民族地区能源开发与经济增长效率研究——基于"资源诅咒"假说》,《中国人口·资源与环境》2015 年第 6 期。

12. 陈祖海:《西部生态补偿机制研究》,民族出版社 2008 年版。

13. 陈祖海、雷朱家华:《中国环境污染变动的时空特征及其经济驱动因素》,《地理研究》2015 年第 11 期。

14. 陈祖海:《矿产资源税费制度与西部资源富集区支持政策选择》,《中南民族大学学报(人文社会科学版)》2012 年第 6 期。

15. 成金华:《自然资本及其定价模型》,《中国地质大学学报(社会科学版)》2005年第 1 期。

16. 程倩、张霞:《矿产资源开发的生态补偿及各方利益博弈研究》,《矿业研究与开发》2014 年第 3 期。

17. 程志强:《破解"富饶的贫困"悖论——煤炭资源开发与欠发达地区发展研究》,科学出版社 2009 年版。

18. 崔彬等:《现代矿产资源经济学》,中国人民大学出版社 2015 年版。

19. 崔学锋:《"资源诅咒"论不成立》,《经济问题探索》2013 年第 5 期。

20. 达林太、于洪霞:《矿产资源开发利益分配研究——以内蒙古为例》,《内蒙古大学学报(哲学社会科学版)》2015 年第 5 期。

21. 戴星翼等:《生态服务的价值实现》,科学出版社 2005 年版。

22. 丁四保等:《区域生态补偿的基础理论与实践问题研究》,科学出版社 2010年版。

23. 董广智:《我国公共旅游资源利益分配机制研究》,《价格月刊》2016 年第 7 期。

24. 樊轶侠、边俊杰:《稀土资源产权制度下的利益分配与补偿责任关系研究——以南方离子型稀土为例》,《当代经济管理》2015 年第 7 期。

25. 樊轶侠:《对我国矿产资源课税制度改革的建议》,《涉外税务》2010 年第11 期。

26. 方敏、李洪嫔:《东盟国家矿产资源管理政策分析》,《中国矿业》2011 年第 5 期。

27. 冯聪:《边疆少数民族地区矿产资源开发利益共享机制研究》,《资源与产业》2016 年第 1 期。

28. 傅建球、徐运保:《农村矿产资源开发的利益分配机制重构》,《开放导报》2010 年第 6 期。

29. 甘庭宇:《自然保护区集体林权改革探索研究》,《经济体制改革》2011 年第 1 期。

30. 高凌江、李广舜:《完善我国石油天然气资源税费制度的建议》,《当代财经》2008 年第 5 期。

31. 高铁梅:《计量经济分析方法与建模(第二版)》,清华大学出版社 2012 年版。

32. 高振宇、王益:《我国生产用能源消费变动的分解分析》,《统计研究》2007 年第

3 期。

33. 葛忠兴:《中国少数民族地区发展报告》,民族出版社 2005 年版。

34. 龚秀国、邓菊秋:《中国式"荷兰病"与中国区域经济发展》,《财经研究》2009 年第 4 期。

35. 龚友国:《资源利益分配应确保贫困山区居民权益》,《中国企业报》2014 年 3 月 8 日。

36. 巩芳、胡艺:《基于"四元主体模型"的矿产资源开发生态补偿主体研究》,《资源开发与市场》2014 年第 10 期。

37. 郭朝先:《中国碳排放因素分解:基于 LMDI 分解技术》,《中国人口·资源与环境》2010 年第 12 期。

38. 国家民委民族问题研究中心:《中国民族自治地方发展评估报告》,民族出版社 2006 年版。

39. 国家民族事务委员会经济发展司:《中国民族地区经济发展报告(2014)》,民族出版社 2015 年版。

40. 国家民族事务委员会研究室:《"十一五"时期中国民族自治地方发展评估报告》,民族出版社 2012 年版。

41. 韩中庚:《数学建模方法及其应用(第二版)》,高等教育出版社 2009 年版。

42. 贺红艳:《矿产资源开发"强区与富民"悖论研究——以新疆矿产资源开发为例》,《财经科学》2010 年第 7 期。

43. 姜文来:《水资源价值论》,科学出版社 1998 年版。

44. 姜学民等:《生态经济学通论》,中国林业出版社 1993 年版。

45. 靳乐山:《中国生态补偿:全领域探索与进展》,经济科学出版社 2016 年版。

46. 康慕谊等:《西部生态建设与生态补偿》,中国环境科学出版社 2005 年版。

47. 孔凡斌:《中国生态补偿机制理论、实践与政策设计》,中国环境科学出版社 2010 年版。

48. 雷振扬:《关于建立健全民族政策评估制度的思考》,《民族研究》2013 年第 5 期。

49. 雷振扬等:《坚持和完善中国特色民族政策研究》,中国社会科学出版社 2014 年版。

50. 李安东:《进一步完善我国矿产资源税费制度》,《中国财政》2011 年第 21 期。

51. 李波、张俊飚、李海鹏:《中国农业碳排放时空特征及影响因素分解》,《中国人口·资源与环境》2011 年第 8 期。

52. 李春雪、刘春学:《新常态下的矿产资源开发利益博弈》,《中国矿业》2015 年第

S2 期。

53. 李甫春:《西部地区自然资源开发模式探讨——以龙滩水电站库区为例》,《民族研究》2005 年第 5 期。

54. 李刚:《南非权利金制度及对我国矿产资源补偿费改革的启示》,《中国矿业》2012 年第 3 期。

55. 李国平、李恒炜:《基于矿产资源租的国内外矿产资源有偿使用制度比较》,《中国人口·资源与环境》2011 年第 2 期。

56. 李国平等:《矿产资源有偿使用制度与生态补偿机制》,经济科学出版社 2014 年版。

57. 李强谊、马晓钰、郭莹莹:《经济增长与环境污染关系研究——以新疆为例》,《21 世纪数量经济学》2013 第 00 期。

58. 李双成、郑度、张镱锂:《环境与生态系统资本价值评估的区域范式》,《地理科学》2002 年第 22 期。

59. 李永军、龚战梅:《中央与民族自治地方利益分配的法律研究——以西部油气资源开发为例》,《内蒙古社会科学(汉文版)》2009 年第 5 期。

60. 林毅夫等:《欠发达地区资源开发补偿机制若干问题的思考》,科学出版社 2009 年版。

61. 刘桂环等:《中国生态补偿政策概览》,中国环境出版社 2013 年版。

62. 刘红梅、李国军、王克强:《中国农业虚拟水国际贸易影响因素研究——基于引力模型的分析》,《管理世界》2010 年第 9 期。

63. 刘宏、陶虹琳、张惠琴:《环境再造视角下矿业多主体利益分配模型研究》,《矿业研究与开发》2018 年第 5 期。

64. 刘江:《中国资源利用战略研究》,中国农业出版社 2002 年版。

65. 刘尚希:《资源税改革应定位于控制公共风险》,《财会研究》2010 年第 18 期。

66. 刘学敏等:《资源经济学》,高等教育出版社 2008 年版。

67. 卢真、李升、芮东等:《资源税制改革:基于功能定位的思考》,《税务研究》2016 年第 5 期。

68. 鲁传一:《资源与环境经济学》,清华大学出版社 2004 年版。

69. 罗伯特·J.巴罗:《宏观经济学现代观点》,上海人民出版社 2008 年版。

70. 罗杰·珀曼:《自然资源与环境经济学》,中国经济出版社 2002 年版。

71. 吕雁琴、李旭东、宋岭:《试论矿产资源开发生态补偿机制与资源税费制度改革》,《税务与经济》2010 年第 1 期。

72. 马光耀、石勇:《西部矿产资源开发地居民受益机制构建分析》,《内蒙古统计》2017 年第 1 期。

73. 马伟:《基于可持续发展的矿产资源税收优化研究》,博士学位论文,中国地质大学(北京)资源产业经济系,2007 年。

74. 马晓青、王天雁:《自然资源开发地居民利益损失补偿模式研究——以 8 省(自治区)少数民族地区为例》,《贵州民族研究》2015 年第 8 期。

75. 马鑫:《民族文化旅游资源的产权界定及利益分配问题研究》,《云南民族大学学报(哲学社会科学版)》2011 年第 4 期。

76. 马永喜:《基于 Shapley 值法的水资源跨区转移利益分配方法研究》,《中国人口·资源与环境》2016 年第 10 期。

77. 马宇、杜萌:《"资源诅咒"发展历程及其传导机制文献综述》,《产业经济评论》2012 年第 4 期。

78. 马媛媛:《内蒙古草原矿产资源开发引发的社会矛盾及化解机制研究》,《中国市场》2016 年第 21 期。

79. 马中:《环境与自然资源经济学概论(第二版)》,高等教育出版社 2006 年版。

80. 蒲志仲:《中国矿产资源税费制度:演变、问题与规范》,《长江大学学报(社会科学版)》2008 年第 2 期。

81. 齐义军、付桂军:《典型资源型区域可持续发展评价——基于模糊综合评价研究方法》,《中央民族大学学报(哲学社会科学版)》2012 年第 3 期。

82. 秦大河:《中国西部环境演变评估》,科学出版社 2002 年版。

83. 曲福田:《资源与环境经济学(第二版)》,中国农业出版社 2011 年版。

84. 三江源区生态补偿长效机制研究课题组:《三江源区生态补偿长效机制研究》,科学出版社 2016 年版。

85. 单顺安:《资源税功能定位的再认识及完善措施》,《税务研究》2015 年第 5 期。

86. 邵帅、范美婷、杨莉莉:《资源产业依赖如何影响经济发展效率?——有条件资源诅咒假说的检验及解释》,《管理世界》2013 年第 2 期。

87. 邵帅、齐中英:《西部地区的能源开发与经济增长——基于"资源诅咒"假说的实证分析》,《经济研究》2008 年第 4 期。

88. 邵秀英、沈睿哲:《不同旅游开发主体下古村落居民受益状况分析——以晋中后沟古村为例》,《中国名城》2017 年第 10 期。

89. 沈大军等:《水价理论与实践》,科学出版社 1999 年版。

90. 沈满洪等:《完善生态补偿机制研究》,中国环境出版社 2015 年版。

91. 施文泼、贾康:《中国矿产资源税费制度的整体配套改革:国际比较视野》,《改革》2011 年第 1 期。

92. 施祖麟、黄治华:《"资源诅咒"与资源型地区可持续发展》,《中国人口·资源与环境》2009 年第 5 期。

93. 石油石化行业税收问题研究课题组:《我国石油石化行业税收问题研究——以新疆为案例的分析》,《经济研究参考》2007 年第 69 期。

94. 时颖:《油气资源收益分配制度改革思考——以资源地利益保护为主要研究对象》,《论坛》2016 年第 12 期。

95. 世界银行、国家民族事务委员会项目课题组:《少数民族地区自然资源开发社区受益机制研究》,中央民族大学出版社 2009 年版。

96. 宋丽颖、王琰:《公平视角下矿产资源开采收益分享制度研究》,《中国人口·资源与环境》2016 年第 1 期。

97. 宋梅、王立杰、张彦平:《我国矿业税费制度改革的国际比较及建议》,《中国矿业》2006 年第 2 期。

98. 孙大超、司明:《自然资源丰裕度与中国区域经济增长——对"资源诅咒"假说的质疑》,《中南财经政法大学学报》2012 年第 1 期。

99. 孙钢:《我国资源税费制度存在的问题及改革思路》,《税务研究》2007 年第 11 期。

100. 孙久文等:《区域经济学教程(第二版)》,中国人民大学出版社 2010 年版。

101. 孙宁华:《经济转型时期中央政府与地方政府的经济博弈》,《管理世界》2001 年第 3 期。

102. 孙永平:《关注开发地居民利益公平分配资源收益》,《中国社会科学报》2014 年 11 月 24 日。

103. 唐兵:《原生态民族文化旅游资源产权界定及利益分配方式研究——以重庆酉阳石泉苗寨旅游区为例》,《生态经济(学术版)》2014 年第 1 期。

104. 藤田昌久等:《空间经济学——城市、区位与区域贸易》,梁琦主译,中国人民大学出版社 2011 年版。

105. 田钒平、王允武:《从权利虚化、利益失衡到权益均衡的路径选择——民族自治地方权益分配机制研究》,《中南民族大学学报(人文社会科学版)》2008 年第 3 期。

106. 田光明、蒲春玲、陈前利等:《新疆南疆油气资源开发补偿政策供需博弈分析》,《经济纵横》2007 年第 12 期。

107. 王承武:《新疆能源矿产资源开发利用补偿问题研究》,博士学位论文,新疆农业大学农业经济管理系,2010 年。

108. 王承武、蒲春玲:《新疆能源矿产资源开发利益共享机制研究》,《经济地理》2011 年第 7 期。

109. 王承武、马瑛、李玉:《西部民族地区资源开发利益分配政策研究》,《广西民族研究》2016 年第 5 期。

110. 王承武、王志强、马瑛等:《矿产资源开发中的利益分配冲突与协调研究》,《资源开发与市场》2017 年第 2 期。

111. 王传明、邵展翅:《川藏少数民族地区水电资源开发利益共享机制探索》,《中国市场》2018 年第 29 期。

112. 王佃利、邢玉立:《空间正义与邻避冲突的化解——基于空间生产理论的视角》,《理论探讨》2016 年第 5 期。

113. 王峰、王澍:《从国外主要矿业税目看我国的矿业税费》,《矿产与矿业》2012 年第 1 期。

114. 王建平、赖虹宇:《资源地居民受益权与生态安全义务的确立》,《理论与改革》2014 年第 2 期。

115. 王金南等:《生态补偿机制与政策设计》,中国环境科学出版社 2006 年版。

116. 王瑞生:《秘鲁和巴西——矿产资源管理制度研究》,《中国国土资源经济》2007 年第 11 期。

117. 王世进:《我国区域经济增长与"资源诅咒"的实证研究》,《统计与决策》2014 年第 2 期。

118. 王文长:《民族自治地方资源开发、输出与保护的利益补偿机制研究》,《广西民族研究》2003 年第 4 期。

119. 王文长:《论自然资源存在及开发与当地居民的权益关系》,《中央民族大学学报(哲学社会科学版)》2004 年第 1 期。

120. 王文长:《西部资源开发与民族利益关系和谐构建研究》,中央民族大学出版社 2010 年版。

121. 王学民:《应用多元分析(第三版)》,上海财经大学出版社 2011 年版。

122. 王育宝、马金梅:《油气资源开采收益分配中矿区居民利益诉求机制研究——基于利益相关者序贯博弈视角》,《当代经济科学》2014 年第 5 期。

123. 文杰、文峰、李广舜:《从区域经济协调发展的视角看新疆矿产资源税费制度优化》,《税务研究》2010 年第 11 期。

124. 乌兰:《资源自治权视角下民族地区矿产资源开发利益分配政策研究》,《贵州

《民族研究》2013 年第 1 期。

125. 吴文洁、胡健:《我国石油税费制度及其国际比较分析》,《西安石油大学学报(社会科学版)》2007 年第 1 期。

126. 吴燕红、曹斌、杨进峰等:《我国民族地区自然资源利用补偿模式研究》,《中央民族大学学报(哲学社会科学版)》2008 年第 2 期。

127. 武盈盈:《资源产品利益分配问题研究——以油气资源为例》,《中国地质大学学报(社会科学版)》2009 年第 2 期。

128. 武盈盈:《资源性产业链条中利益分配问题研究——以天然气资源为例》,《财贸研究》2009 年第 2 期。

129. 向大法:《长阳移民志》,湖北人民出版社 2007 年版。

130. 谢继文:《"资源诅咒"国内研究现状述评》,《对外经贸》2011 年第 12 期。

131. 徐瑞娥:《我国资源税费制度改革的研究综述》,《经济研究参考》2008 年第 48 期。

132. 许大纯:《我国矿产资源税费制度改革与发展的历程与经验》,《中国矿业》2010 年第 4 期。

133. 严立冬、谭波、刘加林:《生态资本化:生态资源的价值实现》,《中南财经政法大学学报》2009 年第 2 期。

134. 杨从明、黄园浙:《山西省煤炭资源开发利益分配的实证分析》,《矿业研究与开发》2015 年第 9 期。

135. 杨从明、任晓冬、朱海彬:《基于 Shapley 值法的矿产资源开发利益相关者利益分配博弈分析》,《地球与环境》2014 年第 3 期。

136. 杨明洪、刘建霞:《旅游资源规模化开发与农牧民生计方式转换——基于西藏"国际旅游小镇"的案例研究》,《民族论坛》2017 年第 3 期。

137. 杨明洪:《生态资源的价值:过去、现在和未来》,《绿色经济》2005 年第 6 期。

138. 杨宁、殷耀、刘军:《西部能源开发困局,央企地方冲突升级》,《发展》2005 年第 8 期。

139. 杨树旺、孟楠:《资源开发利益共享模式研究及启示》,《开发研究》2017 年第 1 期。

140. 杨云彦、石智雷:《南水北调与区域利益分配——基于水资源社会经济协调度的分析》,《中国地质大学学报(社会科学版)》2009 年第 2 期。

141. 易开刚:《企业社会责任研究:现状及趋势》,《光明日报》2012 年 4 月 20 日。

142. 殷爱贞、李林芳:《我国矿产资源税费体系改革研究》,《价格理论与实践》2011

年第 8 期。

143. 于连生:《自然资源价值论及其应用》,化学工业出版社 2004 年版。

144. 约翰·C.伯格斯特罗姆、阿兰·兰德尔:《资源经济学——自然资源与环境政策的经济分析(第三版)》,中国人民大学出版社 2015 年版。

145. 张帆等:《环境与自然资源经济学(第三版)》,上海人民出版社 2016 年版。

146. 张海星:《深化资源税改革:重新建立税依据与平衡利益关系》,《税务研究》2013 年第 8 期。

147. 张华明等:《煤炭资源价格形成机制的政策体系研究》,冶金工业出版社 2011 年版。

148. 张金麟:《区域资源开发中当地居民利益的保障问题》,《经济问题探索》2007 年第 7 期。

149. 张岚、陈祖海:《民族地区资源开发中的利益关系与博弈分析》,《民族论坛》2013 年第 5 期。

150. 张群:《牧区矿产开发中的牧民受益机制探析——基于内蒙古 A 苏木的考察》,《甘肃理论学刊》2017 年第 6 期。

151. 张维迎:《博弈论与信息经济学》,上海人民出版社 1996 年版。

152. 张新华、谷树忠、王礼茂:《新疆矿产资源开发利益格局合理性识别》,《资源科学》2015 年第 10 期。

153. 张新华、谷树忠、王兴杰:《新疆矿产资源开发效应及其对利益相关者的影响》,《资源科学》2011 年第 3 期。

154. 张绪清:《分配逻辑与贫困"再生"——乌蒙山矿区 H 村农民的生计问题考量》,《贵州社会科学》2014 年第 3 期。

155. 张亚明、夏杰长:《我国资源税费制度的现状与改革构想》,《税务研究》2010 年第 7 期。

156. 张炎治、魏晓平、冯颖:《中国矿产资源利益分配研究综述及展望——基于政府与企业视角》,《北京理工大学学报(社会科学版)》2015 年第 5 期。

157. 张艳芳:《矿产资源开发收益合理共享机制研究——基于 Shapley 值修正算法的分析》,《资源科学》2018 年第 3 期。

158. 赵海云、李仲学、张以诚:《矿业城市中政府与企业的博弈分析》,《中国矿业》2005 年第 3 期。

159. 赵仕玲:《中国与外国矿业税费比较的思考》,《资源与产业》2007 年第 5 期。

160. 赵文杰:《论我国矿产资源税费制度的改革》,《中国集体经济》2010 年第 9 期。

161. 赵选民、卞腾锐：《基于 LMDI 的能源消费碳排放因素分解——以陕西省为例》，《经济问题》2015 年第 2 期。

162. 赵一伟等：《少数民族地区资源开发中的利益共享机制研究——以云南兰坪矿产资源为例》，《云南地理环境研究》2007 年第 6 期。

163. 郑猛、罗淳：《论能源开发对云南经济增长的影响——基于"资源诅咒"系数的考量》，《资源科学》2013 年第 5 期。

164. 郑长德：《论西部民族地区产业结构的优化和产业竞争力的再造》，《西南民族大学学报（人文社科版）》2003 年第 9 期。

165. 中国环境与发展委员会：《中国自然资源定价研究》，科学出版社 1997 年版。

166. 中国生态补偿机制与政策研究课题组：《中国生态补偿机制与政策研究》，科学出版社 2007 年版。

167. 中国水力发电工程学会：《国家发改委发布〈关于建立健全水电开发利益共享机制的意见（征求意见稿）〉》，《大坝与安全》2018 年第 2 期。

168. 钟水映等：《人口、资源与环境经济学》，科学出版社 2007 年版。

169. 周国栋、程宏伟、黄薪萌等：《西部地区包容性矿产资源开发利益统筹体系构建研究》，《天府新论》2013 年第 5 期。

170. 周晓唯、宋慧美：《新疆经济增长和能源优势的关系——基于"资源诅咒"假说的实证分析》，《干旱区资源与环境》2011 年第 11 期。

171. 周勇等：《民族、自治与发展：中国民族区域自治制度研究》，法律出版社 2007 年版。

172. 朱兵：《重构资源开发的利益分配机制》，《学习时报》2011 年 12 月 5 日。

173. 朱厚玉：《我国环境税费的经济影响及改革研究》，人民出版社 2014 年版。

174. 庄万禄、陶亚舒、段晓慧：《民族区域自治法与四川民族地区水电资源开发补偿机制研究》，《内蒙古师范大学学报（哲学社会科学版）》2006 年第 5 期。

175. 左停、苟天来：《自然保护区合作管理（共管）理论研究综述》，《绿色中国》2005 年第 8 期。

176. Ann Helwege, "Challenges with Resolving Mining Conflicts in Latin America", *The Extractive Industries and Society*, No.2, 2015.

177. Bebbington D.H., "Extraction, Inequality and Indigenous Peoples: Insights from Bolivia", *Environmental Science & Policy*, No.33, 2013.

178. Bozigar M., Clark L. G. and Richard E. B., "Oil Extraction and Indigenous Livelihoods in the Northern Ecuadorian Amazon", *World Development*, No.78, 2016.

179. Costanza R., d'Arge R., Rudoif de Groot, et al., "The Value of the World's Ecosystem Services and Natural Capital", *Nature*, No.387, 1997.

180. Dana L.P., Meis – Mason A., Anderson R.B., "Oil and Gas and the Inuvialuit People of the Western Arctic", *Journal of Enterprising Communities：People and Places in Global Economy*, No.2, 2008.

181. Davis G.A., "Learning to Love the Dutch Disease：Evidence from the Mineral Economies", *World Development*, No.10, 1995.

182. Dennis Frestad, "Corporate Hedging under a Resource Rent Tax Regime", *Energy Economics*, No.2, 2009.

183. Ding N., Field B.C., "Natural Resource Abundance and Economic Growth", *Land Economics*, No.4, 2005.

184. Freeman R.E., *Strategic Management：A Stakeholder Approach*, Pitman Press, 1984.

185. Grossman G.M., Krueger A.B., *Environmental Impacts of a North American Free Trade Agreement*, National Bureau of Economic Research, Working Paper 3914, NBER, Cambridge MA, 1991.

186. Gylfason T., "Natural Resources, Education and Economic Development", *European Economic Review*, No.45, 2001.

187. Haalboom B., "The Intersection of Corporate Social Responsibility Guidelines and Indigenous Rights：Examining Neoliberal Governance of a Proposed Mining Project in Suriname", *Geoforum*, No.43, 2012.

188. John Southalan, "What are the Implication of Human Rights for Minerals Taxation", *Resources Policy*, No.36, 2011.

189. Kitula A.G.N., "The Environmental and Socio−Economic Impacts of Mining on Local Livelihoods in Tanzania：A Case Study of Geita District", *Journal of Cleaner Production*, No.14, 2006.

190. Mohammad Reza Farzanegan, Mohammad Mahdi Habibpour, "Resource Rents Distribution, Income Inequality and Poverty in Iran", *Energy Economics*, No.60, 2017.

191. O'Callaghan−Gordo C., Flores J.A., Lizárraga P., etc., "Oil Extraction in the Amazon Basin and Exposure to Metals in Indigenous Populations", *Environmental Research*, No.162, 2018.

192. O'Faircheallaigh C., Gibson G., "Economic Risk and Mineral Taxation on Indigenous Lands", *Resources Policy*, No.37, 2012.

193. O' Faircheallaigh C., "Indigenous People and Mineral Taxation Regimes", *Resources Policy*, No.4, 1998.

194. O' Faircheallaigh C., "Extractive Industries and Indigenous Peoples: A Changing Dynamic?", *Journal of Rural Studies*, No.30, 2013.

195. O' Faircheallaigh C., "Resource Development and Inequality in Indigenous Societies", *World Development*, No.3, 1998.

196. Panayotou T.A., Peterson A., Sachs J., *Is the Environmental Kuznets Curve Driven by Structural Change? What Extended Time Series may Imply for Developing Countries*, Consulting Assistance on Economic Reform(CAER)II Discussion Paper, No.80, 2000.

197. Parlee B.L., "Avoiding the Resource Curse: Indigenous Communities and Canada's Oil Sands", *World Development*, No.74, 2015.

198. Patrik Söderholm, "Taxing Virgin Resources: Lessons from Aggregate Taxation in Europe", *Resources, Conservation and Recycling*, No.55, 2011.

199. Pozas M.C.S., Lindsay N.M., Monceau M.I., "Corporate Social Responsibility and Extractives Industries in Latin America and the Caribbean: Perspectives from the Ground", *The Extractive Industries and Society*, No.2, 2015.

200. Rob Fraser, "An Analysis of the Relationship between Uncertainty–Reducing Exploration and Resource Taxation", *Resources Policy*, No.4, 1998.

201. Sachs J.D., Warner A.M., "Natural Resource Abundance and Economic Growth", *NBER Working Paper*, No.5398, 1995.

202. Sachs J.D., Warner A.M., "Natural Resources and Economic Development: The Curse of Natural Resources", *European Economic Review*, No.45, 2001.

203. Sautter E.T.and Leisen B., "Managing Stakeholders: A Tourism Planning Model", *Annals of Tourism Research*, No.2, 1999.

204. Tysiachniouk M., Henry L.A., Lamers M., etc., "Oil and Indigenous People in Sub–Arctic Russia: Rethinking Equity and Governance in Benefit Sharing Agreements", *Energy Research & Social Science*, No.37, 2018.

205. Wood D.J., "Corporate Social Performance Revisited", *Academy of Management Review*, No.4, 1991.

206. Yakovleva N., "Oil Pipeline Construction in Eastern Siberia: Implications for Indigenous People", *Geoforum*, No.42, 2011.

后　记

　　本书是国家社会科学基金项目"民族地区资源开发利益共享机制研究"（10BMZ046）结题成果。课题研究得到中南民族大学领导和相关部门的指导和支持。本书出版得到了中南民族大学民族学一流学科建设、人口资源环境与可持续发展科研团队以及武陵山减贫与发展研究院等经费资助。

　　伴随经济快速增长，我国自然资源开发力度不断加强。在资源开发过程中，资源利益分配引起广泛关注。作者一直从事资源经济学、民族经济学科研工作，在承担完成国家自然科学基金项目和国家民委项目期间，有机会多次深入广西、贵州、云南、黑龙江、新疆、内蒙古、西藏、宁夏等省（区）以及武陵山片区开展生态补偿、扶贫开发的调查，积累了丰富的一手资料，特别是在完成"西部生态补偿机制研究""跨界流域水污染控制协调机制与政策研究"的同时，发现资源开发中的生态补偿、成本分摊、利益共享等问题值得研究，于是持续跟踪探索。为此，申报此选题并得到国家社科基金资助。可以说，本书是以往项目研究的延伸和拓展。建立资源开发利益共享机制，切实贯彻新发展理念，推进共建共享共治，实现国家、当地政府、企业、所在地居民四方共赢是实现全面小康构建和谐社会亟须解决的重大课题，对于推进国家治理体系和治理能力现代化具有重要的学术价值和现实意义。

　　本书涉及领域广，完成难度大，研究周期跨度长。项目结题后，搁置了一段时间。为便于出版,此次增补了最新的一些思考,更新了一些数据,补充了"南水北调对口协作"案例,使内容更丰满一点。项目原来以民族地区为调查对象,后来在实际进行过程中调研对象扩展为资源富集区,这些地方大多也是欠发达地区。此次对原结题报告一些政策提法也做了补充、修订和完善。所以,书名改为《自然资源开发利益共享机制研究》。

为了使研究能够扎下根结好果,课题组做了大量的田野调查,得到了广西崇左市绩效办、广西大新县绩效办、长阳县政府、恩施州人民政府、星斗山国家自然保护区管理局、七姊妹山国家级自然保护区管理局、神农架国家公园管理局、十堰市郧阳区人大办、新疆自治区民宗委、内蒙古自治区扶贫办、潜江市农业农村局、天门市农业农村局等单位支持和帮助。陈莉娟、张岚、姚艺伟、汪婵、雷朱家华、丁莹、方镇、常梦杰、龚江琳、廖荣明等在资料收集和数据处理中付出了辛勤劳动,其中陈莉娟参与第七章第二节部分初稿、姚艺伟参与第九章第四节部分初稿写作,罗君名对"利益共享的内涵"部分有贡献,丁莹参与了最后校对稿工作。与此同时,作者借鉴了部分专家学者的研究成果,参考了一些专家学者的观点;在结项评审过程中,鉴定专家对研究报告给予了充分肯定并提出了宝贵修改意见,在此一并致谢!值得一提的是,本书的顺利出版得到人民出版社吴焰东老师的关心、指导和督促,并付出了辛勤劳动,在此致以衷心感谢!

由于水平有限,本书一定存在不少错漏之处,敬请批评指正!